ROBERT D. KAPLAN | Fantasmas balcánicos

byblos

Título original: *Balkan Ghosts. A Journey Through History*

Traducción: Felipe Mellizo y Belén Fernández

1.ª edición: junio 2005

Bailén, 84 - 08009 Barcelona (España)
www.edicionesb.com
www.edicionesb-america.com

Traducción cedida por Acento Editorial, S.A.

Diseño de cubierta: IBD
Fotografía de cubierta: © Corbis
Diseño de colección: Ignacio Ballesteros

ISBN: 84-666-2185-7

Impreso por Quebecor World

ROBERT D. KAPLAN | Fantasmas balcánicos

Para Stephen y Linda Kaplan

Introducción de 1996

Lo que ha ocurrido con *Fantasmas balcánicos* constituye una fábula aleccionadora para los escritores. Esta obra mía, que es en esencia un relato de viajes realizados en la década de los ochenta, ha adquirido, durante el violento conflicto que ha asolado Bosnia en los años noventa, una difusión y una trascendencia política que nunca me propuse darle.

Durante los ochenta estuve trabajando en Grecia de periodista independiente cubriendo las guerras que se estaban desarrollando en África, Oriente Próximo y Afganistán. Sin embargo, la zona que más me interesaba era la de los Balcanes, un territorio que no generaba noticias pero donde era evidente que el deterioro económico, la erosión del poder político comunista y un largo historial de rivalidades étnicas podían hacer estallar una contienda. En julio de 1989, meses antes de la caída del muro de Berlín y justo antes de la crisis de los refugiados de Alemania Oriental, escribí en el *Atlantic Monthly* la siguiente advertencia:

> Durante las décadas de los setenta y los ochenta, el mundo entero descubrió cuán limitado es el poder de las potencias mundiales al tener noticia de lo que sucedía en Vietnam y Afganistán. En los años noventa, esta limitación posiblemente se hará visible en una región del Tercer Mundo situada en la propia Europa. Tal vez la zona de los Balcanes sea el factor deter-

minante del final del siglo XX, al igual que lo fue al principio de esta centuria.

El 30 de noviembre de 1989, el mismo mes en que cayó el muro de Berlín, escribí lo siguiente en el *Wall Street Journal Europe*:

> Dos conceptos históricos están surgiendo de las ruinas de la Europa Oriental comunista. Uno es el de «Europa Central», que hoy en día los periodistas están desmenuzando, y el otro es el de «los Balcanes», que los medios de comunicación todavía no han descubierto...

A continuación sugerí que el complejo étnico que era Yugoslavia podía resquebrajarse. En cierta medida, *Fantasmas balcánicos* es un producto de esta premonición.

Terminé el libro en el año 1990, antes de que comenzaran las hostilidades en Yugoslavia. Al principio la obra fue rechazada por varios editores, que consideraban que la región de los Balcanes era demasiado desconocida para que una obra sobre el tema consiguiera buenas ventas. Es un libro de viajes muy personal, en el que Bosnia —uno de los centros de los conflictos balcánicos actuales— salía poco en el recorrido que efectué por la región durante la década de los ochenta y el año noventa, una época en la que eran relativamente escasos los periodistas que visitaban los Balcanes. Por entonces, en Macedonia ni siquiera había un corresponsal local, mientras que ahora es un punto «caliente» para los soldados estadounidenses, por el temor a que la contienda de Bosnia se extienda hacia el sur.

El libro se vendió bien en tapa dura y ha sido un bestséller en rústica. Se ha dicho que el matrimonio Clinton leyó *Fantasmas balcánicos* en el año noventa y tres, justo cuando el presidente proyectaba una acción bélica para detener la guerra en Bosnia. Al parecer, la historia de rivalidades étnicas que yo describía aumentó la visión pesimista de Bill Clinton respecto de la región, y —siempre según los rumores— contribuyó a su decisión de no intervenir militarmente y a las claras en ayuda de los musulmanes bosnios que estaban siendo acosados por los serbios de Bosnia.

Esta suposición resultaba desconcertante por dos razones. La primera, porque en *Fantasmas balcánicos* hablo poquísimo de Bosnia. Como verá el lector, no se trata de una obra política, sino de un libro de viajes muy subjetivo en el que a grandes pinceladas reseño toda la península balcánica. Sólo cuatro de los diecinueve capítulos están específicamente dedicados a la antigua Yugoslavia y, de éstos, uno es sobre Croacia, otro sobre Serbia y Kosovo, otro sobre Macedonia y otro sobre el finado disidente Milovan Djilas. El hecho de que un político tan importante como un presidente pudiera basarse en un libro para tomar una decisión militar trascendental sería una idea aterradora. Por mi parte sospecho que el año 1993, al comienzo de su mandato, Clinton estaba tan irresoluto que andaba buscando cualquier excusa para no actuar.

Pero eso sólo contribuye a poner de manifiesto la segunda razón del porqué me ha decepcionado tanto ver catalogado *Fantasmas balcánicos* como un panfleto contra la intervención: en la cuestión balcánica mi postura es la de un halcón. Desde el primer semestre de 1993, he abogado en público —en las cadenas CNN y C-SPAN, en la sección «Outlook» (Puntos de Vista) del *Washington Post* y en otros foros— a favor de una intervención militar para respaldar a los musulmanes bosnios, planteando incluso la posibilidad de enviar tropas de infantería estadounidenses. Durante los últimos años, tanto en Fort Leavenworth como en los cuarteles Carlisle, he expuesto ante el Ejército estadounidense los argumentos en favor de la intervención.

Insisto en que no existe contradicción alguna entre un libro de viajes que subraya unas rivalidades étnicas ancestrales y la idea de que hoy día el poder militar estadounidense puede detener el derramamiento de sangre en una parte de los Balcanes. He aquí por qué:

Una historia plagada de odios étnicos no debe causar por sí sola la pérdida de cientos de miles de vidas humanas en condiciones semejantes a las del Holocausto. Para eso hacen falta otros factores adicionales: la desorientación y la pasividad del mundo occidental, que a su vez provocan un vacío de poder. Sin dichos elementos quizá los horrores de los años noventa no habrían ocurrido.

Es inválido, en particular, el debate sobre si los bosnios han sido siempre un pueblo pacífico. Varios escritores destacados sustentan que existe una tradición de buena convivencia entre grupos distintos, en especial en ciudades como Sarajevo. Pero esta armonía étnica a menudo ha estado en un equilibrio inestable. En su relato corto «Una carta de 1920», el Premio Nobel de Literatura yugoslavo Ivo Andric escribe que hay en Bosnia una frontera invisible entre el amor y el odio, y que bajo «tanta ternura y pasión amorosa» en ocasiones se agazapan «huracanes de odios comprimidos y amarrados que van madurando y esperando su hora». Además, conviene reconocer no sólo la tradición de convivencia pacífica entre comunidades, presente en casi toda la historia de Bosnia, sino también la contienda que ha asolado el país y que comenzó en 1992 (sin olvidar la de 1941-1945). No fueron los marcianos ni el presidente Clinton quienes mataron a los musulmanes bosnios, sino otros bosnios.

¿Y qué? ¿Y qué si los Balcanes son un caldero revuelto y con frecuencia violento? Lo mismo puede decirse de gran parte del mundo. Pero eso no implica que haya que envolverse en un manto aislacionista; hay que enviar tropas allí donde las contundentes consideraciones morales chocan con las estratégicas, sea cual sea la idiosincrasia de los habitantes del lugar. Lo que ocurra en Bosnia influirá directamente en el porvenir de Kosovo, Macedonia, Grecia y Turquía. Algunos de estos países tienen gobiernos inestables, y otros han suscrito pactos de defensa con Estados Unidos y rebosan de armas sofisticadas. En un sentido más amplio, lo que suceda en Bosnia influirá decisivamente, si bien de un modo indirecto, en la política futura del resto de Europa y Rusia. Como dijo Richard Holbrooke, antiguo vicesecretario de Estado para Europa, no podemos permitirnos fracasar en Europa.

Abril de 1996

Prefacio

En un mundo cada vez más homogéneo por la proliferación de hoteles de lujo, turismo de masas y comunicaciones vía satélite, va quedando menos espacio para verdaderas aventuras. Pero el torrente de información diaria significa también que los acontecimientos se olvidan a un ritmo acelerado. La aventura, pues, puede sugerirle a uno el uso del paisaje como vehículo para descubrir el pasado y el transcurso histórico.

En su libro *Abroad: British Literary Traveling Between the Wars*[1], el investigador americano Paul Fussell dice que «el secreto de la literatura de viajes» consiste en «conseguir auténticos textos de ensayo que surgen de una experiencia vivida muy íntimamente». En otras palabras, la buena literatura de viajes debe ser un medio para explorar la historia, el arte y la política de la manera más viva posible. Mary McCarthy en *The Stones of Florence* y Rebecca West en *Black Lamb and Grey Falcon*[2] son los mejores ejemplos que se me ocurren. Yo he intentado, aunque haya sido torpemente, seguir ese camino.

Fantasmas balcánicos no es un libro al uso, un mero relato de hechos. Va creciendo en función de su propio desarrollo, desde lo más específico hasta lo más general:

1. *En el extranjero: Viajes literarios británicos de entreguerras*. Se citan en el idioma original todos los textos que no han sido traducidos al castellano. *(N. de los T.)*

2. *Las piedras de Florencia* y *Cordero negro y halcón gris*.

desde un ensayo sobre la culpabilidad de la guerra (o inocencia) de un clérigo croata hasta una meditación sobre la caída de los imperios. Mi experiencia ha sido diferente en cada país. En Rumania viajé mucho y traté con toda clase de gente, mientras que en Bulgaria viví la experiencia del país a través de una amistad personal. En Grecia no viajé mucho, aunque viví en la región ateniense durante siete años seguidos. Tengo la esperanza de que los distintos estilos de este libro reflejen la diversidad de mis experiencias balcánicas.

No se mencionan regiones como Montenegro en Yugoslavia o Maramures en Rumania noroccidental, y Bosnia y Albania reciben bastante menos atención de la que sin duda merecen. Sin eludir las atrocidades cometidas contra la población musulmana, el conflicto étnico de Bosnia se explica mejor como una derivación de la disputa serbo-croata. Por eso he tratado de Bosnia en el capítulo dedicado a Croacia. Mi análisis de Albania se incluye en el capítulo sobre la antigua Serbia porque decidí estudiar a los serbios, sobre todo, en función de su conflicto histórico con los musulmanes albaneses. Aunque la atención del mundo esté fija en estos momentos en la antigua Yugoslavia, mi odisea balcánica se centró en Rumania y Grecia, y el libro lo refleja.

Los Balcanes es una península de la que Bosnia es sólo una parte. Y aunque los titulares de prensa de hoy se refieran a Bosnia, mañana pueden dedicarse a cualquier otra zona de los Balcanes, ya que la península entera ha entrado en una fase catastrófica que durará muchos años. Pero nada de lo que he escrito debe entenderse como una justificación, ni siquiera ligera, de los crímenes de guerra cometidos por las tropas serbias en Bosnia, y que yo condeno con todo mi corazón.

Durante la década de los ochenta intenté, generalmente sin éxito, interesar a los editores y al público en general por los Balcanes y los conflictos que allí estaban fraguándose. Es una amarga ironía que mis peores temores se hayan hecho realidad. Una de las víctimas de los combates fue un periodista que se apellidaba como yo, David Kaplan, de *ABC News* (la D que he añadido a mi nombre es por «David»). Confío en que este libro ayude a conocer una zona del mundo en la que otro Kaplan, al que nunca conocí, perdió la vida al ejercer su trabajo como informador.

Agradecimientos

Como en mis anteriores libros sobre Etiopía y Afganistán, Cullen Murphy y William Whitworth, de *The Atlantic*, me animaron a publicar una parte importante del manuscrito en la revista. También se publicó un resumen en *The New York Times Sophisticated Traveler*, gracias al apoyo de Nancy Newhouse. Otros editores me ayudaron también: Nancy Sharkey, Janet Piorko y Agnes Greenhall, de *The New York Times*; Dorothy Wickenden, de *The New Republic*; Owen Harries, de *The National Interest*; y Seth Lipsky, Amity Shlaes y Peter Keresztes, de *The Wall Street Journal*, en Bruselas. Mi agente, Carl D. Brandt, mantuvo la fe entre aguas revueltas. Mi editor, David Sobel, me ayudó a hacer más presentable un producto basto, pero sin restarle nada fundamental.

Tengo que dar las gracias también a las ayudas recibidas del Madison Center for Educational Affairs, que me permitieron convertir una idea en realidad. Eso se lo debo a Peter Frumkin, Charles Horner, Les Lenkowsky, Patty Pyott y Tom Skladony.

Mi interés por los Balcanes fue creciendo durante varios viajes informativos que hice a comienzos de los años ochenta. Agradezco a Joe Geshwiler y Randal Ashly, de *The Atlanta Journal-Constitution*, Mark Richards, de *ABC Radio News*, y Marilyn Dawson, de *The Toronto Globe and Mail*, su comprensión a mi amor balcánico.

Ernest Latham, Kiki Munshi y Phillip E. Wright son funcionarios del servicio exterior de los que Estados

Unidos debe estar orgulloso, por su entrega y profundos conocimientos académicos acerca de los países en los que trabajan. Su entusiasmo era contagioso: un regalo precioso por el que siempre les estaré agradecido.

Nicholas X. Rizopulos, del Consejo de Relaciones Exteriores, fue un crítico perfeccionista. Richard Carpenter custodia unos archivos de incalculable valor sobre la prensa griega y los acontecimientos públicos en Grecia. Alan Luxenberg y Daniel Pipes, del Instituto de Investigación de la Política Exterior, de Filadelfia, me permitieron dar conferencias que sirvieron para clarificar mis ideas. Elinor Appel y Amy Meeker, de *The Atlantic*, y Suzanne MacNeille, de *The New York Times*, revisaron partes del manuscrito, mejorándolo.

Otras ayudas y consejos recibí de Paul Anastasi, Renzo Cianfanelli, Bill Edwards, Elizabeth Herring, Mattyas Jevnisek, George Konrad, Barry Levin, Samuel y Kay Longmire, Mircea Milcu, Fritz Molden, P. D. Montzouranis, Alberto Nar, Corneliu Nicolescu, John D. Panitza, Carol Reed, Norman Rosendahl, Tony Smith, Sergiu Stanciu, Nicholas Stavroulakis, Iván Stefanovic, Gabor Tarnai, Mircea Tanase, Ruxandra Todiras, Admantios Vassilakis, Agayn Ventzislav y Teddie Weyr.

Gracias a todos ellos.

Mapa de los Balcanes

Nota a la edición en castellano

Los acontecimientos ocurridos en la que hemos dado en llamar «antigua Yugoslavia» se han producido a una velocidad vertiginosa desde que este libro fue escrito. Violencia, sangre y un profundo desconcierto internacional han convertido la llamada guerra de Bosnia en un insólito conflicto, todavía sin resolver, del que apenas es posible extraer los hechos necesarios para establecer un juicio. Los mapas han sido modificados una y otra vez y lo que el mundo tomaba, a lo que se ve con excesiva inocencia, por una unidad aproximadamente comprensible, se ha derrumbado en una catástrofe de hechos, de nombres, de ruinas y de muertes.

Así pues, algunas de las consideraciones que el autor apunta en su libro se han derrumbado también. Pero la sagacidad y la pasión de Kaplan han salvado la mayor parte del texto, probando su clarividencia y su apasionado conocimiento de la historia de los Balcanes y del corazón de sus gentes. Buena parte de los conflictos de hoy se vaticinaron en este texto y cabe suponer, por desgracia, que todavía habrán de cumplirse algunas de las amargas predicciones del autor.

F. M.

Los Balcanes, que en turco significa «montañas», se extienden aproximadamente desde el Danubio hasta los Dardanelos, desde Istria hasta Estambul, y son una palabra que integra los pequeños territorios de Hungría, Rumania, Yugoslavia, Albania, Bulgaria, Grecia y parte de Turquía, aunque ni a los húngaros ni a los griegos les gusta ser incluidos bajo esta etiqueta. Es, o fue, una dinámica península poblada por gentes despiertas que comen alimentos picantes, beben licores fuertes, se visten con trajes llamativos, aman y matan con facilidad y muestran un talento espléndido para iniciar guerras. Occidentales menos imaginativos los miran de arriba abajo con secreta envidia limpiándose los mocos ante sus monarquías, mofándose de sus pretensiones y temiendo a sus salvajes terroristas. Carlos Marx los llamaba «basura étnica». Yo, como un chico andariego a los veinte años, los adoro.

C.L. SULZBERGER
A Long Row of Candles

Odio los cadáveres de los imperios; apestan como ninguna otra cosa.

REBECCA WEST
Black Lamb and Grey Falcon

Prólogo

Santos, terroristas, sangre y agua bendita

Me estremecí mientras caminaba a tientas en la oscuridad. Había elegido a propósito aquella hora bruja, antes del amanecer, para visitar el monasterio de Pec en la antigua Serbia. La formación espiritual en la Iglesia ortodoxa oriental exige un gran esfuerzo y lo recompensa con la revelación de que el infierno y el cielo son ámbitos físicos. Si el intruso occidental no desea experimentar eso con todo su ser, no alcanzará a comprenderlo nunca.

En el interior de la iglesia de los Apóstoles, con unos frescos del año 1250, mis ojos necesitaron un rato para acostumbrarse a la penumbra. Los minutos parecían tan eternos como aquellos siglos imperecederos, y mis intentos por vencer la oscuridad resultaban fallidos. No tenía linterna ni vela. Pero nada concentra más la voluntad que la ceguera.

«Al ciego, sus ojos no le impiden avanzar; continúa... firme por la misma senda, como el borracho que se guía por una valla», escribió Petar Petrovic Njegos en *The Mountain Wreath* (*La corona de montañas*), el más grande poema en lengua serbia. En él se justifica el asesinato en masa de los conversos islámicos como medio para mantener una guerra local contra los turcos musulmanes[1]. En un momento, justo cuando la oscuridad comenzaba a

1. Njegos fue obispo de Montenegro en el siglo XIX. Montenegro es una zona montañosa junto a Serbia. La masacre a la que se refiere tuvo lugar casi a finales del siglo XVII.

desvanecerse, comprendí lo que es la verdadera lucha, la desesperación y el odio.

Los esfuerzos que hicieron mis ojos me enseñaron la primera regla de la supervivencia nacional: que se puede crear todo un mundo con un poco de luz. Al cabo de un minuto los rostros comenzaron a emerger de la penumbra —rostros obsesionados y desfigurados por el hambre de un pasado serbio preconsciente, prueba de una espiritualidad y un primitivismo que Occidente conoce bien a través de los personajes de Dostoievski. Me sentí como en el interior de una calavera en la que se hubiesen quemado los recuerdos colectivos de un pueblo.

Los sueños tomaron cuerpo, se volvieron alucinaciones: san Nicolás, con su manto púrpura y sus ojos negros, exhortantes, clavados en mi espalda; san Sabas, patrón de Serbia y fundador de este monasterio, que abandonó la corte para tomar el hábito religioso, aparece descendiendo por una especie de laguna para predicar la misericordia y la palabra; la Ascensión de Cristo, como un dios rústico deshumanizado, se encuentra más allá del último estadio del sufrimiento físico, y a la vez aterroriza más que cualquier conquistador o ideología terrenal.

Los apóstoles y santos se entremezclaban con reyes y arzobispos medievales serbios. Todos aparecían a través del espejo deformante de la fe: con cuerpos alargados y manos y cabezas monstruosas. A muchos santos les habían quitado los ojos. Según una tradición pagana, el yeso y la pintura de que están hechos pueden curar la ceguera.

¿Superstición, idolatría? Eso diría una mente occidental. Una mente que, en palabras de Joseph Conrad, «no tenía un conocimiento personal y heredado de los medios por los que una autocracia histórica reprime las ideas, protege su poder y defiende su existencia». «Un ciudadano occidental», escribe Conrad en *Bajo la mirada de Occidente*, «jamás entendería que le pudieran dar latigazos como un modo práctico de investigación o de castigo».

El templo era una advertencia de que cuanto mayor es la oscuridad, menos racional y más terrorífica se vuelve la resistencia.

«En Grecia, en Bulgaria, en Yugoslavia, en todos los países de Europa que han vivido bajo dominio turco, pasa lo mismo», se lamentaba en prisión Madame Deltchev, víctima de una purga estalinista, en *Judgement on Deltchev*, de Eric Ambler. «Nuestra gente vivía tras sus muros en pequeños mundos de ilusión... los pintaban con escenas de la vida nacional... Ahora que volvemos a estar dentro de nuestros muros, regresan los hábitos de nuestros padres y nuestra infancia.»

El trayecto que estas formas monumentales tuvieron que viajar mientras mis ojos se acostumbraban a la oscuridad fue infinito: a través de siglos de dominio otomano, de las guerras más cruentas y de gobiernos comunistas. Aquí, en este santuario del dogma, del misticismo y de la belleza salvaje, se reproducía la vida nacional. Sólo desde aquí podría emerger en el futuro.

—Usted no sabe lo que es matar con martillos, clavos y garrotes.

Ismail elevó su voz por encima de la música; en su rostro se reflejaban intermitentemente las luces púrpuras fluorescentes. Me encontraba todavía en Pec, en la antigua Serbia, en una discoteca frecuentada por albaneses musulmanes no lejos del monasterio serbio.

—¿Sabe por qué no me gusta beber aguardiente de ciruela, por qué siempre bebo cerveza? Porque los chetnics [partisanos serbios de la Segunda Guerra Mundial] solían llevar a cabo las matanzas después de beber aguardiente de ciruela. ¿Sabe lo que es lanzar a un niño al aire y cogerlo al vuelo con un cuchillo delante de su madre? ¿Que te quemen en la hoguera? ¿Que te abran el trasero en dos con un hacha para conseguir que les ruegues, que les implores que te metan un tiro en la cabeza, y se olviden de ti?

—Y luego van a la iglesia. Van a su maldita iglesia. No hay palabras...

Ismail se estremeció.

—Hay cosas que están más allá del mal, cosas de las que no se puede ni hablar.

Continuó hablando a gritos. Sólo tenía veintiséis años; él no había vivido los hechos a los que se refería. Las ratas infestaban su casa, me dijo. La culpa la tenían los serbios.

Eran las diez y media de la mañana de un 30 de noviembre de 1940. Comenzaba a nevar sobre Bucarest. En el interior de la iglesia de Ilie Gorgani, construida en el siglo XVII en honor de un general romano que luchó contra los turcos, cientos de velas iluminaban el Cristo de manto rojo. A ambos lados de la nave central se alineaban los féretros envueltos en banderas verdes bordadas en oro. Los monaguillos llevaban bandejas de *coliva* (pan de azúcar coloreado) para los muertos. Iba a procederse al entierro y la canonización como «santos nacionales» de catorce miembros de la legión del Arcángel Miguel —la «Guardia de Hierro» fascista—, incluyendo al jefe de la organización, Cornelio Zelea Codreanu. Oficiaban los funerales sacerdotes de la Iglesia ortodoxa rumana que habían pasado la noche entre cánticos e incensarios.

Dos años antes, en 1938, la policía del rey Carol II había estrangulado a los catorce hombres, desnudando sus cuerpos y rociándolos con ácido sulfúrico en una fosa común para acelerar su descomposición. Pero, a finales de 1940, Carol huyó de Rumania y la nación cayó en manos del régimen de la Guardia de Hierro. Se exhumaron los restos de las víctimas, no más de unos cuantos montones de tierra, y se colocaron en catorce féretros para enterrarlos de nuevo. Al acabar los funerales, los presentes oyeron la voz grabada del líder legionario, Codreanu, gritando:

—Debéis aguardar el día en que venguéis a vuestros mártires.

Semanas después, tuvo lugar la venganza. La noche del 22 de enero de 1941, los legionarios del Arcángel Miguel —tras entonar himnos ortodoxos y colgar de sus cuellos bolsitas con tierra rumana, bebiéndose la sangre de sus compañeros y ungiéndose con agua bendita— se llevaron a doscientos hombres, mujeres, niños y niñas —todos de origen judío— de sus hogares. Los hacinaron en camiones y los condujeron al matadero municipal, un conjunto de edificaciones de ladrillo rojo en la parte sur de Bucarest, cerca del río Dimbovita. Los obligaron a desnudarse en la gélida noche y colocarse a cuatro patas en la cinta transportadora. Los aterrorizados judíos fueron sufriendo y pasando por todas y cada una de las etapas del sacrificio de las reses. La sangre salía a borbotones de los torsos decapitados y mutilados. Los legionarios los clavaban en garfios y les ponían una etiqueta: «Apto para el consumo humano.» Colgaron boca abajo el tronco de una niña de cinco años «bañado en sangre... como un ternero», según un testigo que presenció la escena a la mañana siguiente.

Eran las diez de la noche del 17 de diciembre de 1989. El monasterio de Moldovitsa en Moldavia[2] estaba

2. A principios de los años noventa, tras la desintegración de la Unión Soviética, la región a ambos lados de la frontera rumano-soviética recobró su nombre rumano: Moldova. Como los autores que cito y la gente a la que entrevisté en el transcurso de mis visitas se referían siempre a Moldavia, opté por mantener el antiguo término en virtud de la consistencia narrativa.

demasiado oscuro para ver los frescos, pero la madre Tatulici Georgeta Benedicta imaginaba la escena del Juicio Final: animales salvajes vomitando los cuerpos humanos que habían devorado; la balanza de la Justicia, en la que unas pocas buenas obras pesan más que todas las obras malas; los ángeles, pintados de un amarillo azufre brillante, cubriendo los signos del zodiaco anunciando que el tiempo ha llegado a su fin.

La madre Benedicta rezó sus acostumbradas ocho horas. Aquí no había delatores como en Bucarest, ni micrófonos en los confesionarios. En los remotos hayedos del norte de Rumania, el régimen —como ya había pasado con los turcos mucho antes— «tenía menos ojos». El tiempo había sido excepcionalmente cálido. La madre Benedicta había visto el arco iris hacía unos días, aunque no había llovido. Ese mismo día se enteró de los rumores sobre una masacre de niños. Por primera vez en su vida permaneció toda la noche en la iglesia rezando. Se le unieron otras hermanas y pasaron tres días en su interior.

—Entonces Dios hizo el milagro. Hizo que al Drac [Diablo] se le ocurriera la idea de organizar un mitin retransmitido por televisión, en el transcurso del cual la gente, que ya no tenía miedo, humilló al Drac. De ese modo él, que era como Herodes, y que mató a los niños de Timisoara al igual que Herodes mató a los niños de Palestina, fue ejecutado en la fecha del nacimiento del Señor.

—En Rumania, la Biblia está viva —me confesó la madre Benedicta—. Los acontecimientos de la Navidad han vuelto a tener lugar. Ahora, la gente tiene la obligación de rezar y pensar en todos los pecados cometidos a lo largo de la historia.

A finales del siglo XVIII, en la hora más aciaga de la larga ocupación turca, un monje búlgaro llamado Rafail pasó nueve años en el interior del monasterio de Rila, tallando un crucifijo de madera en el que están representadas seiscientas figuras humanas, todas del tamaño de un grano de arroz.

—¿Cuánto puede valer ese crucifijo? —gritó el padre Bonifacius, un hombrecillo jorobado de cabellera gris oscura, barba y cutis de bebé que llevaba viviendo en el monasterio veintisiete años. En contestación a su propia pregunta, volvió a gritar—: ¿Cuánto cuesta la vida de un hombre? ¡Rafail se quedó ciego tallando este crucifijo!

Los turcos saquearon y arrasaron Rila una y otra vez, pero siempre fue reconstruido. Las arcadas listadas, los balcones de madera labrada, el campanario y el grupo de iglesias que guardaban en su interior frescos en los que el color descubre una nueva gloria en contraste con la nieve de las montañas. Durante la ocupación turca, trescientos monjes habitaban Rila. Bajo el gobierno de los comunistas búlgaros, el número se redujo a doce. ¡Sólo doce almas en aquellos corredores infestados de ratas para preservar la herencia de toda una nación! Hay estancias cerradas a cal y canto que nadie ha pisado en siglos.

Ahora las estaban abriendo.

Volví al monasterio de Rila nueve años más tarde, en 1990. El padre Bonifacio había muerto. La iglesia, oscura y misteriosa en el pasado, estaba llena de fieles; un bosque de velas crepitaba por doquier. En una esquina estaba la fotografía del rey Borís III, enterrado en el monasterio en 1943, y cuya tumba habían trasladado los comunistas en 1946. Su imagen estaba rodeada de velas, flores silvestres y panes eucarísticos. La gente se inclinaba para besarla.

—Jesucristo ha vuelto a Bulgaria —me dijo el guía en tono prosaico—. Tenemos que obligar a los comunistas a decirnos dónde está enterrado Borís. Hay muchos secretos que desvelar en Bulgaria.

«Correrá la sangre en el norte de Epiro», rezaba una pintada de una carretera cercana a la frontera noroccidental griega con Albania. El norte de Epiro —es decir, el sur de Albania— es históricamente parte de Grecia: el lugar donde nació la madre de Alejandro Magno, Olimpia, y el rey Pirro, cuyos comprometidos logros militares han quedado reflejados para siempre en la expresión «victoria pírrica».

—Por culpa del vergonzoso Protocolo del año 1913, gracias al cual se incorporaba «el norte de Epiro al hasta entonces inexistente e insignificante estado de Albania», Grecia es hoy en día una nación desmembrada.

Quien así se expresaba era Sevastianos, el arzobispo metropolitano de aquella región fronteriza[3]. En su mapa, el norte de Epiro —hogar de cerca de un millón de griegos— abarcaba el 50 % del territorio albanés. En una ocasión corrió el rumor de que Sevastianos, a quien algunos llamaban «el Jomeini griego», estaba infiltrando guerrillas armadas en el sur de Albania para preparar su anexión a Grecia en la era poscomunista.

Tras cruzar la frontera con Albania, el autobús descendió al complejo laberinto de cañones de piedra caliza, yermos y escarpados. Carros de bueyes, conducidos por soldados con la cabeza afeitada, atascaban las deterioradas carreteras. Grupos de mujeres con batas cortas de faena y pañoleta, con palas y guadañas, regresaban con paso pesado de los campos de grano y tabaco. Aquí y allá se veían bloques de apartamentos construidos con placas onduladas de metal y ladrillos de no muy buena calidad,

3. Durante la Primera Guerra Mundial, y de nuevo en la Segunda, el ejército griego ocupó el norte de Epiro, retirándose por última vez en 1944. Hasta 1988, estuvo en vigor un «estado de guerra» oficial con Albania.

rodeados por alambradas y búnkers de cemento. Todos y cada uno de los objetos de manufactura manual —las bastas pastillas de jabón, los grifos, los picaportes de las puertas— exhibían una tosquedad primitiva, propia de la pura improvisación. Los humos de lignito y plomo oscurecían el paisaje dándole esa aura amarillenta y granulosa de las fotografías antiguas. Examiné los rostros de aquella etnia grecoalbanesa a la luz de las lámparas de sodio. Su expresión parecía muy lejana; eran casi como sombras. En uno de los hogares, en la ciudad de Serande (*Agios Saranda*, en griego), los cinco miembros de la familia se agrupaban alrededor de un viejo televisor ruso en blanco y negro para ver *Dinastía* y la CNN en un canal griego.

—¿Cómo viven aquí? —les pregunté.

—Bien, bien. Tenemos cuanto deseamos —me contestó el padre. Los niños no abrieron la boca.

El hijo mayor me acompañó al hotel.

—Me bautizaron en secreto —me confesó en la oscuridad de la noche—. Soy griego. ¿Qué otra cosa puedo ser? Creo en Dios... Todos nosotros somos *fucarades* [pobres y miserables bastardos].

Cuatro días después, en un pueblo cercano, dos griegos murieron acribillados a balazos cuando intentaban cruzar la frontera con Grecia. Colgaron sus cuerpos boca abajo en plena plaza del pueblo.

En aquel mundo, el tiempo estaba como encapsulado: era un sombrío escenario en el que la gente se enfurecía, derramaba sangre, experimentaba visiones y éxtasis. Aun así, su expresión permanecía fija y distante, como la de un estatuario cubierto de polvo.

—Estamos totalmente sumergidos en nuestras propias historias —me dijo el antiguo ministro de Asuntos Exteriores búlgaro, Luben Gotzev.

De esta experiencia surge mi obsesión por las iglesias y los monasterios medievales, por los libros y fotografías antiguas. En mi camino, cada vez que hablaba con alguien, siempre le preguntaba por el pasado. Sólo de esa manera se podía llegar a comprender el presente.

Estas tierras requieren un amor por lo oscuro. Durante meses registré librerías y establecimientos especializados en libros raros. Sabía que los libros que mejor explicaban esa violencia que desembocó en los sucesos de diciembre de 1989 en Rumania habían dejado de publicarse hacía décadas, en algunos casos más de medio siglo.

Desde abril hasta octubre de 1915, el periodista y político radical americano John Reed, acompañado por el dibujante Boardman Robinson, viajó por Serbia, Macedonia, Rumania, Bulgaria, Grecia y Turquía. Reed publicó los resultados de su viaje en 1916 bajo el título *The War in Eastern Europe* (*La guerra en el Este de Europa*), un año antes de su viaje a Rusia, y escribió *Ten Days That Shook the World* (*Diez días que estremecieron al mundo*). De todas sus obras, *The War in Eastern Europe* es la menos conocida. Tuve que pagar 389,11 dólares por una primera edición firmada por el autor. Algunos de los dibujos a lápiz estaban protegidos por pliegos de seda. Reed escribe:

«En el desconcierto que se produce ante un ataque inesperado, la resistencia desesperada y la destrucción de ciudades, los hombres parecen perder su rasgo personal o racial distintivo y se sumergen por igual en la cruenta democracia de la guerra.» Reed prefería observarlos «una vez que se habían puesto a trabajar en la guerra como si de un oficio se tratara, comenzaban a adaptarse a esa nueva vida y a hablar y pensar en otras cosas».

Quise hacer lo mismo: ver la ignorada puerta trasera de Europa no en medio de las revoluciones o de unas elecciones trascendentales, sino en sus repercusiones inmediatas, cuando los distintos pueblos «hubieran comenzado a adaptarse a esa nueva vida».

Entre las viejas fotografías había una del archiduque Francisco Fernando de Habsburgo en unas maniobras militares en las afueras de Sarajevo, el 27 de junio de 1914, la víspera de su asesinato —el crimen que provocó la Primera Guerra Mundial—. Las pezuñas de los caballos levantaban polvo. Francisco Fernando aparece erguido en su montura, su pie hincado en el estribo y el sable colgando. Su rostro barbado refleja una seguridad propia de una época inocente e impresionable, un mundo que, aunque vagos, aún conservaba rasgos de la restauración de Metternich. Un mundo ignorante (aunque sólo por unos días o semanas más) de los peligros tecnológicos de la guerra moderna y el totalitarismo.

En otra foto aparecía el asesino del archiduque, Gavrilo Princip, un serbiobosnio natural de la zona de Sarajevo. Princip aún no había cumplido los veinte años y parecía engañosamente frágil: un resorte de nervios y tendones. Sus ojos rebosantes de una actividad animal eran distintos de esos ojos inexpresivos de los terroristas actuales, que matan a distancia con rifles automáticos y bombas con giroscopio que se activan en el aire.

Los setenta y cinco años más intensos de la historia mundial habían transcurrido, enfocados por la cámara, desde que aquellas fotografías fueron tomadas. Pero cuando las contrastaba con la gente que me iba encontrando y las voces que escuchaba, no parecían tan antiguas.

Belgrado, Bucarest, Sofía, Atenas, Adrianópolis. Todas fueron en un tiempo sede preferida de los periodistas más ambiciosos —el Saigón, Beirut y Managua de un mundo más joven—. Ernest Hemingway envió su despacho más famoso desde Adrianópolis (la actual Edirne, en la Tracia turca) en 1922. En él, describía a los refugiados griegos «caminando a ciegas en la lluvia», con todas sus posesiones cargadas en carros de bueyes.

Los Balcanes fueron el primer Tercer Mundo que hubo, mucho antes de que los medios de comunicación occidentales acuñaran el término. Desde esta península montañosa que limita con Oriente Próximo, los corresponsales enviaron los primeros despachos hablando de las largas marchas de refugiados y escribieron los primeros libros de periodismo y literatura de viajes, en un tiempo en que Asia y África estaban todavía demasiado lejos.

Cualquier cosa que haya pasado en Beirut o en cualquier otro lugar del planeta ha ocurrido mucho antes en los Balcanes.

En los Balcanes surgieron los primeros terroristas de este siglo. La Organización Revolucionaria Interna de Macedonia fue el equivalente de la Organización para la Liberación de Palestina de los años veinte y treinta, con pagadores búlgaros obsesionados por recuperar las partes de Macedonia que tanto Grecia como Yugoslavia le habían arrebatado tras la Segunda Guerra Balcánica. Al igual que los actuales shiíes de los suburbios del sur de Beirut, los asesinos de esta organización, que juraban lealtad sobre un arma y una Biblia ortodoxa, provenían del desarraigado proletariado campesino de los barrios bajos de Skopje, Belgrado y Sofía. Eran frecuentes la toma de rehenes y las masacres de gente inocente.

Incluso el fanatismo del clero iraní tiene un precedente balcánico. Durante las guerras balcánicas de 1912 y 1913, un obispo griego en Macedonia ordenó el asesinato de un político búlgaro y mandó cortarle la cabeza para exhibirla en la iglesia y que le sacasen fotos.

La historia del siglo XX empezó en los Balcanes, donde las gentes, aisladas por la pobreza y las rivalidades étnicas, se vieron condenadas a odiar. En estas tierras, la política ha quedado reducida a una casi absoluta anarquía que, de vez en cuando, a lo largo de la historia, ha traspasado el límite del Danubio inundando Europa central.

Del nazismo, por ejemplo, también puede decirse que tiene origen balcánico. En las pensiones de mala muerte de Viena, caldo de cultivo de resentimientos étnicos, próximo al mundo eslavo, Hitler aprendió cómo odiar de modo tan infecto.

¿Qué aspecto ofrecerá el mundo en lugares donde se cometen tantas atrocidades? ¿Tendrán un aire especial, habrá un *genius loci*, algo en el paisaje que pueda delatarlo?

Comencé mi viaje por Europa central, en Nuremberg y Dachau, pero no noté nada especial. Eran ciudades museo; ya no tenían vida ni respiraban el fuego de las armas. El muro de contención del estadio donde los nazis llevaron a cabo los exterminios era ahora una cancha de squash para *yuppies* alemanes.

En Viena percibí «algo» por primera vez. En Viena únicamente hay una estatua, un callejón y una plaza dedicados a Wolfgang Amadeus Mozart. En memoria del doctor Karl Lueger hay un monumento mayor, una plaza más grande y en la parte más augusta de la Ringstrasse, precisamente aquella que acoge el Parlamento neoclásico, el edificio renacentista de la Universidad, el Burgtheater barroco, el Ayuntamiento gótico y el Volksgarten.

Lueger, alcalde de la Viena de finales de siglo, fue, junto con Georg von Schonerer, otro político austriaco de su tiempo, padre del antisemitismo político. Adolf Hitler escribe en *Mein Kampf* (*Mi lucha*): «Considero a este hombre como el mejor alcalde alemán de todos los tiempos... Si el doctor Karl Lueger hubiese vivido en Alemania, sería uno de los grandes cerebros de nuestra nación.»

Hitler reconoce que sus ideas están directamente inspiradas por Lueger. El 29 de mayo de 1895, la misma noche que se enteró de la victoria de Lueger en los comicios municipales de Viena, Theodor Herzl se sentó a diseñar la estrategia para iniciar el éxodo judío. Había que abandonar Europa.

Observé su monumento emplazado en la plaza del doctor Karl Lueger. Con la mano sobre el corazón, impecablemente vestido, *der schone Karl* (el apuesto Karl) miraba al futuro con mirada resuelta; le rodeaba un grupo de trabajadores musculosos y con el torso descubierto que empuñaban palas y picos.

En la Alemania actual, semejante monumento provocaría un escándalo. Pero en Austria no.

—Karl Lueger fue el mejor alcalde de Viena —dijo un periodista local encogiéndose de hombros—. No fue un antisemita de verdad. Sólo utilizó el antisemitismo como arma política.

Seguí mi viaje. Metternich dijo en una ocasión que los Balcanes comienzan en el Rennweg, la carretera que, desde Viena, se dirige hacia el sur y hacia el este.

Cuanto más se acerca uno tanto a la franja sur como a la franja este del mundo germano —es decir, cuanto más se acerca uno a los amenazadores y numerosos eslavos—, más inseguro y peligroso se vuelve el nacionalismo alemán. En la frontera oriental del mundo alemán, los alemanes de Pomerania y Silesia se cuestionan la legitimidad de la frontera polaca. Al sur, en Austria, donde la sangre del mundo eslavo corre por venas alemanas, la negación de este hecho elemental se transforma en paranoia panalemana.

Llegué a Klagenfurt, capital de Carintia, provincia del sur de Austria conocida como «El Dorado para los antiguos nazis». Teniendo en cuenta su tamaño, resultaba que Carintia era cuna de más guardias de campos de concentración que ninguna otra provincia de Alemania o Austria. En Klagenfurt, en los años ochenta, hubo un movimiento segregacionista en las escuelas. Dios prohíbe que los niños alemanes aprendan junto con los eslovenos, que étnicamente son eslavos. Me acerqué a la sede del derechista Partido de la Libertad y el Heimatdienst de Carintia —una organización paramilitar fundada tras la Primera Guerra Mundial y resurgida con carácter neonazi en los años cincuenta—. Intenté provocar a uno de los portavoces del partido, pero sin resultado.

PREGUNTA: Simon Wiesenthal me dijo que cualquier partido político que en un país democrático como Austria incluya en su denominación la palabra «libertad», o es nazi o es comunista. ¿Qué tiene que decir a eso?

RESPUESTA: Herr Wiesenthal es un hombre muy respetable. Tiene derecho a pensar así. Sin embargo, permítame decirle por qué nosotros no estamos de acuerdo...

Me dijeron que la idea de una Alemania más grande, que incluyese Austria, había muerto. Al ala derechista austriaca únicamente le interesaba preservar la integridad de la lengua alemana en una región lingüística fronteriza.

Las paredes del Partido de la Libertad estaban adornadas con insípidas obras de arte moderno; ni rastro de banderas o fotos del antiguo régimen. En la calle me esperaba otra decepción: en lugar del horrible provincianismo de las camisas marrones de las calles de Klagenfurt, me encontré con una clase acomodada al estilo Thorstein Veblen.

Jóvenes con aspecto de estudiar en un elitista colegio americano montaban en brillantes bicicletas de colores. Vi a un hombre con americana de ante y gafas de Giorgio Armani y mujeres con maquillaje de Jil Sander o Guerlain y pañuelos al cuello con las tonalidades más suaves del otoño. Exceptuando las ventanas de las oficinas —cromadas—, los edificios pseudobarrocos semejaban finas rebanadas de un bizcocho de cerezas típico de la Selva Negra. En los escaparates de las calles peatonales se podían ver trenes de juguete, maletas Samsonites, estaciones espaciales de Lego y una *schmuck* (joyería) de

Tiffany's. Unos cuantos portales más allá de Mothercare, había una tienda con lencería de París tan cara como horrible. El perfume de la dependienta rubia desprendía un olor ácido, animal. La progenie de los oficiales de la SS ha sido educada para ser como tigres, ocultos en sus casas de clase media.

Todo el mundo conducía vestido a la última. Las únicas banderas que vi eran las de las compañías de tarjetas de crédito. En los cristales de la agencia de viajes, Israel era un destino invernal más para aquellos en busca de sol. En el Partido de la Libertad y el Heimatdienst los partidarios más firmes eran obligados a mantener un aura de respetabilidad. En lugar del antisemitismo y demás excesos tradicionales, había ahora un desenfrenado consumismo. La gente de Carintia se ha convertido en una especie animal domesticada.

Además, desde 1989, el Partido de la Libertad habla cada vez más de la cooperación con los eslovenos para asegurarse así más escaños parlamentarios. El viejo cazador de nazis, Wiesenthal, me explicó la razón:

—Sin una crisis económica, el Partido de la Libertad no puede hacer otra cosa sino adaptarse. El mal —me explicó el anciano—, cuando está en reposo, no necesita del sufrimiento o del arrepentimiento para su curación, sino la sola sedación de la democracia y prosperidad burguesas década tras década, hasta que el sistema está tan inculcado que ni siquiera un desastre económico puede afectarle.

Transcurría la última década del siglo XX. Estaba de acuerdo con Wiesenthal, no con Metternich: los Balcanes ya no empiezan en las puertas de Viena, ni siquiera en las de Klagenfurt.

En la frontera del sur de Austria con la que solía ser Yugoslavia se apagó la calefacción, incluso en primera, y desengancharon el vagón restaurante, que fue reemplazado por otro que sólo tenía un mostrador de cinc en el que despachaban cerveza, licor de ciruela y cigarrillos sueltos sin filtro. A medida que el tren hacía sus paradas, el mostrador se iba llenando de hombres con las uñas mugrientas, fumando y bebiendo. Gritaban y bebían tragos de alcohol y cuando paraban se dedicaban a hojear tranquilamente revistas pornográficas. A diferencia de los trabajadores austriacos, no llevaban cortes de pelo *unisex* y era evidente que no planeaban unas vacaciones de invierno en Túnez o Israel. Aquí, de haber tenido la suerte de contar con un electorado nativo pobre, el Partido de la Libertad y el Heimatdienst podían haberse desprendido de su toque moderno y sus respuestas engañosamente neutrales a preguntas de un periodista.

La nieve se estrellaba en la ventanilla. Grandes chimeneas de ladrillo y hierro lanzaban bocanadas de humo negro de lignito.

Aquí, la tierra tenía el rostro duro y exhausto de una prostituta, maldiciendo entre ataques de tos. El paisaje de atrocidades es fácil de reconocer: el comunismo había sido el Gran Protector.

No tenía mucho tiempo. Pronto, a finales de los años noventa, o en las décadas siguientes, el decorado se vendría abajo, como ya había sucedido en Klagenfurt.

PRIMERA PARTE

YUGOSLAVIA: INTRODUCCIÓN HISTÓRICA

He vuelto a Yugoslavia para ver lo que significa la historia en mi propia carne y sangre.

REBECCA WEST,
Black Lamb and Grey Falcon
(*Cordero negro y halcón gris*)

1

Croacia: «Para que puedan ir al cielo con todo merecimiento»

El pasado en Zagreb yacía bajo mis pisadas: una suave y espesa alfombra de hojas, empapada por la lluvia, en la que mis pies entraban y salían, amalgamándose con el presente. Dejé atrás la estación y caminé entre cortinas de niebla teñidas por el humo amarillo que desprendían las chimeneas de carbón, como metáfora química de la memoria ardiente. La niebla se movía deprisa y se desgarraba dejando ver un fragmento de hierro forjado o una cúpula barroca que, de repente, aparecían en el centro de la mirada. Allí. Comprendí que aquello también era el pasado: un agujero en la niebla a través del cual se podía mirar.

La capital de la antigua república yugoslava de Croacia es de las pocas ciudades ferroviarias de Europa a la que todo viajero debería llegar en tren, pues el Esplanade —construido en 1925 y considerado todavía como uno de los mejores hoteles del mundo— está justo frente a la estación.

El mejor libro de viajes de este siglo comienza en la estación de ferrocarril de Zagreb, en la lluviosa primavera de 1937.

Cuando se publicó por primera vez la obra de Rebecca West *Black Lamb and Grey Falcon*, cuatro años más tarde, en 1941, *The New York Times Book Review* la calificó como la apoteosis del género de viajes. El *The New Yorker* dijo que sólo era comparable a la obra de T. E. Lawrence *Los siete pilares de la sabiduría*. Dicho en dos palabras, el libro es el relato de un viaje de seis semanas por tierras yugoslavas[1]. Si se quiere precisar más, *Black Lamb and Grey Falcon* es, como Yugoslavia, un mundo en expansión hacia sí mismo: un inventario enciclopédico del país, en dos volúmenes y medio millón de palabras; una saga dinástica de los Habsburgo y los Karageorgevich; una tesis erudita sobre arqueología bizantina, el folclore pagano y la filosofía cristiana e islámica. El libro ofrece, además, un psicoanálisis estremecedor de la mente germana y de los orígenes del fascismo y del terrorismo durante el siglo XIX. Fue toda una advertencia clarividente sobre el peligro que el totalitarismo suponía para Europa en la década de los cuarenta y los años posteriores. Al igual que ocurre con el Talmud, se puede leer el libro una y otra vez en busca de distintos significados.

«Si Rebecca West hubiese sido una mujer medieval y rica, hubiera sido una gran abadesa. Si hubiese sido una mujer del siglo XVII y pobre, hubiera sido quemada por bruja», escribe Victoria Glendinning en *Rebecca West: A Life* (*Rebecca West: Una vida*). Glendinning califica *Black Lamb and Grey Falcon* como «libro fundamental» en la larga producción y vida de la autora, en el cual Rebecca West —joven esposa de H. G. Wells, proscrita social y rebelde sexual que escribió otras veinte obras de ensayo— plasmó sus opiniones sobre religión, ética, mito y género.

El mismo título del libro es un ataque a la doctrina cristiana de la crucifixión y expiación, en la cual Dios perdona nuestros pecados a cambio del sacrificio de Jesús en la cruz.

El «black lamb» (cordero negro) representa un ani-

1. Aunque Yugoslavia, tal y como la hemos conocido, ya no existe, el término es todavía útil como definición geográfica y cultural, dado que la palabra significa «Eslavo del Sur (yugo)». Casi todos los otros eslavos en Eurasia viven más al norte.

mal que Rebecca West vio sacrificar en un rito de fecundidad en Macedonia: «Todo nuestro pensamiento occidental está fundado en la convicción repulsiva de que el dolor es el precio justo que hay que pagar para obtener un bien», escribe. El «grey falcon» (el halcón gris) representa la trágica respuesta de la humanidad al sacrificio de la oveja negra. En un poema serbio, el profeta Elías, disfrazado de halcón, ofrece a un general serbio la posibilidad de elegir entre un reino terrenal y uno celestial. El general elige el último, y levanta una iglesia, en vez de organizar a su ejército, y la consecuencia de su elección es la derrota que sufre ante el ataque turco. El autor se indigna y parafraseando la actitud del general pacifista dice: «Como está mal ser el sacerdote y sacrificar el cordero, seré el cordero y moriré sacrificado por el sacerdote.»

El irresoluto problema de la lucha entre el bien y el mal, que se plasma muy bien en la relación entre el pastor y su rebaño, obsesiona hoy a Zagreb.

A los pocos días de estar en la ciudad, Rebecca West se dio cuenta de que Zagreb era, trágicamente, una «exhibición de sombras». Tan absortas estaban sus gentes en sus propias divisiones entre croatas católicos y serbios ortodoxos que se habían convertido en fantasmas, antes incluso de que llegaran los nazis.

La ocupación nazi hizo que afloraran estas tensiones. En su ferocidad original —si no en números absolutos— la masacre en la Croacia católica y su vecina Bosnia-Herzegovina de serbios ortodoxos fue terrible en la Europa ocupada por la Alemania nazi. Cuarenta y cinco años de pobreza sistemática bajo los comunistas de Tito mantuvieron las heridas abiertas.

Llegué a Zagreb en tren procedente de Klagenfurt. Habíamos entrado en la última década del siglo XX. Mis oídos estaban preparados para captar las contenidas voces fantasmales que intuía estaban a punto de estallar de nuevo.

Un hombre de origen serbio al que conocí en el tren me dijo:

—Los fascistas croatas no tenían cámaras de gas en Jesenovac. Sólo tenían cuchillos y mazos con los que realizar asesinatos masivos contra los serbios. La matanza fue caótica, nadie se molestó en llevar la cuenta. Así están las cosas aquí, nos separan décadas de Polonia. Allí, judíos y católicos discuten por algo importante; aquí, croatas y serbios todavía no nos ponemos de acuerdo en las cifras.

Cifras. Eso es lo único que siempre ha contado en Zagreb. Por ejemplo, si alguien dice que los ustachis (insurreccionistas) croatas asesinaron a 700.000 serbios en Jesenovac, un campo de muerte de la Segunda Guerra Mundial situado a cien kilómetros al sureste de Zagreb, le calificarían de nacionalista serbio que desprecia a croatas y albaneses, que considera al antiguo cardenal croata y arzobispo de Zagreb, Alojzije Stepinac, un «criminal de guerra nazi», y que apoya a Slobodan Miloševic, el agitador y líder nacionalista de Serbia. Pero si se dice que los fascistas ustachis asesinaron sólo a 60.000 serbios, entonces se es tachado de nacionalista croata para quien el cardenal Stepinac es «un santo bendito», que desprecia a los serbios y a su líder Miloševic.

El cardenal Stepinac, una figura croata de finales de los años treinta y cuarenta, es un arma contra Miloševic, figura serbia de los últimos años —y viceversa—. Como la historia no ha avanzado en Zagreb, el final de los años treinta y cuarenta todavía parece el presente. En ningún lugar de Europa ha quedado sin solución el legado de los crímenes nazis como en Croacia.

Zagreb es un paisaje urbano de volúmenes y ordenación espacial donde el color es secundario. La ciudad no necesita la luz del sol para brillar. Las nubes, e incluso una llovizna fría, le dan más esplendor. Caminé cerca de cien metros desde la estación hasta el hotel Esplanade: un sólido edificio verde mar que podría confundirse fácilmente con un ministerio gubernamental, con la lujosa decadencia —la deliciosa melancolía— de la Inglaterra eduardiana o la Viena de fin de siglo. Entré en el vestíbulo de arcos y bóvedas de mármol negro y blanco, adornado con espejos con marcos de oro, cortinas y doseles de terciopelo y alfombras moradas. El mobiliario era negro azabache y las tulipas de las lámparas de color amarillo oro. El vestíbulo y el comedor semejaban atestadas galerías de arte, cuyos cuadros traían a la memoria el universo de Sigmund Freud, Gustav Klimt y Oskar Kokoschka: iconografía modernista, como principio de la desintegración social y del triunfo de la violencia y del instinto sexual sobre el imperio de la ley.

Slavenka Draculic es una periodista de Zagreb que escribe en croata para *Danas* (*Hoy*), una revista local, y en inglés para *The New Republic* y *The Nation*. Con sus gafas negras de diseño y una cinta en la cabeza de un intenso color rojo a juego con la blusa y el lápiz de labios, tenía —al igual que el resto de las mujeres del comedor— un estilo que se complementaba con el atrevido arte del hotel. El mensaje del conjunto era inequívoco: «A pesar de la pobreza impuesta por el comunismo, de los húmedos y fríos apartamentos y de las tristes mercancías que exhiben los escaparates, nosotros, los croatas, somos católicos romanos, y Zagreb es el bastión oriental de Occidente; tú, visitante, estás todavía en la órbita de Austria-Hungría, de Viena, lugar donde se inventó el mundo moderno. ¡No lo olvides!»

Como una experta dibujante, Slavenka esbozó a vuelapluma el dilema yugoslavo:

—Esto no es Hungría, Polonia o Rumania. Es más bien la Unión Soviética en miniatura. Por ejemplo, en Lituania está pasando tal cosa, pero en Tayikistán está pasando otra. Lo mismo que en Croacia, en Serbia o Macedonia. Cada situación es irrepetible. Ningún problema tiene fácil solución. Debido a la ruptura de Tito con Stalin, el enemigo en Yugoslavia siempre estuvo dentro, no fuera. Estuvimos engañados durante años con lo que sólo era una ilusión de libertad...

Enseguida comprendí que la contrarrevolución en Europa oriental incluía también a Yugoslavia. Pero como el descontento popular se canalizaba horizontalmente, enfrentándose un grupo social contra otro, y no verticalmente, todos contra los poderes comunistas de Belgrado, el camino revolucionario en Yugoslavia, al principio, fue mucho más tortuoso que en otros países, pues el conflicto estaba más encubierto. Ésa fue la razón por la que el mundo exterior no se dio cuenta del problema hasta 1991, cuando empezó la guerra.

Sin embargo, no se necesitaba mucha lucidez para ver lo que se avecinaba. Mi visita a Yugoslavia me llenaba de asombro, pues todas las personas con las que hablaba —tanto residentes como diplomáticos extranjeros— estaban convencidas y resignadas a que en un futuro inmediato hubiera un baño de sangre.

Yugoslavia no se deterioró de repente, sino metódicamente, paso a paso a lo largo de la década de los ochenta, empobreciéndose, degradándose, alimentando el odio año tras año. Ésa es la razón por la que todas mis entrevistas resultaban tan tristes. Estábamos advirtiendo al mundo que se avecinaba una tremenda catástrofe, pero nadie quería oír nuestra terrible advertencia. A nadie le interesaba. Poca gente sabía dónde estaba (por ejemplo) Croacia. Desde mi habitación en el Esplanade, cuando me comunicaba por teléfono con conocidos de mi país y les decía que estaba en los Balcanes, lo confundían con el Báltico.

—Tiene que quedarse unas semanas en Zagreb. Hay tanta gente que ver. Los hilos son tan sutiles, están tan entrelazados. Es todo tan complejo...

Los dedos de Slavenka parecían rendirse de frustración y caían sobre la mesa. Me dio a entender que la batalla entre comunismo y capitalismo era meramente una dimensión de la lucha que enfrentaba al catolicismo contra la ortodoxia, Roma contra Constantinopla, el legado austrohúngaro de los Habsburgo contra el de la Turquía otomana; en otras palabras, Oriente contra Occidente, el último conflicto histórico cultural.

Los días siguientes a mi llegada a Zagreb y al hotel Esplanade se convirtieron en una perfecta cámara de resonancia: una sucesión de monólogos brillantes y prolongados y más memorables aún que esa lluvia, bajo la cual paisaje y arquitectura se desdibujan dando paso a ideas abstractas.

No es una coincidencia que *Black Lamb and Grey Falcon* empiece en Zagreb, se centre en Yugoslavia y esté escrito por una mujer: un libro así ha de reunir todas esas cosas. La pulcritud y creatividad de una experta cocinera y bordadora, combinada con la sensibilidad de una mujer de mundo y abuela precoz, eran sin duda las características necesarias para que Rebecca West pudiera devorar los pensamientos, pasiones e historias nacionales de Europa y Asia, y reconstruirlos en un coherente y preciso tapiz moral.

El 9 de octubre de 1934, sólo dos años y medio antes de su viaje, Rebecca West pronunció la palabra Yugoslavia por primera vez. Ese día (se encontraba en cama convaleciente de una operación) se enteró por la radio de que los agentes del movimiento croata de los ustachis habían asesinado al cabeza de la casa real serbia, el rey Alejandro I Karageorgevich, a su llegada a Marsella en visita de estado. Unos días después vio un documental sobre el asesinato; a medida que la cámara pasaba por la cara del moribundo rey de cuarenta y seis años, la autora tuvo un presentimiento sobre su país. Sabía instintivamente que aquel noble rostro moribundo era otro paso en el camino hacia un horrible cataclismo —peor incluso que la Primera Guerra Mundial— que aún no podía describir. Por eso vino a Yugoslavia, a investigar la naturaleza de la amenazante catástrofe, al igual que vine yo a descubrir la causa de otra. La política en Yugoslavia refleja perfectamente el proceso de la historia y por eso es mucho más predecible de lo que la mayoría de la gente piensa.

Black Lamb and Grey Falcon me condujo a Yugoslavia. Hasta los años noventa viajar allí no significaba ni una aventura peligrosa ni una escapada hacia lo exótico. En cambio, ofrecía un choque brutal con los problemas más fundamentales y aterradores del siglo. Yugoslavia era también una historia de sutilezas que se resistía a ser condensada en las páginas de los periódicos. Como periodista que ya había hecho reportajes sobre guerras en África y Asia, me sentía embriagado y a la vez inútil. Mi guía era una mujer difunta cuyos pensamientos, aún vivos, encontraba más apasionados y exigentes que los de cualquier otra persona viva. Hubiese preferido perder el pasaporte y el dinero antes que mi sobada, anotada y pesada copia de *Black Lamb and Grey Falcon*. Ese libro, junto con el de John Reed *The War in Eastern Europe*, nunca se quedaba en mi habitación del hotel. Los llevaba conmigo a todas partes en Yugoslavia.

Zagreb significa «detrás de la colina», siendo la colina la parte más alta de la ciudad desde la que se domina otra más abajo. En la ciudad inferior está la estación de ferrocarril, el hotel Esplanade y los mejores edificios de estilo neorrenacentista, *art nouveau* y secesión de finales de siglo, separados por zonas arboladas. En lo alto de la colina, dominando la ciudad inferior, está la catedral gótica de Zagreb, fortificada, un verdadero mini-Kremlin consagrado en el siglo XIII y restaurado a finales del XIX. La catedral es la construcción católica romana más grande de los Balcanes y la sede del arzobispado de Zagreb. Después de visitarla la víspera de Pascua de 1937, Rebecca West exclamó:

—Se percibía allí un sentimiento intenso, no sólo de una inmensa fuerza vigorosa sino de un noble origen, que emanaba de la emoción verdadera, de la fe absoluta.

Hasta entonces, esa fantástica descripción reflejaba fielmente la realidad. Durante cientos de años, en parte como reacción ante las injusticias del Imperio austrohúngaro, los teólogos católicos en Croacia se sentían cada vez más atraídos por la unidad cristiana entre los eslavos del sur (yugo). Estos teólogos dirigían su mirada más allá del cisma de 1054 entre Roma y Constantinopla, y la fijaban en los apóstoles del siglo IX, Cirilo y Metodio, que habían convertido a los eslavos al cristianismo. Pero después del cisma de 1054, la mayoría de los conversos de Cirilo y Metodio se habían convertido en miembros de la rival Iglesia ortodoxa, de tal manera que los croatas eran los únicos cristianos que veneraban a los dos apóstoles.

En el siglo XIX, las figuras de Cirilo y Metodio comenzaron a aparecer en círculos de la Iglesia croata como símbolos de unidad entre las Iglesias croata y ortodoxa. La versátil figura del obispo Josip Strossmayer —patriota y filántropo croata, fundador de la Universidad de Zagreb, experto lingüista y jardinero, criador de caballos Lippizaner, conocedor de vinos y narrador— propugnaba este objetivo. Como croata católico e intelectual, Strossmayer aceptaba plenamente la igualdad y legitimidad de la Iglesia ortodoxa serbia. Sus compañeros católicos de Austria-Hungría y el Vaticano lo criticaron por enviar una carta de felicitación a los obispos ortodoxos en el milenio del nacimiento de Metodio. El emperador de la casa de Habsburgo, Francisco José, insultó a Strossmayer en la cara. Strossmayer, en respuesta, advirtió a los Habsburgo que el prolongado desgobierno en Bosnia-Herzegovina —la provincia al sur y este de Croacia— conduciría al colapso de su imperio, y eso, exactamente, fue lo que sucedió. Rebecca West elogia a Strossmayer presentándolo como el «audaz acusador de la tiranía austrohúngara», y añade que el Vaticano del siglo XIX no soportaba a Strossmayer —que luchó tanto contra el antisemitismo como contra el racismo antiserbio—, porque, a sus ojos, «lamentablemente carecía del ardor religioso necesario».

Sin embargo, cuando Rebecca West visitó Zagreb, en la primavera de 1937, un nuevo impulso de unidad cristiana eslava, bastante diferente de la de Strossmayer, iba ganando fuerza en las mentes de los católicos croatas. El cambio comenzó bajo la dinámica influencia del arzobispo auxiliar Alojzije Stepinac, quien, antes de finalizar el año, fue nombrado arzobispo de Zagreb.

Stepinac, nacido en 1898, era el quinto de ocho hijos de una próspera familia de labradores del oeste de Zagreb. Después de luchar en la Primera Guerra Mundial, estudió agronomía y se convirtió en miembro activo de una asociación católica de estudiantes. En 1924 rompió su compromiso con una joven de la región e ingresó en el sacerdocio, pasando los siete años siguientes en la prestigiosa universidad gregoriana de Roma, dirigida por jesuitas, que su acomodado padre podía pagar. Tras la graduación, Stepinac solicitó un puesto en una pequeña parroquia. Pero, dadas sus credenciales académicas, el entonces arzobispo de Zagreb, Antun Bauer, se llevó al prometedor sacerdote de treinta y dos años a trabajar a la cancillería de la catedral.

Es difícil pensar en dos croatas católicos más diferentes que Strossmayer y Stepinac. Strossmayer era un eslavo del sur, un nacionalista en abierto enfrentamiento con los austriacos y el Vaticano, mientras que Stepinac era un croata puramente nacionalista, fiel al Vaticano y a los Austrias y en lucha contra sus compañeros eslavos del sur, los serbios. Desde su temprana juventud, Stepinac era, en palabras de Bauer, «excesivamente piadoso», a diferencia de Strossmayer, al que le gustaban el vino, los caballos y la buena vida.

El joven Stepinac había hecho amigos en la asociación católica de estudiantes, que no era muy religiosa. En la ceremonia de compromiso nupcial, antes de ingresar en el sacerdocio, Stepinac rehusó incluso besar a su amada, alegando «esto no es el sacramento». Al entrar en funciones como arzobispo auxiliar en 1934, Stepinac fue cubierto con el cinto y el escapulario de los franciscanos, para que se le identificara públicamente con el ideal de pobreza. Pronto organizó misas y procesiones contra la blasfemia y los pecados de la carne. Dirigió sus ataques en especial contra los baños de sol y la natación mixta, lo que dio un talante cromwelliano a su mandato. Por su diario personal se sabe que creía que los ideales católicos de pureza debían extenderse también a la Serbia ortodoxa. «Si hubiese más libertad... Serbia sería católica en veinte años», escribió Stepinac. Su dogmatismo le llevó a considerar a los ortodoxos como apóstatas. «Lo mejor para los serbios sería volver a la religión de sus padres; es decir, bajar la cabeza ante el representante de Cristo, el Santo Padre. Entonces, al menos, podríamos respirar un poco en esta parte de Europa, ya que el bizantinismo ha jugado un papel terrible... junto con los turcos.» Cuando Stepinac «se enfrentó más adelante, durante la Segunda Guerra Mundial, con los frutos de estas ideas, se quedó horrorizado», observa Stella Alexander en un detallado y compasivo relato de la carrera de Stepinac, *The Triple Myth: A Life of Archbishop Alojzije Stepinac* (*El triple mito: Vida del arzobispo Alojzije Stepinac*).

Entré en la catedral de Zagreb y reparé en una serie

de carteles con la fotografía del papa Juan Pablo II. La imagen del Papa siempre ha sido una imagen muy poderosa en Croacia por un motivo: a pesar de que Croacia está al lado de Italia y del Vaticano, y a pesar de ser la frontera entre la cristiandad occidental y oriental —cuya reconciliación el Papa ha perseguido durante mucho tiempo—, Juan Pablo II, que ha viajado a los más lejanos rincones de África y Asia durante sus primeros doce años de pontificado, todavía no había visitado Croacia, y eso se debe fundamentalmente al legado del cardenal Stepinac.

Dentro de la nave, mis ojos se vieron atraídos por un bronce macizo del Jesús doliente, el *Calvario* del escultor croata Iván Orlic. Situada a la derecha de la entrada de la catedral en 1978, la estatua rezuma fuerza y musculatura. Un grupo de monjas con hábitos blancos se arrodilló ante ella en silenciosa plegaria. Sobre ellas brillaban estrellas de oro pintadas sobre un techo azul. Avancé a lo largo de la nave hasta el lado izquierdo donde Stepinac, en relieve de piedra, se arrodilla y recibe la bendición de Jesús. Era su tumba. Allí fue enterrado, en un muro de la catedral, en 1960. El monumento, obra de un famoso escultor croata, Iván Mestrovic, fue sufragado por americanos croatas. Es deliberadamente pequeño, ingenuo, incompleto, compuesto por el menor número posible de finas líneas. La gente pasaba a su lado y se arrodillaba, tal y como lo estaban haciendo delante de la mucho más impresionante estatua de Jesús en el Calvario. El papa Juan Pablo II también deseaba postrarse ante este humilde monumento. Su deseo fue la razón por la cual las autoridades federales de Belgrado —principalmente los serbios— le denegaron durante años el permiso para visitar Zagreb.

En 1984, cuando visité por primera vez la tumba de Stepinac, una anciana se me acercó y me rogó:

—Escriba cosas buenas de él. Fue nuestro héroe, no un criminal de guerra.

Pero un oficial del régimen comunista me había dicho en Belgrado:

—Nosotros lo tenemos claro: Stepinac era un carnicero colaboracionista, el cura que bautizaba con una mano y asesinaba con la otra.

El oficial me contó entonces cómo los curas católicos, bajo la dirección de Stepinac, oficiaban a la fuerza conversiones en masa de serbios ortodoxos minutos antes de su ejecución por los ustachis croatas, «para que pudieran ir al cielo».

Entonces creí que tenía un buen artículo. Después leí *A Long Row of Candles* (*La larga marcha de los cirios*), las memorias de C. L. Sulzberger, el antiguo corresponsal y columnista principal de *The New York Times*. Resultó que había escrito la misma historia treinta y cuatro años antes, en 1950. Sulzberger recordaba: «Serbios ortodoxos de toda tendencia política se acercaban a mí y mascullaban: "Stepinac debería haber sido colgado. Fue él quien permitió que continuase el asesinato de miles de ortodoxos." Cuando volví a Zagreb dos hombres se acercaron a mí en la calle y me preguntaron: "¿Es usted el periodista americano? ¿Vio al arzobispo (que entonces estaba en una cárcel comunista)? Oh, es un hombre bueno, un santo. Dígale al pueblo americano que es nuestro héroe."»

Y cuando volví a Zagreb cinco años más tarde, a finales de 1989, la inocencia o culpabilidad de Stepinac todavía era la Historia. Tres años antes, en 1986, el antiguo ministro del Interior de aquel estado de Croacia, títere nazi durante la Segunda Guerra Mundial, Andrija Artukovic, había sido deportado de los Estados Unidos para ser procesado por los crímenes de guerra en Zagreb. La presencia de Artukovic en su tierra natal había removido viejos recuerdos y las autoridades comunistas habían respondido tan sólo con un juicio al estilo estalinista, malamente dirigido, que sirvió para inflamar las viejas pasiones del problema Stepinac. Artukovic, un hombre viejo y enfermo, fue declarado culpable y condenado a muerte, pero murió en prisión antes de que la sentencia se llevara a cabo. No dijeron dónde le habían enterrado: los comunistas de Belgrado, en su mayor parte serbios, temían que los croatas convirtieran su tumba en un santuario. Su actuación con Artukovic fue una deshonra.

Un observador podía ver cómo se alimentaba el odio, año tras año. A finales de los ochenta, la dimensión del asunto Stepinac creció a medida que las conflictivas posiciones serbias y croatas se endurecían bajo el peso del incremento de la pobreza, un índice de inflación anual de varios miles por cien y la fragmentación de la federación yugoslava. Genocidio se convirtió en una palabra muy usada.

Durante la última visita que realicé a Zagreb en 1989, se añadió un nuevo elemento: la publicación de ciertos fragmentos de los diarios privados de Stepinac en la revista semanal *Danas*. Los diarios los descubrió un historiador local, Ljubo Boban. Boban, croata, rehusó revelar dónde y cómo los había obtenido.

—Es un secreto —me dijo.

En su despacho de la Universidad de Zagreb notó que los apuntes relativos a un período muy delicado de seis meses de 1942 «habían desaparecido misteriosamente». Daba a entender que la Iglesia los ocultaba. Los diarios publicados, cuya autenticidad no se ponía en duda, no dejaban bien a Stepinac. Descubrían a un hombre que, a pesar de su educación universitaria en Roma, estuvo influenciado por supersticiones campesinas y se tomaba en serio cosas como las conspiraciones masónicas.

Abandoné la catedral y caminé por la calle hacia la casa de monseñor Duro Koksa, que me recibió con tanta amabilidad como había hecho cinco años atrás, a pesar de que no le había telefoneado antes para pedirle una cita. Junto al cardenal de Zagreb de aquel tiempo, Franjo Kuharic, monseñor Koksa fue la figura más importante de la Iglesia croata en la década de los ochenta y principios de los noventa. Como había vivido mucho tiempo en el extranjero, y hablaba varios idiomas, se sentía obligado a recibir a todos los visitantes, sin importarle si eran críticos o no, para explicar al mundo la posición de la Iglesia croata en un período histórico doloroso que él consideraba demasiado complicado para juzgar o simplificar, a no ser por los propios enemigos de la Iglesia.

—Stepinac es una gran figura eclesiástica en Europa; no les dejaremos que la degraden, lo defenderemos. Con que odiaba a los masones, ¿eh?; pues bien, ésa era la actitud de los cristianos en aquella época. ¿Qué esperaban si no?

Monseñor Koksa estaba sentado bajo un crucifijo, vestido de negro, con el alzacuellos blanco de sacerdote. Alfombras y tapetes típicos balcánicos adornaban su despacho. Era un hombre mayor, de pelo blanco. Sus ojos parecían parpadear, no sólo de frustración, sino de obvia fatiga. Las arrugas de su frente eran como las cicatrices de viejas batallas.

—Es todo tan injusto. Esos diarios representan los pensamientos íntimos de un hombre. Se han publicado demasiado pronto.

En ese acalorado clima político, cincuenta años parecían un intervalo demasiado corto.

—Sólo la Iglesia tiene derecho a permitir la publicación de esos diarios, no los comunistas.

Monseñor Koksa insinuaba que el historiador Boban era agente de los oficiales de la Yugoslavia comunista (es decir, Serbia), que estaban decididos a arruinar a la Iglesia católica y a la nación croata.

—Desde el martirio de Stepinac a manos de Tito en 1946, el Estado yugoslavo carece de legitimidad ante los ojos de nuestra Iglesia católica.

—¡Dejad que los comunistas se arrodillen como Brandt, no la Iglesia! —monseñor Koksa se refería al famoso acontecimiento en Varsovia, en el verano de 1970, cuando el canciller de Alemania Occidental, Willy Brandt, se arrodilló arrepentido ante el monumento a las víctimas judías del gueto de Varsovia—. La guerra es siempre un acto criminal. ¿Por qué escoger a Stepinac? Nosotros no podemos negarlo todo. Lo que ocurrió en Jesenovac fue trágico; puede que sesenta mil personas fueran asesinadas, tal vez más, pero desde luego no setecientas mil.

Monseñor prosiguió:

—Croacia es la mártir de Yugoslavia. Nuestro nacionalismo es joven; ni siquiera está actualizado. Pero todo esto es demasiado complicado para que usted lo entienda. Es una cuestión de mentalidad.

El cuerpo de monseñor Koksa parecía tensarse con frustración, igual que su frente: sabía que si seguía en esa línea todo saldría mal y que yo pensaría que era un racista antiserbio a la vez que un insensible ante los judíos. Sus ojos se empequeñecieron como para exclamar: «¡Así que usted piensa que yo soy el enemigo, joven..., pues no lo soy. Usted no tiene ni idea de lo que pasó aquí durante la Segunda Guerra Mundial. Es tan fácil para ustedes venir de América, donde nunca sucede nada malo, y juzgarnos. Pero usted no es un ser superior. Tenga cuidado con sus juicios!»

Me levanté para marcharme. Monseñor Koksa me dijo que siempre sería bien recibido en su casa y que podía volver a preguntarle sobre Stepinac cuantas veces quisiera. Le di las gracias. Sabía que aunque escribiera cosas terribles de él o de Stepinac, siempre estaría deseoso de volver a verme. Monseñor Koksa era conocido por perseguir a sus adversarios. Una vez, en una recepción, abordó a Slavko Goldstajn, uno de los líderes de la comunidad judía local. Los dos hombres se dirigieron a la catedral en coche para discutir sobre algo, pero el debate resultó tan apasionado que no llegaron a salir del coche. Estaban sentados en su interior enfrente de la catedral, sobre la ciudad dormida y discutieron durante horas, sacando a relucir con gran acaloramiento las cifras en las que no coincidían.

—Los ustachis croatas asesinaron a 20.000 judíos y 30.000 gitanos en Jesenovac —dijo Goldstajn.

Pero si tanto la cifra de Goldstajn como la cifra total de la Iglesia, de 60.000 víctimas, en Jesenovac, eran exactas, sólo 10.000 serbios pudieron morir allí. Todos los partidos están de acuerdo en que los serbios ortodoxos fueron, numéricamente, las principales víctimas de los ustachis, por eso monseñor Koksa cuestionaba las cifras de Goldstajn sobre judíos y gitanos.

—Pero fueran las cifras que fueran —dijo monseñor Koksa—, Stepinac era inocente.

»Vuelva a verme —me suplicó monseñor, tal como le había suplicado a Goldstajn.

Parecía pensar: «Éste es mi destino. Dios lo ha elegido para mí.»

El fantasma de Stepinac sirve de símbolo elemental del conflicto serbocroata, alrededor del cual se sitúan todos los odios étnicos de esta nación, ahora fragmentada, la mayor y más clara de las naciones balcánicas. Cuanto mayor era el volumen de sangre derramada en la guerra civil yugoslava de los años noventa, más oportuna se volvía la historia de Stepinac. Uno podría abordar este asunto a través de la teoría psicológica de Elías Canetti, búlgaro de nacimiento y laureado con el Premio Nobel, basada en los «símbolos de masas». Canetti dijo que el símbolo de masas para los ingleses es el *mar*... «Los desastres de los ingleses han tenido lugar en el mar. Su vida en casa es complementaria de su vida en el mar; seguridad y monotonía son sus características esenciales...» Para los alemanes su símbolo de masas es el *bosque en marcha*. Para los franceses, su *revolución*. Para los judíos, el *éxodo de Egipto*... La imagen de una multitud moviéndose año tras año a través del desierto se ha convertido en el símbolo de masas de los judíos[2]. Canetti, por desgracia, no analizó a los pueblos balcánicos. La naturaleza tribal, psicológicamente cerrada, de serbios, croatas y otros pueblos, les hace tan adecuados a los símbolos de masas como los judíos, y mucho más que los ingleses o los alemanes.

Como los croatas son étnicamente indistinguibles de los serbios —provienen del mismo tronco eslavo, hablan el mismo idioma, sus nombres son generalmente los mismos—, su identidad está basada en su catolicismo romano. Por esta razón, el símbolo de masas croata podría ser la Iglesia o, más concretamente, el confuso y hermético *legado del arzobispo Stepinac*.

Los hechos que rodearon su carrera de arzobispo en tiempos de guerra, más que nada, mantienen a serbios y croatas —y por tanto a toda Yugoslavia— psicológicamente divididos. Por esa razón, y para ser justos con su figura humana, algunos hechos requieren nuestra atención.

El 10 de abril de 1941, pisándole los talones a la invasión alemana e italiana, los ustachis fascistas proclamaron el estado independiente de Croacia. La reacción del arzobispo Stepinac fue de alegría, porque veía la creación de una Croacia libre como una bendición concedida por Dios en el decimotercer centenario de los primeros lazos entre Croacia y la Iglesia de Roma. El 16 de abril, visitó oficialmente al líder de los ustachis, Ante Pavelic. El 28 de abril, en una circular al clero croata escribió:

2. En estas últimas décadas, en parte debido a la importancia de Jerusalén en la política del Próximo Oriente, uno podría sostener que el Muro de las Lamentaciones ha suplantado al éxodo como símbolo de multitud de los judíos.

> Tales son los tiempos que ya no es la lengua la que habla, sino la sangre, con sus misteriosos vínculos con el país en el cual hemos visto la luz de Dios... ¿Necesitamos decir que la sangre fluye más deprisa por nuestras venas...? ¿Que los corazones en nuestros pechos laten más deprisa...? Ninguna persona honesta puede ofenderse por esto, porque el amor por nuestro pueblo ha sido escrito por las leyes de Dios. ¿Quién puede reprocharnos si nosotros, como pastores espirituales, también añadimos nuestra contribución al orgullo y regocijo del pueblo? Es fácil ver la mano de Dios actuando en estos acontecimientos.

No es que a Stepinac le gustasen o incluso confiase en los alemanes, cuya ideología nazi consideraba «pagana». Pero, a través de los años, había desarrollado un miedo obsesivo por el comunismo, y al igual que tantos funcionarios contemporáneos del Vaticano, relacionaba esa ideología con la Iglesia ortodoxa en Rusia, y por asociación, con la Iglesia ortodoxa en Serbia. Bajo su influencia como arzobispo auxiliar en 1935 y 1936, el periódico semioficial de la Iglesia croata, *Katolicki List*, había atacado con mucha agresividad a los «judeo-marxistas» de Rusia, que «eran extranjeros para la gente sobre la cual gobernaban...». Pero hacia 1937, Stepinac había visto cómo los nazis transformaban el tradicional antisemitismo —en el cual él había crecido— en algo mucho más extremo, y desde entonces las referencias antisemíticas desaparecieron de las diatribas anticomunistas de *Katolicki List*.

Tal ambivalencia fue, trágicamente, una constante en el arzobispo. Cuando las autoridades del movimiento ustachi, un mes después de llegar al poder, decretaron que todos los judíos de Croacia debían llevar una insignia especial de identificación, Stepinac sugirió en privado al ministro del Interior, Andrija Artukovic (que más tarde se refugiaría en los Estados Unidos), que se les podría exigir que comprasen las insignias, para pagar al Estado los costos de producción, pero que no tendrían por qué llevarlas puestas. Stepinac también pidió que las medidas contra judíos y serbios, sobre todo niñas y niños, se llevaran a cabo de una forma «humanitaria».

En esos momentos, Stepinac demostraba una ingenuidad tan carente de sentido común que su conocimiento rayaba en la ceguera. Así que, cuando saludó al régimen de los ustachis, dijo:

—Conociendo a los hombres que hoy guían el destino del pueblo croata, creemos y esperamos que la Iglesia en nuestro resucitado Estado croata será capaz de proclamar en plena libertad los incuestionables principios de verdad y justicia eternas.

El arzobispo, evidentemente, no se daba cuenta de que con los ustachis, Croacia no era más que un estado marioneta dividido entre la Alemania nazi y la Italia fascista. En *The Triple Myth*, Stella Alexander observa: «Hay que destacar dos cosas. Temía al comunismo por encima de todo (mucho más que al fascismo), y le resultaba difícil comprender que nada que estuviera más allá de las fronteras de Croacia, exceptuando a la Santa Sede, tuviese una entidad suficientemente real.»

Mientras las unidades fascistas ustachis de la vecina Bosnia arrojaban mujeres y niños serbios ortodoxos por los acantilados, y las tropas de Adolf Hitler marchaban a través de la Unión Soviética, construyendo campos de muerte y cometiendo todo tipo de atrocidades, Stepinac declaraba abiertamente: «El mundo civilizado lucha contra los terribles peligros del comunismo que ahora amenaza no sólo a la cristiandad, sino a todos los valores positivos de la humanidad.»

Alexander escribe que la historia «estuvo clara» hasta principios de 1942. Cualquier duda que Stepinac abrigase con respecto a los rumores, cada vez más frecuentes, sobre una brutalidad estatal organizada contra serbios ortodoxos y judíos, era disipada por disposiciones de los ustachis de Pavelic que le agradaban, como, por ejemplo, la prohibición de exhibir carteles provocativos de mujeres en escaparates, o penas de cárcel de corta duración para los que fuesen sorprendidos jurando en público y trabajando en el campo el domingo.

Sin embargo, como demuestra Alexander en su libro, conforme Stepinac se fue enterando poco a poco de los asesinatos en masa, empezó a ver la verdad y a alzar su voz. En una charla a los estudiantes en marzo de 1942, el arzobispo proclamó que «la libertad sin un total respeto por el cumplimiento de las leyes de Dios es una ficción vacía...». Y en un domingo de abril de 1942, Stepinac recibió al dictador Pavelic en las escalinatas de la catedral de Zagreb con pan y sal en las manos. Mirando al dictador a los ojos, Stepinac salmodió:

—El quinto mandamiento dice: No matarás.

Pavelic, enfurecido, se negó a entrar en la catedral[3].

Hacia el mes de marzo, cuando los ustachis ordenaron a todos los judíos inscribirse en la policía, Stepinac habló así en un sermón público:

> Cada uno, no importa a qué raza o nación pertenezca... lleva consigo el sello de Dios, y tiene derechos inalienables de los cuales ningún poder temporal puede privarle... La semana pasada hubo muchas ocasiones para ver las lágrimas y oír las lamentaciones de los hombres y los gritos de las mujeres indefensas amenazadas... porque su vida personal no se ajusta a las teorías del racismo. Como representantes

3. Esta historia me la contó Stephen Hanich, un americano de origen croata, el cual se encontraba de pie a tan sólo unos pasos de Stepinac y Pavelic.

de la Iglesia, nosotros no podemos y no debemos permanecer callados...

Seis meses más tarde, Stepinac habló aún más claro:

> La Iglesia católica no sabe nada de razas nacidas para gobernar ni de razas condenadas a la esclavitud. La Iglesia católica reconoce razas y naciones como criaturas de Dios... por ello el negro de África central es tan hombre como el europeo... El sistema de fusilar a cientos de rehenes por un crimen [que los ustachis empleaban continuamente] es un sistema pagano que sólo conduce al mal.

Ya en pleno holocausto, el arzobispo se enfrentó directamente con los ustachis. Odiado por los comunistas y sospechoso para los fascistas, Stepinac rehusaba huir a Roma, a pesar de que sabía muy bien que el bando que ganase la guerra le convertiría en cabeza de turco. Tampoco rompió por completo sus vínculos con el régimen de Pavelic, aunque sabía que aquello hubiese salvado su reputación. Según Alexander, Stepinac suponía que la ruptura le hubiese impedido «ayudar a nadie; lo más importante era salvar a quien pudiese ser salvado». De forma consciente, a medida que la guerra continuaba, Stepinac se ganaba la confianza de judíos, serbios y miembros de la resistencia, que le consideraban un aliado aislado en medio del infierno.

De todas formas, hasta los últimos días de la guerra, continuó con sus arengas contra la blasfemia y creyendo en un lado «honesto» del movimiento de los ustachis. Una foto del 22 de febrero de 1945 muestra a Stepinac estrechando la mano del dictador Pavelic. Mientras su actitud contra el comunismo fue siempre clara e intransigente, sin importarle los riesgos que le supusieran para sí mismo y para otros, su actitud hacia los crímenes ustachis contra la humanidad estuvo marcada por compromisos, rotos y renovados, y actitudes contradictorias. Durante la guerra, escondió a un rabino y a su familia en el recinto de la catedral. Después de acabar la guerra se encontró y ayudó a huir de las nuevas autoridades comunistas —muy imprudentemente— al ex jefe de la policía ustachi. Siempre demostró una exasperante falta de perspicacia política y cortedad de miras; era esto, más que ninguna otra cosa, lo que le diferenciaba de Strossmayer. Stepinac creía de verdad que «sin exageración... durante esta guerra, nadie ha sido tan cruelmente herido como el infeliz pueblo croata». Lo que les había ocurrido en el resto de Yugoslavia (y en el resto de Europa) a serbios, judíos, zíngaros, musulmanes y otros pueblos y etnias carecía de entidad real para él.

El juicio más positivo sobre esta oscura figura, realizado por una especialista no croata, tal vez sea el de Stella Alexander, que dice: «Vivió circunstancias apocalípticas, asumiendo responsabilidades que no había buscado...» Al final a uno le queda la impresión de que no era lo bastante brillante para el papel que le tocó jugar. Teniendo en cuenta sus limitaciones, se comportó muy bien; desde luego, mucho mejor que la mayoría de los suyos, y su talla moral se acrecentó a lo largo de la dura prueba.

—La Iglesia católica de aquí nunca ha buscado sus raíces. Los sacerdotes jóvenes de ahora son unos ignorantes. Mientras los jóvenes instruidos no sean llamados al sacerdocio, no surgirá desde abajo el ímpetu necesario para que la Iglesia estudie en serio su propio pasado y a Stepinac —me explicaba Zarko Puhovski, un católico croata y político liberal, mientras tomaba un aguardiente de ciruela en el bar del Esplanade.

La Iglesia, al igual que gran parte de Zagreb, fue durante varias décadas un ente herido. Desde 1945, la razón de ser de la Iglesia, la responsabilidad de su rebaño, fue su propia supervivencia física. El comunismo había puesto a la Iglesia entre la espada y la pared, como el último vestigio soberano de la nación croata —perseguida y oprimida, atraía sólo a los jóvenes más pobres y menos instruidos a sus filas clericales, una presión que las iglesias ortodoxas estaban acostumbradas a padecer—. Bajo el dominio de los turcos otomanos, habían aprendido el arte de la supervivencia: cómo hacer frente a gobernadores cuya malevolencia se consideraba una fuerza normal de la naturaleza, incontrolable, como el viento o la nevisca, para conservar lo que era más importante. Pero la Iglesia croata, que no había padecido esta situación bajo el reinado de los Habsburgo católicos y, envalentonada, además, por un protector exterior, la Santa Sede de Roma, no estaba dispuesta a ceder ni un centímetro del disputado terreno histórico, y defendía incluso lo que no necesitaba defensa y que no debería haber defendido. Monseñor Koksa tenía razón: él no era el enemigo —ni de los judíos, ni tan siquiera de los serbios—. Era tan sólo la víctima.

En Zagreb aprendí que la lucha por la mera supervivencia deja poco sitio para la renovación o la creación. Mientras los ucranianos y otros pueblos se disculpaban abiertamente por sus acciones contra los judíos durante el holocausto, los grupos croatas se dedicaban a negar los hechos. Me dijeron que las estadísticas sobre los asesinatos masivos en Croacia eran exageradas. ¿No fueron también los serbios culpables de atrocidades durante la Segunda Guerra Mundial? ¿Acaso no se trataba bien a los judíos que permanecían en Croacia? Sin duda alguna, estos argumentos tenían una cierta validez, pero lo que me preocupaba era la necesidad de aferrarse a ellos, como si una simple disculpa sin calificativos pudiera deslegitimarlos como nación. La tragedia de Croacia fue que su nacionalismo surgió en un momento en el que el fascismo dominaba Europa, forzando a sus defensores a liarse con el nazismo. Hay que juzgar estas cuestiones con una valoración valiente y ponderada del pasado.

¿Por qué los ucranianos actuaron de una forma y los croatas de otra? Porque los ucranianos, en 1991 y 1992, no estaban viendo cómo sus ciudades eran bombardeadas y su gente maltratada en una guerra provocada. La guerra en Yugoslavia —la lucha por la supervivencia— había aplazado la autocrítica de la historia del holocausto en Croacia. Pero ese examen debe hacerse.

Tito y el comunismo, no la Iglesia católica, convirtieron a Stepinac en un mártir para los croatas. En 1945, ignorando las primeras declaraciones de Stepinac en apoyo de los ustachis y la abierta colaboración de muchos sacerdotes católicos con los asesinos en el campo de concentración de Jesenovac, Tito se entrevistó con Stepinac en dos ocasiones. En estas entrevistas intentó coaccionar al arzobispo para formar una Iglesia católica nacional independiente del Vaticano, la cual, al igual que las Iglesias ortodoxas de Yugoslavia, estaría subordinada a su régimen comunista. Stepinac, consciente de que, por desgracia, Tito tenía pruebas que lo vinculaban con los ustachis, rehusó sin embargo el chantaje. No sólo no rompió con el Vaticano, sino que continuó sus denuncias públicas contra los comunistas. El arresto de Stepinac y la representación pública de su juicio como «criminal de guerra» tuvieron lugar en 1946.

Las conversiones forzosas de miles de creyentes ortodoxos al catolicismo en Bosnia agitaron el deseo de sangre de los serbios y a la vez proporcionaron al gobierno los medios para destruir el arzobispado. ¿Acaso el arzobispo no había expresado por escrito su deseo de que los serbios cismáticos volviesen a la verdadera fe? ¿Los sacerdotes católicos (al menos nominalmente bajo el control de Stepinac) no habían llevado a la práctica con entusiasmo este deseo minutos antes de que los serbios fueran asesinados en masa?

La verdad es que Stepinac no tenía medio alguno para controlar al clero de Bosnia, donde estaban ocurriendo la mayor parte de las atrocidades. En el mapa, Bosnia está al lado de Croacia y visto desde fuera —especialmente durante las décadas en que Yugoslavia fue un país— las dos regiones podrían haberle parecido prácticamente iguales a un extranjero. Pero Bosnia estuvo siempre a años luz de Zagreb. Zagreb es una comunidad urbana, étnicamente uniforme, situada en una llanura, mientras que Bosnia es un laberinto de pueblos étnicamente mezclados y aislados en las montañas. Bosnia es rural, y está hasta tal punto llena de odios y recelos que a los refinados croatas de Zagreb les costaría comprenderlo. Bosnia representa una complicación y una intensificación de la disputa serbocroata. Al igual que los croatas sintieron su catolicismo occidental más intensamente que los austriacos o italianos, debido precisamente a su inquietante proximidad al Oriente ortodoxo y a los mundos musulmanes, los croatas de Bosnia —al compartir las mismas montañas tanto con los serbios ortodoxos como con los musulmanes— sentían su croacionismo mucho más intensamente que los croatas de la propia Croacia, a quienes les divertía el lujo psicológico de tener sólo a sus compatriotas étnicos como vecinos principales. Lo mismo les sucedía, claro está, a los serbios de Bosnia. En Bosnia la existencia de una gran comunidad de musulmanes complicaba aún más las cosas. Se trataba de eslavos, de origen serbio o croata, que se convirtieron al islam a finales de la Edad Media en la ocupación turca y cuya religión fue poco a poco convirtiéndose en sinónimo de su identidad étnica. Sin embargo, Bosnia tenía un refinado centro urbano, Sarajevo, donde serbios, croatas, musulmanes y judíos habían convivido tradicionalmente en razonable armonía. Pero los pueblos de los alrededores estaban llenos de odios ancestrales, como consecuencia de la pobreza y del alcoholismo. El hecho de que la violencia más espantosa —tanto durante la Segunda Guerra Mundial como a partir de 1990— tuviese lugar en Bosnia no fue una casualidad. A finales de 1991, momento en el que la violencia se desencadenó en Croacia mientras que Bosnia permanecía extrañamente tranquila, ni los croatas ni los serbios percibían la tragedia que se avecinaba. «¿Por qué no hay combates en Bosnia? —decía un chiste de entonces—. Porque Bosnia ha pasado directamente a la final.»

Tan pronto como Stepinac se dio cuenta de que las conversiones en Bosnia no eran voluntarias, pasó una circular confidencial para que se realizaran conversiones rápidas de judíos y serbios ortodoxos si eso les ayudaba a «salvar sus vidas. El papel y cometido de los cristianos es, antes que nada, ayudar a salvar a la gente. «Cuando estos tiempos tristes y salvajes hayan pasado», quienes no se hayan convertido por una fe auténtica, «volverán a su propia religión cuando el peligro haya terminado».

Pero los fiscales de Tito no estaban interesados en tales minucias. Tito fue sincero cuando dijo en un discurso el 26 de septiembre de 1946:

> Nosotros arrestamos a Stepinac y arrestaremos a todos aquellos que se resistan al actual estado de cosas, tanto si les gusta como si no.

Milovan Djilas, el entonces miembro del círculo íntimo de Tito, escribió posteriormente que Stepinac «no habría sufrido un juicio por su conducta en la guerra y por su colaboración con el líder croata fascista Ante Pavelic, si no se hubiese opuesto con tanta tenacidad al nuevo régimen comunista».

Stepinac fue declarado culpable. Estuvo cinco años

incomunicado antes de ser deportado a su pueblo natal, Krasic.

En los años que siguieron al juicio, cientos de sacerdotes católicos fueron arrestados y a veces torturados y asesinados. En 1950, en una entrevista concedida al periodista C. L. Sulzberger, que tuvo lugar en la prisión de Lepoglava, Stepinac se mantuvo desafiante:

—Estoy contento de sufrir por la Iglesia católica.

Dos años más tarde, reconociendo su servicio a la Iglesia asediada por comunistas, el papa Pío XII le nombró cardenal. Desde entonces, el Vaticano sólo ha considerado a Stepinac como un héroe que luchó contra el comunismo.

Se hicieron muchas valoraciones al respecto.

A medida que las aguas de la inundación comunista retrocedían y la tierra volvía a ser reconocible, muchas cosas que se habían dado por sabidas y perdonadas en la década de los ochenta —la última década de la era de la posguerra—, dejaron de estarlo. El legado del Imperio austrohúngaro y la Iglesia católica romana —y por extensión la figura del papa Juan Pablo II— se veía como algo muy benigno en contraste con el severo feudalismo industrial de Tito y las mandíbulas de acero de su policía secreta. De hecho, esa obsesión del nacionalismo croata por creerse culturalmente superior a los serbios —la misma raíz nacionalista que hizo a Stepinac desear que los serbios se convirtieran al catolicismo— no se hubiese dado sin la constante instigación de la corte de los Habsburgo y del Vaticano.

De todas las tribus eslavas que se asentaron en la parte occidental de la península balcánica durante los siglos VI y VII, los croatas fueron los primeros que se liberaron del gobierno bizantino (en el año 924) y establecieron su propio gobierno. Su primer rey libre fue Tomislav, cuya estatua preside la plaza principal de Zagreb, frente a la estación de ferrocarril. La estatua de bronce representa a un soldado a caballo blandiendo una cruz.

Miré hacia la estatua. Caballo y jinete parecían fundirse en un cúmulo de músculos desnudos: no tanto del hombre o del animal sino de un arma penetrante y cruel alzada frente a la llanura croata sobre la cual se levantó y cayó la amenaza de los turcos otomanos, quienes en 1453 sustituyeron a los bizantinos en Constantinopla. En los siglos XVI y XVII los turcos ocuparon Croacia. Cuando los turcos se replegaron, abandonaron el valle y retrocedieron hasta los territorios adyacentes de Serbia y Bosnia-Herzegovina, donde las fuerzas del sultán permanecieron otros doscientos años[4]. El escultor pudo haber tenido un motivo para representar a Tomislav de este modo: para que una nación católica oriental sobreviva en los Balcanes —una península dominada primero por cristianos ortodoxos y luego por musulmanes— debía endurecer su corazón, y de ahí que no haya ni un solo punto débil en su armadura.

En el año 1089, Kresmir, el último rey de la dinastía de Tomislav, murió sin sucesor, y Croacia (junto con el territorio costero adriático de Dalmacia) cayó bajo la dominación del rey Ladislao I de Hungría. Amenazada por Venecia, aliada de los odiados bizantinos, tanto Croacia como Dalmacia dieron la bienvenida de corazón a la protección húngara. Tampoco les importó la intervención del Papado, ya que era un provechoso baluarte contra los bizantinos. Este marco psicológico terminó de configurarse con el nacimiento del dominio Habsburgo alpino hacia 1278-1282 y la expansión Habsburgo en

4. Bosnia y Herzegovina son dos regiones vecinas que se unieron. Estrictamente hablando, Sarajevo está en Bosnia, zona en la que se desarrolló gran parte de la lucha durante la Segunda Guerra Mundial y los años noventa a la que ya me he referido.

Hungría y Croacia entre los años 1526-1527. El miedo al Este, que se simbolizaba en Constantinopla —tanto bizantina como turca—, hizo que los croatas se echaran gustosos en los brazos de los papas, reyes húngaros y emperadores austrohúngaros. Los reyes y emperadores explotaron a los croatas como a súbditos coloniales y alimentaron la hostilidad de los croatas contra los serbios ortodoxos, a pesar de que teólogos católicos como Strossmayer realizaron grandes esfuerzos para unir a ambos grupos.

Para los reinos cristianos de Europa, como para muchos croatas, no importaba que serbios y croatas fuesen ambos eslavos. Los serbios eran ortodoxos orientales y, por tanto, parte del odiado Este, al igual que los turcos musulmanes.

«Los serbios y los croatas eran, en lo que respecta a raza y lengua, originariamente un solo pueblo, y ambos nombres tenían exclusivamente significación geográfica», escribe el experto británico Nevill Forbes, en un clásico estudio sobre los Balcanes en 1915. Si no fuese por la religión, el enfrentamiento serbocroata no tendría ninguna base.

La religión en este caso no es cosa baladí. Como el catolicismo surgió en el Oeste y la ortodoxia en el Este, la diferencia entre ambas religiones es mayor que entre, digamos, catolicismo y protestantismo, o incluso catolicismo y judaísmo (que por la diáspora, también se desarrolló en el Oeste). Mientras que las religiones occidentales ponen el acento en las ideas y las obras, las religiones orientales subrayan la belleza y la magia. El servicio litúrgico de la religión oriental es casi una recreación física del cielo en la tierra. Incluso el catolicismo, la más barroca de las religiones occidentales, es, según los criterios de la ortodoxia oriental, austero e intelectual. Los frailes católicos (franciscanos, jesuitas...) realizan una actividad laboral mundana como la enseñanza, la escritura o el trabajo comunitario. En cambio, los monjes ortodoxos tienden a ser contemplativos; para ellos el trabajo es casi una distracción, ya que los aleja de la adoración de la belleza celestial.

A través de los siglos, tales diferencias suscitan posiciones conflictivas en la vida diaria. En un café, al otro lado de la calle, frente a la catedral de Zagreb, un amigo católico me explicaba:

—Cuando entré en el ejército yugoslavo, conocí serbios por primera vez en mi vida. Me enteré de que una boda tradicional serbia dura cuatro días. Cuatro días de plegarias y festejos. ¿Para qué tanto? Un día es suficiente. Después deberían volver al trabajo. Los serbios me parecieron extraños, irracionales, como los gitanos. ¡A ellos sí que les gustaba el ejército! Yo lo odiaba. El ejército para eslovenos y croatas es una pérdida de tiempo porque en otro sitio podríamos estar ganando dinero. ¿Quién quiere ir a Belgrado? Belgrado es el tercer mundo. Yo me siento mucho más cerca de Viena.

Y Kavla Kunz-Cizelj, traductor croata de las novelas de John Steinbeck, me dijo con orgullo visible:

—Me siento más cerca de Viena que de Belgrado. Zagreb todavía es Europa. Recuerdo que, después de la última guerra, Lawrence Durrell, el escritor británico —que trabajaba en la embajada británica de Belgrado por aquel entonces—, llegaba aquí cada fin de semana después de conducir varias horas en su Jeep por una carretera polvorienta llena de baches y exclamaba: «Gracias a Dios, Kavla, estoy en Occidente otra vez.»

No importa que los explotadores fueran los Habsburgo, no importa lo mucho que los croatas suspiraran por librarse de ellos, el resplandor de Viena siempre ha sido en Croacia símbolo de Occidente y del catolicismo, y por esa razón los croatas han perdonado a la dinastía Habsburgo todos sus pecados.

Para los croatas modernos, los Habsburgo representan la última época normalizada y estable de la historia centroeuropea antes de las horribles desviaciones del nazismo y el comunismo. Pero los croatas olvidan que, antes del nazismo y el comunismo, la gente instruida pocas cosas buenas podía decir de los Habsburgo. En palabras de Rebecca West, «desde el desgraciado día en 1273 en que el colegio de electores nombró a Rudolf de Habsburgo rey de los romanos, por su mediocridad, hasta la abdicación de Carlos II, en 1918, esta familia no dio ningún genio; tan sólo tuvo dos gobernantes hábiles en Carlos V y María Teresa, un número incontable de zoquetes y no pocos imbéciles y lunáticos».

De hecho, la monumentalidad de Viena y Budapest se levantó sobre las destrozadas espaldas de sus súbditos eslavos. Las periódicas revueltas y desórdenes se sofocaban con ejecuciones en masa y complicadas estratagemas tales como dar a la minoría serbia en Croacia privilegios especiales o levantar a los croatas contra los serbios. Desde mediados del siglo XIX, aunque los croatas modernos prefieren ignorarlo, sus antepasados se sentían atraídos por la posibilidad de una federación «Sur Eslava (Yugoslava)» con los serbios, independiente del Imperio austrohúngaro. Este sentimiento creció en 1878, cuando, en el Congreso de Berlín, los Habsburgo se apropiaron del territorio vecino de Bosnia-Herzegovina (que se acababa de librar de los turcos) y pronto demostraron que podían gobernar con tantos defectos como los turcos. En 1908, los Habsburgo anexionaron Bosnia, cuya población estaba formada por eslavos musulmanes, croatas y serbios.

Gavrilo Princip, el asesino del heredero forzoso de los Habsburgo, el archiduque Francisco Fernando, era un serbio de Bosnia. Los Habsburgo católicos reaccionaron ante la muerte de Francisco Fernando acorralando y asesinando a cientos de campesinos serbios ortodoxos que no se habían ni enterado del asesinato. Los Habsburgo entonces declararon la guerra a Serbia, y así se inició la Primera Guerra Mundial. «La guerra, para el ejército austriaco, comenzó con una serie de cortes marciales» —recuerda Joseph Roth en *The Radetzky March (La marcha Radetzky)*, libro de memorias sobre la decadencia del Imperio de los Habsburgo—. «Durante un tiempo, traidores reales o imaginarios colgaban ahorcados en los árboles de los cementerios para matar de miedo a los vivos.» El Imperio de los Habsburgo murió exactamente igual que el Imperio turco: mucho más despreciado, y en medio de un cúmulo de crueldades dirigidas contra un conjunto de pequeñas naciones que luchaban por liberarse.

Sin embargo, en los años treinta, los croatas ya habían olvidado todo esto. Siglos de gobierno de los Habsburgo habían ayudado a los croatas a convencerse de que eran culturalmente superiores a los serbios. De este modo, cuando la Casa Real de Karageorgevich obtuvo el dominio sobre los croatas en el recién creado estado de Yugoslavia tras la Primera Guerra Mundial, un odio comunal se despertó en Croacia pidiendo venganza. En 1934 ocurrió el crimen que hizo que Rebecca West se diera cuenta por primera vez de la existencia de Yugoslavia: el asesinato del rey serbio Alejandro Karageorgevich por un macedonio pagado por los ustachis croatas. En los años ochenta y principios de los noventa, una teoría revisionista popular defendía que los Habsburgo habían creado un clima pacífico de tolerancia étnica, pero la tolerancia de ninguna de las maneras era parte de su legado en Croacia.

El Vaticano también tiene su parte de culpa. El sentimiento antiserbio en Croacia lo alimentó siempre la Iglesia católica romana que prefería que los croatas católicos estuvieran bajo el dominio de sus aliados católicos austrohúngaros a que fuesen una minoría en un Estado dominado por los serbios ortodoxos orientales, quienes, por razones histórico-religiosas, estaban psicológicamente del lado de los rusos bolcheviques. Al Vaticano nunca le gustó Yugoslavia, ni siquiera antes de la Segunda Guerra Mundial, cuando la nación no era comunista. Al rehusar poner pie en territorio yugoslavo, a menos que se le permitiese orar públicamente ante el discutible y —para muchos— comprometido símbolo de devoción croata, la tumba de Stepinac, el papa Juan Pablo II permaneció durante la década de los ochenta insensible a las memorias colectivas de los serbios ortodoxos —al igual que a las de judíos y gitanos, por quienes Stepinac hizo muy poco y muy tarde—. Durante décadas, el Vaticano ha sido juzgado y recompensado únicamente en base a su anticomunismo, eludiendo así cualquier discusión sobre su papel histórico y su actitud en esta parte del mundo. Pero esto ya no tiene remedio.

Caminé bajo la lluvia, alejándome de la estatua de Tomislav y dejando atrás el pabellón de arte neoclásico, con su fachada amarilla como un daguerrotipo. Escondida en el parque y cubierta de hojas detrás del pabellón de arte neoclásico, se encontraba la estatua del obispo Strossmayer.

El escultor representó a Strossmayer con cuernos, al igual que hizo Miguel Ángel con el *Moisés*. La espléndida y vigorosa calidad de la obra, que transmite calor y fuerza internas sorprendentes, me hicieron acercarme más, como si el bronce fuese carne tibia real. «Abandonamos la magnífica estatua bajo la fuerte lluvia», recordaba Rebecca West de su visita a este lugar.

El autor de la estatua de Strossmayer fue Iván Mestrovic, el mismo Iván Mestrovic que muchos años después, en 1960, esculpió la tumba de otro patriota local, Alojzije Stepinac. Y no había contradicción alguna. Mestrovic fue un testigo personal del lado noble del carácter de Stepinac. En 1943, durante una breve visita de Stepinac a Roma, Mestrovic le suplicó que no volviera a Croacia porque su vida allí corría peligro. Stepinac había aceptado su destino: si los ustachis no lo mataban, lo harían los comunistas. Como se había formado en un momento de completa ceguera política, el arzobispo se aplicaba brutalmente la lección aprendida del «black lamb» y el «grey falcon»: estaba deseando ser el cordero del sacrificio, no por vocación, sino para luchar por otros.

La historia en esta ciudad íntima y gris está sujeta a muchas interpretaciones. El papa Juan Pablo II parecía estar dispuesto a dar la suya[5]. Si lo hacía, cuando viniese a este puesto avanzado de la cristiandad oriental, tan cerca y sin embargo tan lejos del Vaticano, tendría que romper con la política vaticana sobre Yugoslavia y venir a curar y reconciliar. Estuve respetuosamente de pie bajo la fría lluvia ante la estatua del obispo Strossmayer, devoto de Cirilo y Metodio, y me di cuenta de que éste era el monumento de Zagreb, más que el de la catedral, ante el cual el Papa debería inclinarse primero.

5. En septiembre de 1994, el Papa viajó a Sarajevo y Zagreb.

2

La antigua Serbia y Albania: la «franja occidental» balcánica

La madre Tatiana sacó su mano de la oscuridad para evitar que me deslumbrase un rayo de sol.

—Allí —dijo— puede contemplar la herencia del *Srbski narod* [pueblo serbio].

Los ojos acusadores de san Juan Bautista estaban esculpidos en la pared en la capilla norte. Vi a san Juan cuando abandonaba el desierto de Judea. Su pelo y barba estaban unidos con nudos serpenteantes, su cuerpo deformado por el hambre y por aquella visión artística propia de El Greco o William Blake. Ningún artista oriental —nadie del renacimiento italiano— pudo igualar esa oscura habilidad del maestro serbobizantino del siglo XIV para entender —y reproducir— al Bautista del evangelio de san Marcos[1]. «Llevaba Juan un vestido de pelo de camello, y un cinturón de cuero ceñía sus lomos, y se alimentaba de langostas y miel silvestre.»[2] El rostro de Juan, transmutado por la Revelación, se mecía como el extremo superior de una llama: no era un hombre, sino un espíritu incorpóreo, que manifestaba su esencia en forma humana.

Tan extasiado estaba en su pensamiento que ni se daba cuenta de su sufrimiento físico, y no sufría. Esta fuerza tan oriental es el punto de partida imprescindible para

1. El pintor era Mijaíl Astrapas o un tal Euticio, ambos de Eslovenia.

2. Marcos, 1,6.

comprender el porqué del comportamiento de los serbios en este siglo.

La madre Tatiana me condujo bajo una sucesión de altas bóvedas y arcadas. Sentí que la tierra se hundía.

—Ésta es nuestra raíz, nuestra verticalidad —dijo en una afirmación tan literal como figurativa.

Cuatro pilares de quince metros sostenían la cúpula central. Estaban tan próximos que creaban una sensación de vertiginosa y punzante altura. Miré hacia arriba a través de un velo de incienso, cientos y cientos de centelleantes llamas, tan brillantes como el propio Juan, vestidas con los colores de la mora y la granada y con los trágicos tonos dorados de las moribundas hojas otoñales. Muy semejante a la simplicidad y monumental gracia de la escultura griega clásica superpuesta sobre una exuberante alfombra oriental. Si hay un lugar en el que el cielo esté reflejado en la tierra, es aquí, en el interior del monasterio serbio de Grachanitsa.

Tal «riqueza escapa a nuestro cálculo», exclamó Rebecca West, que había estado en la misma capilla más de medio siglo antes. «Nuestra copa no ha estado vacía, pero nunca se llenó tanto como la de esta parte del mundo, donde Asia y Europa se encuentran.»

Dejé atrás las negras e inmensas entrañas de la iglesia, crucé el pórtico exterior y entré en un silencio diferente, intensificado por el tintineo de cencerros en los prados y un gorrión desconchando la argamasa que unía hileras de finísimo ladrillo. Vista desde fuera, la iglesia parecía incluso pequeña. La verticalidad, perfectamente sintetizada, en la que cuatro cúpulas de color azul pálido se concentraban alrededor del fino cimborrio de otra cúpula, engendraba un fantástico engaño arquitectónico: lo que parecía una deliciosa miniatura desde el exterior se veía inmenso en el interior.

Grachanitsa, Pec y otros treinta y tantos monasterios serbios caracterizan el paisaje del sur de Yugoslavia.

Vine aquí directamente desde Zagreb, en el norte. Al igual que había hecho allí, intuir la naturaleza del problema nacional de Croacia a través de su catedral, me propuse hacer lo mismo en Serbia a través de sus monasterios.

Los monasterios serbios son el legado de la dinastía Nemanjic, fundada hacia finales del siglo XII por un jefe tribal, Stefan Nemanja, que creó el primer Estado serbio, independiente de los gobernadores bizantinos de Constantinopla. Desde el principio, Serbia fue uno de los estados más civilizados de Europa. Stefan podía firmar escribiendo su nombre cuando el santo emperador romano en Alemania, Federico I Barbarroja, tenía que conformarse con dejar la huella de su pulgar.

El hijo de Stefan Nemanja, el monje viajero conocido como san Sabas, que tomó el nombre religioso de Simeón, obtuvo del patriarca de Constantinopla la autocefalía de la Iglesia ortodoxa serbia, en el año 1219. Un descendiente posterior de Stefan Nemanja, el rey Milutin, extendió Serbia convirtiéndola en un gran imperio cristiano ortodoxo, a principios del siglo XIV, más rico incluso que el Imperio bizantino.

Las mangas incrustadas en oro de Milutin rebosan virilidad. Como el rey tudor Enrique VIII, Milutin buscaba el contacto carnal con las mujeres, casándose y repudiando esposas según sus inclinaciones sexuales y ambiciones imperialistas. Su insaciabilidad le llevaba de un deseo a otro, y a medida que se apropiaba de territorios en el sur y el este, nombraba arzobispos para que le divorciaran y volvieran a casar a su antojo. Su apetito sexual sólo lo igualaba su vehemente actividad constructora y artística. Esperaba que estos edificios —junto con los muchos hijos que engendró— le harían inmortal. Milutin financió la construcción de iglesias y palacios en Constantinopla, Salónica y por toda Serbia. Donaba oro, joyas e iconos a instituciones religiosas tan lejanas como

Jerusalén o el sagrado monte Athos, en el noroeste de Grecia. Las palabras de Milutin están inscritas en una pared de la capilla sur de Grachanitsa: «Yo vi las ruinas de la iglesia de la Virgen de Grachanitsa..., la construí desde sus cimientos y la pinté y decoré por dentro y por fuera.»

Cuando Milutin construyó Grachanitsa estaba casado con su cuarta mujer, Simonide, la hija del emperador bizantino Andrónico II *Paleólogo*. Para mantener a los ejércitos de Milutin fuera de Constantinopla, Andrónico le había dado a su hija de seis años. Milutin, sin esperar a que la niña creciera, consumó el matrimonio inmediatamente. A pesar de todo, el rey serbio era más civilizado que su equivalente Tudor, pues se limitaba a repudiar a sus esposas, sin asesinarlas.

En los retratos reales que hay en una pared inferior en Grachanitsa, Milutin aparece como un anciano frágil, y Simonide como una mujer adulta. Sus rostros muestran una palidez mortal, y uno de los ojos de Milutin está borrado. Parecen mucho menos reales que sus coronas, sus enjoyadas túnicas y la maqueta de la iglesia de Grachanitsa que el rey mece en sus brazos. El ser humano —parece estar diciendo este artista serbobizantino— es efímero, pero sus creaciones materiales son indestructibles.

Grachanitsa, incluidos sus frescos, se terminó en 1321, cuando al otro lado del mar Adriático el sol se levantaba sobre el renacimiento florentino. En las paredes de Grachanitsa percibí un tratamiento en la anatomía y sexualidad corporal (inexistente en otras escuelas iconográficas bizantinas, en las cuales el cuerpo es sólo un símbolo del espíritu no material) que pronto tendría su culminación en los trabajos de Miguel Ángel y Leonardo da Vinci. Pero ningún artista renacentista pudo jamás reproducir el elemento sobrenatural y espiritual conseguido por los serbios medievales. La madre Tatiana no fantaseaba al decir:

—Nosotros hubiésemos sido más grandes que los italianos si no hubiese sido por los turcos.

Ése era el estribillo que se oía por todas partes en los Balcanes en tiempos de Rebecca West y en el mío propio. Rebecca West escribió: «Los turcos arruinaron los Balcanes; produjeron tal desastre que todavía no ha sido reparado... Una gran exacerbación se agita en los Balcanes, pero ha perdido su referencia legítima ahora que los turcos han sido expulsados.»

Si consideramos —como dice el laureado premio Nobel ruso Joseph Brodsky— al Imperio comunista como el equivalente actual del Imperio turco otomano, el despotismo oriental desplazándose hacia el norte, desde Estambul (la antigua Constantinopla) hasta Moscú —desde el palacio Topkapi hasta el Kremlin—, entonces comprobaremos que Rebecca West ya había anunciado todo lo que sucedió en los años noventa en Serbia, en el resto de la antigua Yugoslavia y en los otros Estados balcánicos. Ahora que el comunismo ha caído y los soviéticos han sido expulsados, una gran exacerbación se agita en los Balcanes, aunque ha perdido su referencia legítima. Durante décadas, bajo el régimen de Tito, la madre Tatiana tuvo otras preocupaciones, otras batallas en que pelear. Pero una vez que desapareció aquella plaga, volvió a luchar contra los turcos, aunque ahora al problema se le dé otro nombre.

Los serbios vivían diseminados en tierras montañosas y boscosas, difíciles de someter, y más alejadas de Turquía que de Bulgaria o Grecia; por lo tanto, el yugo otomano no fue tan duro en Serbia como en esos otros países. Además, siempre hubo focos de resistencia activa, sobre todo en las intrincadas regiones montañosas de granito negro del vecino Montenegro. Pero aun así, Serbia no estaba muy distante de Turquía.

Según una leyenda serbia, el reino de Nemanjic se inmoló a manos turcas para ganar un nuevo reino en el cielo; mientras tanto, aquí en la tierra, el sacrificio de Serbia permitió a Italia y Europa central no sólo sobrevivir, sino crecer.

—La grandeza de Italia y de las demás naciones de Europa se levantó sobre nuestros huesos —dijo la madre Tatiana amargamente—. Venga —continuó haciéndome una seña—, voy a contarle cosas de nuestro sufrimiento.

Entramos en una casa típicamente turca con tejas de granza, paredes de piedra amarilla y balcones voladizos de madera adornados con plantas. La madre Tatiana dijo que aquella arquitectura era «típicamente serbia». En Bulgaria, las mismas construcciones eran la expresión de la arquitectura «búlgara evangelista», y en Grecia de la arquitectura «griega por excelencia». La sala estaba oscura. Me senté, helado, con el abrigo puesto, con los pies sobre una alfombra de estilo turco. El hábito negro de la madre Tatiana recortaba su silueta contra las cortinas blancas. Otra hermana nos sirvió café turco espeso y con abundante azúcar de un azucarero cilíndrico de metal dorado. Después nos trajo un transparente aguardiente de ciruela del monasterio. La madre Tatiana se bebió su copita de un trago. Entonces, sus grandes manos de campesina volvieron a destacarse en la oscuridad.

—Yo no soy el profeta Samuel, pero es preferible morir con honradez que vivir con deshonor...

»Soy una buena cristiana, pero no pondré la otra mejilla si un albanés le arranca los ojos a un compañero serbio, o viola a una niña pequeña, o castra a un niño de doce años. —Hizo un gesto cortando el aire con su mano—. Ya conoce el incidente, ¿no?

Yo no lo conocía, pero de todas maneras asentí con la cabeza.

La madre Tatiana se inclinó sobre la mesa acercándose a mí. Mis ojos se adaptaron a la oscuridad y por primera vez pude ver bien su cara. Tenía un aspecto fuerte y vigoroso, con pómulos marcados y apasionados ojos maternales. Era una mujer mayor, interesante. En su juventud debió de haber sido bastante atractiva. Sus ojos ardientes parecían extrañamente desenfocados, como oscurecidos por la superstición, como los ojos de los santos de la iglesia. Sus dedos blancos revoloteaban al ritmo de sus palabras. Recordé lo que John Reed escribió después de un viaje por Serbia en 1915: «La rápida y fluida elocuencia del lenguaje serbio impresionó nuestros oídos como un chorro de agua fresca.»

—¿Sabía usted —dijo la madre Tatiana— que unos jóvenes albaneses se bajaron los pantalones delante de unas monjas?

Volví a negar con la cabeza.

—Esa gente está desangrando a Serbia. No es verdad que sean pobres y estén en paro. Ponen los nombres de sus abuelos muertos en las listas de parados. Son contrabandistas y tienen miles de divisas ocultas. Se visten de pobres y sucios porque ésa es su costumbre.

»Los albaneses quieren conquistar el mundo superándonos en número. ¿Sabe usted que ningún *hodja* [clérigo albanés musulmán] visita la casa de una familia que tenga menos de cinco hijos? ¿Y que Azen Vlasi [dirigente político albanés] es un libertino que fornica con las putas locales?

»¿De dónde es usted? —me preguntó de repente.

—Soy norteamericano —contesté.

—Eso ya lo sé, pero todos los americanos son algo más. ¿Qué es usted? Usted es moreno. No tiene el aspecto de los verdaderos americanos.

—Soy judío.

—Ah, ya. Me gustan los judíos, pero sigo queriendo bautizarlos. —Se rió y su rostro destiló una amabilidad protectora—. Admiro a las mujeres de Israel que llevan armas. Si volviese a tener cuarenta años, llevaría una. No hay fe en Yugoslavia. Sólo aquí en Serbia hay verdadera fe... Sé que soy una convencida nacionalista serbia. Las cosas empeorarán entre los albaneses y nosotros, ya lo verá. No puede haber reconciliación.

La madre Tatiana cogió mi mano entre las suyas y me la apretó, como bendiciéndome.

—Llevo treinta y cinco años entre estas cuatro paredes. Tenemos dos hectáreas de tierra y nos mantenemos con la cría de cerdos y ovejas. En 1539 hubo aquí una imprenta. Allí fuera —dijo levantando su mano— todo está sucio y abandonado.

Allí fuera es lo que Nevill Forbes y John Reed en 1915, Rebecca West en 1937, y la madre Tatiana ahora llamaban la antigua Serbia: la «Judea y Samaria» de la conciencia nacional serbia, el lugar donde todo había sucedido, donde el gran reino Nemanjic nació, alcanzó la grandeza y fue destruido. Sin embargo, en las últimas décadas, esta tierra santificada ha sido reclamada, no por los turcos, sino por sus vecinos históricos, los albaneses musulmanes. Razón por la cual a esta región ya no se la llama antigua Serbia, sino Kosovo.

Sin embargo, era al turco a quien la madre Tatiana aún odiaba. Sin el limbo cultural y económico de medio milenio de dominación turca, el comunismo no se hubiese establecido con tanta facilidad, y puede incluso que los albaneses nunca se hubiesen convertido al islam ni asentado tan masivamente en la antigua Serbia.

Por estas razones, los serbios, en palabras de Elías Canetti, también tienen su «símbolo de masas». Los serbios, de hecho, tienen dos —dos pilares de fuego que definen su actitud nacional y su difícil situación histórica—. Ambos heredados de la dinastía Nemanjic.

El primer pilar (y el más arraigado) es el de los monasterios medievales, cajas de seguridad de arte y magia, simbolizados poderosamente por Grachanitsa, por su proximidad al otro (y más grande) pilar: Kosovo, el «Campo de los Mirlos», donde los turcos asestaron la más terrible derrota a los serbios el 28 de junio de 1389, dejando sus cuerpos a merced de los buitres.

El año de 1989 será recordado por muchos como el año en que terminó la guerra fría y se produjo el derrumbamiento del sistema comunista; sin embargo, para la madre Tatiana y otros ocho millones y medio de serbios, 1989 significa algo muy diferente: el sexto centenario de su derrota ante los turcos.

El rey Milutin murió en 1321, año en que sus maestros pintores completaron los frescos de Grachanitsa. Le sucedió su hijo, el rey Esteban Uros, y diez años después, su nieto, Esteban Dushan, ascendió al trono. En la lengua serbia, *dushan* es el diminutivo de *dusha*, que significa «alma» —sobrenombre perfecto para un rey que llevó a Serbia a su cenit de gloria—. Dushan autorizó la libertad religiosa y permitió a las embajadas extranjeras formar parte de su corte. Estableció un sistema tributario y un imperio de la ley —el código Dushan— que se caracterizó por sus juicios con jurado. El imperio Dushan se extendió hasta la frontera croata por el norte, el mar Adriático por el oeste, el mar Egeo por el sur y las puertas de Constantinopla por el este. Comprendía Bosnia-Herzegovina, Montenegro, Albania, Macedonia y el norte de Grecia y Bulgaria. Si una invasión de húngaros católicos no hubiese obligado a Dushan a replegar sus tropas hacia el noroeste, quizás hubiese conseguido acabar con el cerco a Salónica y atacar la misma Constantinopla.

En 1354, Dushan tuvo de nuevo la oportunidad de conquistar el Imperio bizantino. Desesperados, los gobernadores de Constantinopla permitieron a los ejércitos turcos, concentrados en el Este, cruzar hacia Europa atravesando Asia Menor para formar una cabeza de puente y detener las tropas serbias de Dushan. La maniobra resultó innecesaria —pues Dushan murió de repente al año siguiente—, pero tuvo una consecuencia no deseada: los turcos permanecieron en Gallípoli y desde allí invadieron Bulgaria y Grecia antes de saquear Constantinopla y el Imperio bizantino un siglo más tarde, en 1453.

El hijo de Dushan, Uros, fue el último rey Nemanjic. Bajo su débil gobierno, los señores feudales serbios incrementaron su poder a expensas del poder real. Para enfrentarse a la amenaza turca tras la muerte de Uros, en 1371, los señores serbios eligieron a Knez (príncipe) Lazar, como líder nacional.

En los años siguientes, a pesar de que los turcos iban conquistando más y más territorio balcánico y que los serbios eran el principal obstáculo cristiano en Europa al avance musulmán, Lazar consiguió poco apoyo de Europa central y oriental. Finalmente, en 1389, tuvo lugar la batalla que selló el destino de Serbia y de toda la península balcánica durante más de quinientos años, hasta la Primera Guerra Balcánica en 1912.

Subí y bajé suaves colinas redondeadas de color verde manzana dirigiéndome al norte desde Grachanitsa. La música que había puesto el conductor en el casete del coche era unas suaves y aterciopeladas melodías bucólicas populares serbias —del tipo de las canciones de Stephen Foster—. A lo lejos, la tierra se elevaba en una llanura plana y triste: era Kosovo, el Campo de los Mirlos.

Aquel día de junio, los caballeros habían marchado sobre esta llanura vestidos con pesadas cotas de malla, armaduras con incrustaciones de oro y plata y magníficos penachos sobre sus cascos. Los turcos, vestidos con ropas ligeras y a lomos de incansables caballos mongoles, destrozaron a los serbios con una estrategia de guerrilla, marcando así el precedente de lo que sería una fuerza convencional moderna.

En un intento final por salvar la situación, un noble serbio, Milosh Obilich, se entregó a los turcos y fue conducido ante el sultán Murad. Obilich sacó una daga que tenía escondida y mató al comandante turco. Pero su acción no tuvo ninguna consecuencia militar. La comandancia pasó directamente a manos del heredero de Murad, Bayezit *el Fulminador*, que remató a los serbios y capturó y ejecutó a su líder, Lazar. (Unos años más tarde, Bayezit diezmaría a otro pueblo cristiano ortodoxo, los búlgaros.)

Pero la leyenda inscrita en un poema serbio cuenta una historia diferente:

Allí vuela un pájaro gris, un halcón,
Desde Jerusalén la sagrada,
Y en su pico lleva una golondrina.

Eso no es un halcón ni un pájaro gris,
Sino el santo Elías.
No lleva una golondrina,
Sino un libro de la madre de Dios.
Llega ante el zar [Knez Lazar] en Kosovo.
Deposita el libro en las manos del zar [y pregunta]...
¿De qué clase quieres que sea tu reino?
¿Quieres un reino celestial?
¿Quieres un reino terrenal?...

El zar escogió un reino celestial,
Y no un reino terrenal,
Construyó una iglesia en Kosovo...
y dio la Eucaristía a sus soldados...

Luego los turcos vencieron a Lazar...
Y su ejército fue destruido con él,
De setenta y siete mil soldados.

Todo fue sagrado, todo fue honorable
Y la bondad de Dios fue cumplida.

Conforme la muerte en vida que supuso el dominio turco otomano empezó a extenderse con su crueldad física, su explotación económica y su vida intelectual vacía, los serbios pervirtieron ese mito del noble sacrificio. Llenaron sus corazones de venganza alimentada por la derrota y la tristeza: sentimiento de una curiosa semejanza a la que durante siglos alimentó a los shiíes iraníes.

Ni los reyes Stefan Nemanja, Milutin y Dushan, ni tan siquiera san Sabas despiertan en los serbios tanta pasión como Knez Lazar: una borrosa figura que no tiene nada que ver con los Nemanja, que libró una única batalla (y además la perdió), y del que escribe Rebecca West: «No protegió a su pueblo, que enterró una momia ennegrecida en el exilio de Fruska Gora [una región de colinas al noroeste de Belgrado].»

El 28 de junio de 1988 comenzó la cuenta atrás, de un año de duración, hasta el sexto aniversario del martirio de Lazar en Kosovo. Aquel 28 de junio, el féretro emprendió un recorrido por todas las ciudades y pueblos de Serbia que finalizó en Ravánica, su primer lugar de reposo antes del exilio a Fruska Gora. El paso del ataúd era recibido en cada lugar de parada por una multitud de plañideras desgarradas vestidas de negro.

La derrota y martirio de Lazar atraía a los serbios. La multitud de plañideras rodeando su ataúd de madera recordaban a las que acompañaron el féretro del imán Husain, otra oscura figura, fracasada también (pero un santo para los shiíes), asesinado en una batalla contra los ejércitos suníes de Yazid en Mesopotamia en el año 680. Al igual que los shiíes, los serbios rebeldes, como la madre Tatiana, no otorgaron legitimidad a sus gobernantes temporales, ya fueran turcos otomanos o comunistas yugoslavos.

De esa forma ignoraron el mundo material. Sabían que, un día no lejano, Knez Lazar reclamaría desde el cielo lo que legítimamente le pertenecía en la tierra.

—Todo soldado campesino serbio sabe por qué lucha —señaló John Reed en el frente de la Primera Guerra Mundial—. Cuando era niño su madre le decía: «¡Hola, pequeño vengador de Kosovo!»

Para la madre Tatiana y para muchos otros serbios, la Yugoslavia de Tito —como el antiguo Imperio turco— no era sino otro complot antiserbio. Lo veían así porque el nacionalismo yugoslavo, como Tito —de origen medio croata, medio esloveno— lo definía, buscaba reducir el poder de los serbios —superiores en número— con el fin de apaciguar a otros grupos, sobre todo a croatas y albaneses.

Tito pensó que reconciliaba las aspiraciones de albaneses y serbios dando a los albaneses su propia provincia autonómica, Kosovo, y situándola dentro del territorio de la república yugoslava de Serbia. Los serbios pensaron de distinta forma: «¿Por qué estos musulmanes extranjeros, que han llegado a la antigua Serbia —corazón histórico de nuestra nación— hace sólo trescientos años, han de tener aquí su autonomía? ¡Nunca!»

Lo que hizo el comunismo fue echar ácido en la herida abierta. Consiguió que los serbios sintieran vergüenza de todo lo que había sucedido en su pasado colectivo antes de la llegada de Tito; que personajes como Milutin, Dushan y Lazar fuesen considerados imperialistas; que los serbios asesinados junto con Lazar en Kosovo fuesen acusados de nacionalistas reaccionarios[3].

3. Véase el artículo de Richard West, «The Agincourt of Yugoslavia», en *The Spectator*, diciembre 19/26, 1987.

La víspera de la batalla, Knez Lazar advirtió:

Cualquiera que sea serbio, y serbio de nacimiento
Y no venga a Kosovo
Para librar batallas contra los turcos,
No le dejéis tener descendencia masculina
Ni femenina,
No le dejéis que recoja cosecha alguna...

Estas palabras estaban escritas en un enorme bloque de piedra del color de la sangre y de unos treinta metros de altura, incrustado en una colina barrida por el viento con vistas sobre Kosovo. El monumento descansaba sobre una plataforma rodeada de torres de cemento con forma de bala, en la que había grabadas una espada y las fechas 1389-1989. Sobre cada una de las torres yacían sendas coronas de laurel fresco.

El 28 de junio de 1987, un ambicioso líder del partido comunista serbio, Slobodan Miloševic, visitó el lugar con motivo del aniversario de la derrota de Lazar. Señaló con el dedo a lo lejos —hacia lo que la madre Tatiana había designado «allí fuera»— y como ahora dice la leyenda, prometió:

—No volverán a hacerte esto otra vez. Nadie volverá a derrotarte.

En ese momento, con el rugido de una multitud, comenzó la revuelta serbia contra la federación yugoslava; pronto se propagó por otras repúblicas. Uno por uno, los serbios encontraron el valor suficiente para retirar el espantoso icono de Tito de sus casas y tiendas, sustituyéndolo por una foto del rechoncho Miloševic. El único líder comunista de la Europa oriental que consiguió salvarse a sí mismo y a su partido lo hizo por medio de un llamamiento al odio racial.

Fue el propio Miloševic quien ordenó la construcción del lastimoso monumento en la cumbre de la colina.

Cuando señaló con su dedo las sucias y desfiguradas colinas de la antigua Serbia, apestadas por los gases de una fábrica próxima y surcadas por tendidos eléctricos, prometió:

—Nadie volverá a derrotarte.

Él era el único que conocía el significado de sus palabras[4].

En la primavera de 1937, cuando Rebecca West vino a estas mismas colinas —Miloševic era aún un niño— ya comprobó que «la derrota se lo había llevado todo».

> Pobres colinas vacías que en tiempos de Milutin habían estado vestidas por pueblos... retiradas en lejanías que eran verdaderamente inmensas, porque un viajero podía recorrerlas durante muchas millas antes de encontrar un lugar en que reinara una vida apacible, con comidas completas y delicadas... había comido caza y carnes bien engordadas, en vajillas de oro y plata... Pero al perder los cristianos la batalla de Kosovo esta vida desapareció... Nada... quedó... apenas nada, sólo algo tan tenue como la sombra que proyecta el sol oculto por una nube.

Cuarenta años más tarde, derrota es algo más que la metáfora histórica de un escritor. Es una abrumadora realidad que se concreta en franjas de alquitrán, bloques de ladrillos de ceniza y chapas metálicas onduladas visibles desde la colina que presenció la famosa batalla. La derrota tiene incluso un nombre: Pristina, la capital pobre del Kosovo autónomo, construida por Tito y dominada por Albania, situada, como un deliberado insulto, a medio camino entre los dos símbolos de masa serbios de

4. En realidad, las palabras exactas de Miloševic fueron: «Nadie, ni ahora ni en el futuro, tiene el derecho de vencerte.» Pero se han creado múltiples versiones sobre lo que él dijo.

Grachanitsa y Kosovo. Para ir del uno al otro hay que pasar por Pristina.

Pristina fue una de las capitales de la corte itinerante de Nemanjic. Rebecca West la describe como un «pueblo pequeño, aburrido y polvoriento en el que los hombres vestían una ropa de estilo occidental más extraña que cualquier traje campesino, pues ni ellos ni sus sastres habían visto jamás un traje hasta que fueron adultos». Hoy en día —a no ser por la arquitectura cubista y los horribles centros comerciales—, Pristina, cuya población se ha incrementado hasta alcanzar los 150.000 habitantes, sigue siendo el mismo «pueblo pequeño y polvoriento» cuyos hombres parecen no haber visto un traje de corte occidental hasta ayer mismo.

Hasta que viajé a Pristina no pude comprender en su totalidad el alcance del crimen cometido por Tito y por los sultanes desde tiempos de Murad.

Tomé un autobús para dirigirme al sur desde Zagreb. Los albaneses que se apretujaban a mi lado en el asiento trasero tenían los ojos vidriados por el tracoma. Llevaban pantalones raídos, sujetos por imperdibles en lugar de cremalleras. Eran musulmanes, pero su aliento olía a alcohol, lo cual es algo raro incluso en el más secular de los países musulmanes. Como en el resto de Yugoslavia, aparecieron las revistas pornográficas y el rock and roll occidental comenzó a tronar en sus transistores baratos. Hubo una pelea por un asiento. Dos hombres empezaron a gritar. Yo ya me había acostumbrado a este tipo de escenas. Empezaron empujándose el uno al otro y hubiesen llegado a las manos si otros pasajeros no hubiesen intervenido. Nunca había visto algo así en el mundo musulmán, donde casi toda la violencia es política. De pronto, me sentí muy inseguro. Nunca me había sentido así entre musulmanes, a no ser en zona de guerra.

La primera imagen que tuve de Pristina fue un revoltijo de chabolas iluminadas por las lámparas de descarga de vapor de sodio de los bloques de apartamentos prefabricados que parecían tambalearse como borrachos sobre la erosionada ladera. El hollín se me metió en la nariz, mezclado con el olor de las basuras y el cemento del hormigón. Me acordé de los barrios rojizos de Ankara y Estambul, donde abunda el polvo y la contaminación. Pristina parecía una regurgitación no sólo del pasado turco, sino también del presente turco. Al doblar una curva cuesta arriba —y al tiempo que se me incrustaba en el trasero el borde de una botella de cerveza del tipo que estaba sentado a mi lado—, pudimos ver otro grupo de viviendas: un desordenado rompecabezas de ladrillo marrón, culos de botellas de vidrio y baldosines de baño como revestimiento de las fachadas exteriores.

Cinco enormes estrellas presidían el tejado del Gran Hotel Pristina, el rascacielos más alto de la ciudad. El ascensor parecía un retrete plagado de pintadas. La cerradura de mi habitación estaba rota. Dentro olía al ocupante anterior —cigarrillos sin filtro y tónico capilar—. La alfombra color verde bilis tenía innumerables manchas. A pesar de haber un teléfono con dial, todas las llamadas del hotel había que realizarlas a través de un operador central que conectaba cables en una vieja centralita de madera.

El gobierno comunista yugoslavo había equipado el hotel con tres comedores. Cada uno tenía una orquesta, capacidad para varios cientos de personas, y un menú similar. Los tres solían estar vacíos. Músicos y camareros se sentaban a fumar y les molestaba que entrase un cliente. Los pocos huéspedes del hotel tenían el suficiente conocimiento del idioma como para comer y cenar en otros sitios. Cuando me pregunto dónde habrán ido a parar los créditos bancarios occidentales concedidos en los años setenta a Yugoslavia y al resto de países de Europa del Este, siempre me acuerdo del Gran Hotel Pristina.

Ése era el problema: a finales de los años sesenta y principios de los setenta, Tito y los israelíes pensaban de forma parecida. Pero Tito, siendo marxista leninista, operaba a escala mayor y más insensata. Pensaban que, si construías cosas para la gente, dejarían de odiarte. Los israelíes, en la franja occidental, canalizaron y llevaron la electricidad y construyeron centros sanitarios. Eso mejoró la calidad de vida en la zona, pero a la vez desató la sublevación de los palestinos, alimentada por el crecimiento demográfico y las mayores expectativas de la gente. Por supuesto, estoy simplificando demasiado. Hubo muchas diferencias entre la Intifada palestina y la revuelta albanesa; pero también hubo similitudes y el conocimiento de una me ayudó a comprender la otra. Una vez visto el Gran Hotel, pasé mi primer día en Pristina paseando, observando otras cosas que Tito y sus herederos habían construido para evitar que los albaneses odiasen a los serbios.

En lo alto de la colina, sobre el Gran Hotel, estaba la biblioteca de la Universidad de Pristina, construida con bloques de mármol de diferentes colores. Era la clase de edificio atrevido —tan pronto recordaba al desierto como a la era espacial— que uno espera encontrar en cualquier feria o en el campus de una universidad del suroeste americano. La biblioteca estaba situada en medio de un descuidado campo lleno de cristales rotos y basura. Unas cuantas cabras y varios niños gitanos se habían adueñado de él. Caminando en medio de una porquería marrón, alejado de los gitanos mendicantes, me di cuenta de que el verde era un color que prácticamente no existía en Pristina.

Justo detrás del hotel se veía el tejado —más propio de una catedral— del estadio de fútbol y del polideportivo. A su lado había un edificio de apartamentos prefabricados, con las persianas desvencijadas, al que se le adherían, como si de un extraño tumor dermatológico se tratase, las cuadras de los animales. Las salidas del estadio de fútbol conducían a un centro comercial peatonal —un campo de batalla de montones de desperdicios y bancos de piedra volcados y rotos—. Esperé allí con un pequeño grupo de periodistas yugoslavos y una unidad de la *milicija* federal. Las tropas, traídas principalmente de Serbia, vestían uniformes azules y grises y cascos azules con viseras de plástico reforzado con alambres, y llevaban rifles de asalto. Un vehículo blindado con soldados en su interior aguardaba con el motor encendido y en la acera había un vehículo antidisturbios estratégicamente colocado. El partido de fútbol acababa de terminar. Estábamos todos esperando a que los tropeles de jóvenes albaneses saliesen del estadio.

Lo que esperábamos, en realidad, era el motín que durante años se venía repitiendo en Pristina. Si el mundo hubiese prestado más atención a estos disturbios irregulares de Kosovo a lo largo de los años ochenta, le habría sorprendido menos la gran violencia que los serbios —exasperados y frustrados por su conflicto con los albaneses— infligieron más tarde a los indefensos croatas y musulmanes bosnios.

Edward Gibbon escribió en Inglaterra a finales del siglo XVIII: «Aunque se ve desde Italia, Albania es más desconocida que las tierras del interior de América.» Aún suponiendo que el interior de América no hubiese sido explorado, estos comentarios de Gibbon aún seguirían vigentes en los años noventa.

Elevados en su fortaleza montañosa sobre el Adriático, como las águilas negras de las cuales ellos y su tierra recibieron el nombre —*Shqiperia* («La Tierra del Águila»)—, los 3,4 millones de habitantes de Albania, vecina de Kosovo, seguían siendo un enigma al comenzar la última década del siglo XX, tiranizados por un régimen estalinista que, fiel al solitario pasado de Albania, estaba preparado para tomar el mundo entero.

Los albaneses descienden de las antiguas tribus ilirias que, al parecer, llegaron a la península balcánica antes incluso que los griegos, y más de mil años antes que los eslavos. Asimismo, el lenguaje albanés, *Shqip*, procede del de las tribus ilirias y no guarda parecido con ninguna otra lengua conocida. La crueldad y xenofobia con el mundo exterior —y con Yugoslavia en particular— del régimen estalinista, encabezado por el líder guerrillero de la Segunda Guerra Mundial Enver Hodja, no carecía de cierta lógica histórica.

Aunque los serbios prefieren no hablar de ello, también los albaneses vieron su desarrollo nacional paralizado por los turcos. El único momento esperanzador en su larga y oscura noche de servidumbre lo tuvo con Jorge Castriota, apelado *Skanderbeg*, un oficial albanés del ejército otomano del siglo XV, que desertó para dirigir una revuelta victoriosa en su tierra natal.

Su muerte, veinticinco años más tarde, en 1468, condujo a un nuevo episodio de subyugación otomana, pero su ejemplo inspiró otros muchos actos desesperados de resistencia albanesa contra el sultanato turco, así como un poema de Henry Wadsworth Longfellow y una ópera de Antonio Vivaldi.

Cuando el dominio turco en Albania empezó a deteriorarse, durante la Primera Guerra Balcánica de 1912, los albaneses volvieron a encontrarse solos ante nuevos y numerosos enemigos: serbios, griegos y búlgaros. Todos invadieron Albania, pretendiendo liberarla, pero de hecho intentando dividirla para quedarse cada parte con una zona de influencia. En 1913, las potencias europeas reconocieron el Estado independiente de Albania, que se extendía por su territorio histórico excepto la provincia musulmana de Kosovo, de la que se apropiaron los serbios.

Un año más tarde, en 1914, las tropas serbias invadieron de nuevo Albania con gran despliegue de medios; cuando las fuerzas de Austria-Hungría entraron en Albania en persecución de los serbios, los albaneses les dieron la bienvenida. «En su total desamparo, el lujo de elegir a sus protectores no les correspondía a ellos: hubiesen acudido al mismo diablo pidiendo... socorro», escribe el autor albanés Anton Logoreci en *The Albanians: Europe's Forgotten Survivors* (*Los albaneses: los supervivientes olvidados de Europa*).

La derrota y disolución de Austria-Hungría al final de la Primera Guerra Mundial fue recibida con alegría en los Balcanes, pero a los albaneses les supuso perder su único amigo y quedar abandonados a la merced de sus voraces vecinos.

La Segunda Guerra Mundial no fue diferente para los albaneses. En abril de 1939, la invasión de Albania por la Italia fascista, en palabras de Logoreci, «supuso apenas un murmullo en las aguas de apaciguamiento...». Cuando Mussolini invadió Grecia poco después, en 1940, el primer ministro griego Georgios Metaxas anunció que sus fuerzas lucharían no sólo para recuperar las partes de Grecia arrebatadas, sino también para conquistar Albania. De este modo, los albaneses, mientras luchaban contra la ocupación italiana, temían la liberación griega.

En el verano de 1943, el régimen de Mussolini se hundió, y las fuerzas italianas en Albania fueron sustituidas por nazis. Enver Hodja, un albanés de treinta y pocos años que se había hecho comunista mientras estudiaba en Francia, dirigió la Resistencia, derrotando no sólo a los nazis, sino a una serie de fuerzas albanesas no comunistas. La Segunda Guerra Mundial terminó con un 7,3 % de la población albanesa muerta o mutilada y el resto al borde de la hambruna. Todos los puentes y fábricas habían sido destruidos. Hodja utilizó las armas suministradas por los aliados occidentales contra sus compañeros guerrilleros albaneses (que resultaron ser no comunistas) más a menudo que contra los nazis. Pero a Occidente no le preocupaba demasiado Albania y no reparaba en cómo utilizara Hodja las armas. En una reunión en Moscú entre Stalin y Churchill en 1944, cuando los dos dirigentes se repartieron los Balcanes, país por país, Albania no fue mencionada. En Yalta, en febrero de 1945, Albania fue la única de las naciones devastadas europeas que quedó fuera del orden del día.

Mientras tanto, Tito había puesto la vecina provincia de Kosovo dentro de la jurisdicción de la república yugoslava de Serbia. Los guerrilleros serbios de Tito asesinaron a muchos albaneses de Kosovo, acusados de haber colaborado con las tropas italianas de Mussolini. Estas masacres desilusionaban incluso a los albaneses comunistas, que hasta entonces habían cooperado con Tito. Durante décadas permaneció vivo el malestar de los más de un millón de albaneses musulmanes de Kosovo. Tito respondió con cristal y cemento para «levantar una nueva Pristina» en la que habría una universidad. En marzo de 1981, no mucho después de concluir la ciudad, los estudiantes de la nueva universidad, cuyos libros y educación estaban siendo pagados por el gobierno comunista yugoslavo, se sublevaron. Fue entonces cuando los disturbios se convirtieron en una característica de la vida cotidiana albanesa. Seis años más tarde, Miloševic accedió al poder en Serbia y prometió tomar medidas. Cuando intentó derogar la autonomía a Kosovo, la violencia se precipitó.

En ese momento, en la misma Albania el reloj se estaba poniendo en marcha. A finales de 1990, en la ciudad portuaria de Durrës, el *Dyrrakhion* romano, antiguamente la más grandiosa de la costa oriental del Adriático, me las arreglé para escaparme, por unas horas, de mi grupo turístico celosamente controlado. Encontré un anfiteatro romano del siglo II rodeado de basura; uno de sus muros se utilizaba como servicio público y vi otros muchos desmanes. Las únicas tiendas que abundaban eran sastrerías y zapaterías.

La economía de Albania era una economía rudimentaria de servicios: no había importación de nada y no existían fábricas de zapatos ni de ropa. Un joven gitano tuerto, semidesnudo y con la cabeza rapada me pidió un chicle. Incluso en los países más pobres del Tercer Mundo, los niños vendían chicle: aquí no había nada que vender. Vi un tropel de gente amontonarse alrededor de un quiosco para ver una demostración de maquinillas de afeitar, del tipo de las que solía utilizar mi padre cuando yo era un niño, en los años cincuenta. Sus ojos reflejaban esperanza y admiración.

Bajo el anfiteatro encontré el ábside de una iglesia bizantina del siglo X cuyo mosaico en blanco y negro representaba un ángel. Admiré el cuidadoso esmero de aquella obra de pequeñas dimensiones que, sin embargo, reflejaba una construcción con materiales pobres. Para ahorrar agua y cemento, la argamasa entre los ladrillos de los bloques de apartamentos albaneses estaba por lo general llena de agujeros.

Caminando por la playa de Durrës esa noche, al dejar atrás una hilera de búnkers de hormigón construidos en los años sesenta para defender a Albania de la invasión de las «fuerzas angloamericanas imperialistas y revisionistas ruso-búlgaras», oí la música de Deep Purple resonando en la niebla, a pocos metros de la costa. Descubrí un sendero que conducía hacia el mar, y lo seguí hasta un edificio en ruinas donde un grupo de jóvenes, desplomados en sillas, bebían *raki* y fumaban cigarrillos. Los altavoces estaban a sólo unos pocos metros de sus oídos. Uno de ellos resultó ser un ingeniero que hablaba inglés. Para oírnos el uno al otro teníamos que gritar, pero ninguno quería bajar el volumen; comprendí que la música alta era una forma de protesta.

—¿De dónde es usted?

—De Estados Unidos.

—¿Conoce al escritor Jack London?

—Sí —contesté—. Escribió historias sobre el noroeste americano a principios de siglo.

—Sí, eso nos dijeron. Es posible que algunos de sus libros lleguen pronto a la biblioteca.

Se sentía el silencio a pesar de la música alta. La costa estaba medio oculta por la niebla.

—Nuestros corazones laten con fuerza. Sabemos lo que ha pasado en Rumania y en el resto de Europa del Este. Albania todavía está sola y no nos sentimos orgullosos por eso... El ejemplo de Yugoslavia nos alienta. Necesitamos libertad para luchar al lado de nuestros hermanos de Kosovo.

Me había dado cuenta de que en el sur de Albania sólo se oía hablar de Grecia, donde tenían familia muchos grecoalbaneses. Pero aquí, en Albania central, la abrumadora realidad era Kosovo y la lucha contra los serbios. Durante décadas este pequeño territorio había podido esconderse tras sus fortalezas de piedra caliza. Ahora parecía como si de repente las montañas se estuvieran cayendo. Grecia y Serbia estaban, una vez más, amenazando a Albania. Y Occidente, que podría ayudar, era una incógnita, una incógnita tan lejana en el pasado como Jack London.

—Ahí vienen —nos advirtió el periodista que estaba a mi lado, un serbio de Belgrado—. Rankovich tenía razón, él sabía cómo controlar a esta gente[5].

Grupos de chicos jóvenes de mirada dura y rostros acribillados por el acné avanzaban hacia nosotros desde el estadio de fútbol de Pristina, con cascos de botellas de cerveza Piva. Vestían chaquetas de imitación de cuero

5. Hasta su caída del poder en 1964, Alexandar-Leka Rankovich, un serbio, fue el temido jefe de la policía secreta de Tito.

con montones de cremalleras. Algunos no llevaban calcetines, y en lugar de zapatos calzaban zapatillas marrones de cuadros sobre sus pies desnudos. Había visto muchos hombres como aquéllos en Pristina. Los sábados paseaban con sus mujeres, cuyos rostros quedaban medio ocultos tras los pañuelos. Los domingos iban al partido de fútbol. El resto de la semana acudían a sus trabajos mal pagados o estaban desempleados.

Los soldados de la *milicija* reflejaban dureza en sus rostros. Un soldado entornó los ojos. Aquello venía ocurriendo desde hacía casi una década, seis años más que la Intifada palestina.

—A-zen Vla-si, A-zen Vla-si —comenzaron a cantar los jóvenes albaneses, como una locomotora de vapor resoplando. Azen Vlasi era un líder albanés local (un *lecher*, según la madre Tatiana) al que acababan de juzgar acusado de traición por las autoridades serbias de Miloševic.

—Eh-Oh, Eh-Oh.

El nuevo canto aludía a Enver Hodja, el último tirano estalinista de Albania.

—Pobres bastardos —dijo el periodista serbio—. Hodja es el único héroe que tienen.

Un joven tiró una botella de Piva hacia nosotros. Entonces los soldados dispararon la manguera de agua y persiguieron a los manifestantes por la colina. En la distancia, otro grupo se puso a quemar un montón de neumáticos. La gente se asomaba a los balcones.

—¡Fascistas! —gritaban a los soldados serbios a medida que estos sacaban sus porras con impaciencia. Entonces comenzó la verdadera violencia. Ante mí se extendió la silueta de la nueva Pristina: un vómito de figuras geodésicas de hormigón construidas por Tito para borrar el pasado reaccionario, separatista. En respuesta, el pasado se había levantado en Pristina y dejado aquellos edificios chaparros.

Anocheció. Manadas de cuervos empezaron a graznar en las acacias que se alineaban en el bulevar principal de Pristina. Me hicieron pensar en los mirlos devorando la carne de las tropas de Lazar. Regresé al hotel y puse las noticias de la BBC.

Era el 8 de noviembre de 1989. Yugoslavia todavía no existía en la conciencia del mundo. Las autoridades de la Alemania Oriental acababan de anunciar que a medianoche Berlín iba a ser declarada ciudad abierta, ya que se iba a echar abajo el muro que dividía las dos zonas. La guerra fría y la falsa división de Europa habían terminado. Estaba a punto de producirse una nueva división de Europa, con mayor rigor histórico, lo sabía. En vez de una Europa occidental democrática y una Europa oriental comunista, ahora habría Europa y los Balcanes. Pero ¿a quién le importaba? Desde luego yo no me encontraba donde estaba la Historia. Me sorprendió comprobar lo lejos de la Historia, en el espacio y el tiempo, que estaban los Balcanes.

3

Macedonia: «Una mano tendida hacia el firmamento»

En este lugar no bastaba con mirar el paisaje, había que interpretarlo. Cerré los ojos para evocar imágenes borrosas, con cada una de las reivindicaciones étnicas y lingüísticas y las distintas interpretaciones de la historia. La letra era menuda, las frases largas y confusas.

Me dirigía hacia el sur, desde la antigua Serbia hacia Macedonia. Los techos inclinados de las fundiciones se confundían con las laderas cubiertas de una nieve ya no blanca, sino más bien tirando a gris. Vi bosques de abetos y majestuosas alamedas. Aquellas partes de las laderas que no estaban cubiertas por la nieve las vestía un manto aterciopelado granate y siena por el que discurrían torrentes bordeados de sauces. Cuando de nuevo volvió la cortina de hollín, no quise mirar. La belleza de esta tierra se hacía más intensa a medida que perdía realidad para convertirse en un lejano ideal. Entonces comprendí el lenguaje amargo e hiperbólico de sus poetas.

En Skopje, la capital de Macedonia, se elevaban los minaretes turcos sobre las cúpulas plateadas y los tenderetes del bazar, acentuando la inmensa soledad horizontal de este valle en el que el viento no conoce obstáculos: es un anticipo del caos asiático.

Honda ha sido la huella dejada por los turcos en Skopje. Hombres con tocados blancos jugaban al backgammon mientras sorbían infusiones de escaramujo en pequeños recipientes parecidos a relojes de arena. Me quité los zapatos llenos de lodo y me calenté los pies en las alfombras que se superponían en la mezquita de Mustafá Pachá, del siglo XV. Mis ojos se perdieron en los arabescos que adornaban los muros, siempre lineales, interminables, indescifrables. Como los contornos del desierto, el islam es un mundo de abstracción con una severidad matemática que intimida y aleja al más creyente de los cristianos orientales.

Para defenderse, los cristianos ortodoxos recurrieron a la magia de la mística. En la vecina iglesia de San Dimitrios, los iconos protegidos por un cristal reflejaban la luz de tal forma que daban vida a los santos y animaban sus rostros. Sus cuerpos estaban casi ocultos por exvotos de placas metálicas que representaban los ruegos y dolencias de los afligidos. Aspiré el perfume de cera que emanaba de un bosque de chisporroteantes incensarios. Las paredes de la iglesia estaban ennegrecidas por el humo de los cirios, igual que el aliento cálido de los patriotas. Este mundo se inspiraba en la milagrosa oscuridad que precede al nacimiento, un mundo del que aún no habían salido los turcos.

Crucé el puente de piedra sobre el río Vardar, construido sobre cimientos romanos, que resistió los grandes terremotos de los años 518,1535 y 1963 (el último dejó sin hogar a cien mil personas). El viento hacía el efecto de una lente de aumento sobre las caras cobrizas con las que me cruzaba. Podían ser griegos, turcos, serbios o búlgaros, según la canción folclórica que se me antojara tararear o el libro que acabara de leer. En el puente, un niño gitano vendía relojes colocados en una caja de cartón. Había situado un fajo de billetes de cien dinares debajo de los relojes para que no se los llevara el viento. Pero con la inflación ya no valían gran cosa, ni siquiera para alguien tan pobre como él.

Ante mí se alzaba desafiante la nueva Skopje, la misma que se levantara sobre las ruinas del terremoto de 1963: colosales triángulos y esferas de hormigón que, como en Pristina, ya tenían grietas y marcas de humedad. Había pintadas por doquier, no en eslavo sino en una especie de inglés de andar por casa, más o menos sacado de *La naranja mecánica*:

Hors hav hardons... bad end... no futur, mucky pup[1].

Gane Todorovski, un poeta de la ciudad, comprendió de qué se trataba:

El Vardar está mudo. Aumenta su caudal y pasa
llevando una cosa o llevando otra,
llevándola por el día y también por la noche
desde hace siglos, llevando lo que rueda,
llevando la mierda, las ilusiones, los nombres
extinguidos, olvidados, los troncos sin raíz,
los últimos pedazos, los destinos,
los imperios y grandezas,
todo lo lleva, todo lo aplasta y lo hace rodar
sin estabilidad, sin nobleza, sin dignidad[2].

Las únicas cosas que parecían tener cimientos sólidos eran la mezquita turca, la capilla ennegrecida por el humo y las piedras del puente romano. Macedonia —de donde partió Alejandro Magno a la conquista del mundo conocido y donde Espartaco emprendió su revuelta de esclavos— era, histórica y geográficamente hablando, un verdadero polvorín. Aquí fue donde estallaron los primeros odios étnicos desencadenados por la caída del Imperio otomano, que dejaron la semilla del conflicto que viven en el siglo XX Europa y Oriente Próximo. Macedonia era como el caos en la noche de los tiempos, un

1. Las putas se las traen... esto acaba mal... no hay futuro, chucho asqueroso. *(N. de los T.)*

2 «En el viejo puente de Skopje», por Gane Todorovski.

caos del que, según el poeta Todorovski, «se puede crear la más pequeña chispa, así como también se puede destruir».

«¿A quién sino al mismísimo diablo se le podría haber ocurrido construir un osario tan hermoso?», se pregunta la erudita inglesa Mercia MacDermott en su obra *Freedom or Death: The Life of Gotse Delchev* (*Libertad o muerte: La vida de Gotse Delchev*), que narra la historia del hombre que encabezó la guerrilla macedonia contra los turcos. Según la autora, Delchev era búlgaro y, por tanto, Macedonia formaría parte del oeste de Bulgaria. Son legión las reivindicaciones territoriales y étnicas sobre Macedonia. Aquí es donde se juntan las mesetas tectónicas de África, Asia y Europa, donde se amalgaman los más variados paisajes para arrojar sus corrientes de lava hasta los rincones más remotos. Valga como ejemplo los afridíes de Afganistán, tribu que se considera macedonia por descender de los soldados de Alejandro que, en sus incursiones por Oriente, llegaron hasta la India.

Cerré los ojos para hacer abstracción de los clarísimos efectos de cuarenta y cinco años de comunismo yugoslavo. Entonces se me apareció el paisaje del norte de Grecia: la luminosidad del mar Egeo, lagos como espejos polvorientos envueltos en un halo de paz que inclinaba a la introspección; hojas de otoño difuminadas en una delicada paleta de grises y pardos rojizos, sin rival en el mundo. Y conocí —cuando logré olvidarme de las ventiscas del Asia central— una forma oriental de magia y de misterio que, de la mano de Occidente, se había transformado en algo de lo más saludable: el telón de fondo de un cuento de hadas. «Macedonia es el país que siempre veo entre el sueño y la vigilia», escribe Rebecca West, «desde mi infancia, cuando me canso del lugar en el que me encuentro, deseo que se convierta en una ciudad como Yaitse o... Bitolj u Ohrid».

El siglo XX empezó y aún podría acabar con ciudades como éstas. Saqué de la mochila mi ejemplar de *The War in Eastern Europe*, de John Reed, que en 1916 escribió:

> La cuestión macedonia ha sido la causa de las grandes guerras europeas desde hace cincuenta años, y mientras no se zanje, no podrá haber paz ni dentro ni fuera de los Balcanes. No cabe en la imaginación enredo racial más espantoso que el de Macedonia. Turcos, albanos, serbios, rumanos, griegos y búlgaros, todos viven allí sin llegar a convivir entre ellos, y así desde los tiempos de san Pablo.

Siguiendo con el tema de Reed, lord Kinross define a su vez Macedonia «como una proyección en miniatura del Imperio otomano. Se encuentra en el mismísimo corazón del sur de los Balcanes y conforma la región que a principios de siglo se conocía por "la Turquía de Europa". Por su parte, los turcos la llamaban *Rumeli*, nombre con el que la habían bautizado los griegos bizantinos y que significa "tierra de los romanos"».

La Turquía europea empezó a desmoronarse a principios del siglo XIX al ganar los griegos, serbios y montenegrinos sangrientas batallas por independizarse del Imperio otomano. Pero no fue sino hasta abril de 1877, con la guerra emprendida por el zar Alejandro II para liberar a Bulgaria de la ocupación turca, que se plantó la primera semilla patente del conflicto moderno entre grandes potencias.

Las tropas del zar, a las que se unieron unidades rumanas e importantes refuerzos de la guerrilla búlgara, se abrieron brutalmente camino desde el sur de Rusia hasta lo alto del puerto de Shipka en Bulgaria central. Una vez allí, consiguieron derrotar a las fuerzas turcas en el verano de 1877, pese a disponer de un solo hombre por cada cuatro del enemigo. En diciembre, los rusos ocuparon la capital de Bulgaria, Sofía. Para marzo, con las tropas rusas en Adrianópolis (actual Edirne, a un día en coche de Estambul), el conde Ignatiev, embajador de Rusia ante la corte del sultán Abdul Hamid II, se dirigía a una polvorienta ciudad de Tracia para dictar a los turcos derrotados el Tratado de San Stefano, encendiendo con ello la primera mecha del «barril de pólvora» de los Balcanes[3].

Del Tratado de San Stefano nació el principado de Bulgaria que, aun siguiendo bajo la tutela oficial de los turcos, constituía en realidad un atrevido e independiente resurgimiento del reino medieval de Bulgaria. Se trataba de cercar no sólo a la Bulgaria actual, sino también toda la geografía macedonia; es decir, la república yugoslava de Macedonia, partes de Albania hacia el oeste y un buen pedazo de territorio griego alrededor de la ciudad de Salónica, dándole así a Bulgaria una salida al mar Egeo.

Por increíble que parezca, esta Gran Bulgaria creada con la ayuda de los rusos se inscribía bastante dentro de los cánones de autodeterminación nacional propuestos por Woodrow Wilson, y esto mucho antes de que Wilson empezara a pensar en el mapa de Europa. En efecto, los habitantes que por entonces poblaban el enorme pedazo de Macedonia griega concedido a Bulgaria eran búlgaros en su gran mayoría, mientras que griegos, turcos y judíos conformaban importantes minorías. En el resto de Macedonia, y aunque, hoy por hoy, casi todos lo nieguen rotundamente, el nacionalismo búlgaro estaba mucho más extendido que el de los griegos o de los serbios. John Reed, desde un observatorio mucho más próximo al momento de los hechos de lo que pueda ser el mío, comprobó que «la gran mayoría de la población macedonia la constituían los búlgaros... Cuando Macedonia

3. San Stefano, ciudad a orillas del mar de Mármara, en los alrededores occidentales de Estambul, la actual Yesilköy.

era una provincia turca, fueron los primeros en fundar escuelas nacionales, y cuando la Iglesia búlgara se rebeló contra el patriarca griego... los turcos le permitieron establecer sus propios obispados porque no cabía duda que Macedonia era búlgara». Reed continúa explicando que los serbios y los griegos construían escuelas en Macedonia —infiltrando de paso sus guerrillas— únicamente como reacción ante el creciente nacionalismo búlgaro en la región.

Aunque resultara tolerable desde el punto de vista étnico, la unión de Macedonia con Bulgaria creó en los Balcanes un nuevo y poderoso estado a favor de Rusia, cosa que ni Gran Bretaña, ni Alemania, ni mucho menos su gran aliado el Imperio austrohúngaro (con sus propios territorios que defender en los Balcanes), estaban dispuestos a permitir. Había que modificar el Tratado de San Stefano. Al percatarse de esta realidad, el canciller alemán príncipe Otto von Bismarck-Schonhausen concertó una reunión, en junio de 1878, para resolver este y otros problemas que acechaban a las grandes potencias. Esta reunión figura en la historia como el Congreso de Berlín.

Cínico y previsor, Bismarck vio con claridad a dónde iban arrastrando los Balcanes a las grandes potencias y advirtió: «Todo el territorio de los Balcanes no vale los huesos de un solo mosquetero de Pomerania.»

Las afirmaciones del canciller alemán encerraban una doble advertencia: la primera iba dirigida a los británicos para que pusieran mayor empeño en contener a los rusos en los Balcanes, puesto que Alemania —al menos mientras llevara la batuta— no tenía ninguna intención de meterse allí; la segunda, a su principal aliado, el Imperio austrohúngaro, para que la corte de los Habsburgo se olvidara de Alemania si cometía la imprudencia de emprender hostilidades contra Rusia por un territorio tan insignificante como el búlgaro. Pero Bismarck se equivocaba con respecto a Bulgaria. La contienda mundial empezó con motivo de una crisis en Serbia, pero sus auténticas raíces se remontan a las reclamaciones búlgaras sobre Macedonia.

El genio de Bismarck, así como su gran defecto, se asemejan a los de otro destacado político del mundo de habla alemana del siglo XIX, el príncipe Clemens Metternich. Ambos eran grandes estrategas capaces de ir aplazando el futuro a base de construir un frágil presente con los fragmentos del pasado. Buena muestra de esta técnica la constituyen el Congreso de Viena, convocado por Metternich en 1814 para tratar de restablecer el orden prenapoleónico, como también el Congreso de Berlín de Bismarck, en 1878.

Bismarck contó con la ayuda del delegado británico ante el Congreso, Benjamin Disraeli, que había advertido a los rusos que si seguían adelante con la creación de una Gran Bulgaria sería motivo de guerra con Gran Bretaña. Gracias a ello, el Congreso de Bismarck consiguió desmembrar a la Gran Bulgaria antes incluso de que viera la luz. La mayor parte de la mitad norte de Bulgaria, entre el río Danubio y la cordillera de los Balcanes, obtuvo su libertad, tal como había prometido el Tratado de San Stefano[4]. En cuanto a la mitad sur, entre los Balcanes y la frontera griega, se convirtió en una provincia turca con autonomía local bajo el mando de un gobernador de la Iglesia ortodoxa búlgara. Macedonia fue abandonada al gobierno directo de los turcos, como si el ejército ruso jamás hubiera tomado Bulgaria por asalto, y como si el Tratado de San Stefano jamás hubiera existido.

Sin embargo, los rusos no se marcharían con las manos vacías de Berlín. Bismarck les compensó por la pérdida de Macedonia con nuevas tierras en Besarabia y en el nordeste de Anatolia, las primeras arrebatadas a los ru-

4. Si bien se concedió a Rumania la región nordeste de Dobruja, a orillas del mar Negro.

manos, las segundas a los turcos. Además, el Tratado de Berlín concedía la independencia total a los aliados eslavos de Rusia, es decir, a los serbios. Y para compensar al Imperio austrohúngaro por esta nueva provocación, Bismarck se las ingenió para que Bosnia, provincia vecina de Serbia y poblada por serbios que también ansiaban su independencia, pasara de las manos otomanas a las de los Habsburgo (la causa más inmediata de la Primera Guerra Mundial). Por su parte, Gran Bretaña recibía la isla de Chipre de los turcos.

En definitiva, el Congreso de Berlín de Bismarck, en lugar de resolver el problema de Macedonia, terminó de crearlo: la «cuestión de Oriente» que colmó el vaso en 1914 era, en gran parte, fruto de la «cuestión macedonia» que en los años noventa sigue haciendo estragos en los antiguos dominios turcos en Europa, como únicamente es capaz de producir el odio más exacerbado.

En Macedonia, el Tratado de Berlín produjo una ola de violencia. Las tropas del sultán, en vez de abandonar la región como estipulaba el Tratado de San Stefano, se encontraron, de repente, con licencia total para actuar como quisieran. En Ohrid, violaron a unas muchachas antes de torturarlas con aceite hirviendo y hierros candentes. Robaron ganado, desvalijaron comercios y enterraron a gente bajo el lodo de las porquerizas porque no podían pagarles los desorbitados impuestos que se les exigía. En Skatsintsi, al sur de Skopje, los soldados turcos sacaron los ojos y cortaron las orejas y la nariz a un tal Petur Lazov, dejándole agonizar durante varios días antes de cortarle la cabeza.

Por otra parte, el avance del ejército ruso por la recién liberada mitad norte de Bulgaria había desencadenado el éxodo de turcos enfurecidos que, junto con los bosnios musulmanes huidos de los Habsburgo en Bosnia, fueron entrando a mares en Macedonia para unirse al ejército turco y aterrorizar a la población cristiana.

Los popes del lugar, bajo el mando del obispo de Ohrid, Natanail, no tardaron en reaccionar. Requisaron todos los cuchillos y armas de fuego que había en Macedonia para equipar a las bandas errantes de los *cheti* —guerrilleros que, en octubre de 1878, se alzaron contra la fuerza de ocupación turca; más tarde tomó este mismo nombre el grupo de Mihailovic—. El movimiento guerrillero macedonio iba a sufrir una serie de cambios radicales a lo largo de otro medio siglo. Macedonia se convertiría en caldo de cultivo para los conflictos bélicos y políticos modernos, como también para el terrorismo y el fanatismo religioso de la actualidad.

El primer levantamiento de la guerrilla macedonia fracasó a golpes de látigo y de fusil en las celdas de represión de la prisión de Bitolj en 1881. Los turcos aún eran lo bastante fuertes para aplastar una sublevación abierta, pero no podían impedir que se infiltraran en la región nuevos insurgentes y propagandistas.

Aquel mismo año, y muy a su pesar, Serbia reconoció la ocupación astrohúngara de Bosnia, sancionada tres años antes por el Tratado de Berlín. A cambio, obtenía el beneplácito de los Habsburgo para introducir hombres y armamento en Macedonia, creándose así un vínculo contra los turcos otomanos y los búlgaros a favor de Rusia. En 1885, ante la insistente presión rusa sobre Turquía, se produjo la unión de la mitad sur de Bulgaria con la ya independiente mitad norte. Temiendo que los búlgaros todavía fueran a conseguir su Gran Bulgaria, los turcos vieron que podían salir ganando si ayudaban a los serbios contra los búlgaros en Macedonia.

En 1897, la situación sobrepasó los límites de la complejidad. Una sublevación en la isla de Creta hizo estallar la guerra entre Grecia y los turcos otomanos. Para evitar que los búlgaros aunaran sus fuerzas con las de

Grecia, el sultán turco Abdul Hamid dio un giro tan completo como repentino a su política en Macedonia. En lugar de seguir apoyando a los serbios para contener a los búlgaros de la región, el sultán dio carta blanca al rey Fernando de Bulgaria para ayudar a los serbios a detener a los griegos.

Entretanto, en la ciudad de Shtip, al sudeste de Skopje, seis conspiradores, entre los que figuraban Gotse Delchev, maestro de escuela de veintiún años de edad, habían fundado la Organización Revolucionaria Macedonia, inspirada en la primera revuelta de los guerrilleros *cheti*. Para distinguirse de otra organización secreta macedonia establecida en Sofía, la Organización Revolucionaria Macedonia pronto añadiría la palabra Interna a su denominación, y creció rápidamente a partir de 1890 financiándose con fondos procedentes de asaltos a los bancos y de los rescates obtenidos por secuestro.

Al terminar el siglo, Macedonia se había convertido en un poderoso vacío en el que proliferaban la violencia y el sectarismo. La ausencia de un gobierno central viable o de un concepto definido de nación permitió que varias potencias extranjeras —que no tardarían en desaparecer como resultado de la situación que Macedonia iba a desatar— expresaran sus rivalidades en el escenario de un magnífico paisaje montañoso. En Macedonia, las milicias cristianas luchaban contra las milicias musulmanas y también luchaban entre sí; terroristas con barba y bandolera como Gotse Delchev iban plantando bombas en los cafés, teatros al aire libre y estaciones de ferrocarril; facciones disidentes asesinaban a los miembros de grupos rivales, organizaban juicios secretos, ejecutaban a civiles acusados de colaborar con el enemigo y tomaban rehenes, como la misionera protestante americana Ellen Stone. «Había doscientas cuarenta y cinco bandas en las montañas. *Comitadjis* serbios y búlgaros, *andartes* griegos, albaneses y polacos... todos librando una guerra terrorista», escribe Leon Sciaky en *Farewell to Salonica: Portrait of an Era* (*Adiós a Salónica: retrato de una era*). El día en que se inició el siglo XX, Macedonia era un lugar de atrocidades y de campos de refugiados que acabó por aburrir a los occidentales, que leían las noticias sobre este rincón de Europa con cierta dosis de cinismo, pensando que la situación jamás se resolvería y que los periodistas le daban excesiva importancia.

Pero en la década de los noventa, si no fuera por unas fotos en blanco y negro de estos hechos que pueden verse en sus marcos polvorientos en los museos de Skopje y otras localidades, todo esto formaría parte de un pasado archivado y olvidado, para Occidente, por supuesto.

Macedonia, palabra que idiomas como el francés o el español han elegido para designar una ensalada de frutas con muchos ingredientes, define por sí misma la enfermedad principal de los Balcanes: sueños conflictivos de glorias imperiales pasadas. Cada nación exige que sus fronteras vuelvan al mismo punto en que se encontraban en el preciso instante en que su correspondiente imperio se hallaba en la cumbre de su antigua expansión medieval. Como Filipo de Macedonia y su hijo, Alejandro Magno, habían establecido un gran reino en Macedonia en el siglo IV a.C., los griegos piensan que Macedonia les pertenece. Como los búlgaros, en las postrimerías del siglo X, bajo el rey Samuel, y nuevamente en el siglo XIII bajo el rey Iván Assen II, habían extendido las fronteras de Bulgaria hacia el oeste hasta el mar Adriático, los búlgaros piensan que Macedonia les pertenece. Como el rey Stefan Dushan había tomado Macedonia en el siglo XIV convirtiendo a Skopje en «una gran ciudad», según Rebecca West, y allí fue coronado en un domingo de Resurrección como emperador y autócrata de los serbios y bizantinos, de los búlgaros y albanos, los serbios piensan que Macedonia les pertenece. En los Balcanes no se ve la historia como una línea en evolución continua y cronológica, como ocurre en Occidente. Muy al contrario, la historia aquí va pegando brincos y describiendo círculos; y los mitos terminan por arraigarse en la tierra que percibe la historia de esta manera. Evangelos Kofos, destacado especialista griego en la cuestión de Macedonia, señala que tales «herencias históricas... han mantenido a las naciones en su arduo camino hacia la construcción del Estado, la unificación nacional e, incluso, la reencarnación de remotos imperios del pasado».

—¿Cómo se puede dividir el pasado? —me preguntaba el poeta Todorovski a las nueve de la mañana en Skopje, mientras me ofrecía aguardiente de ciruela junto con una taza de café turco (perdón... café macedonio).

—Se discute sobre lo que pensaba un hombre muerto —le contesté.

Gotse Delchev, por ejemplo. Con su poblado bigote, su pelo azabache y sus profundos ojos negros, sigue imponiendo su inquietante presencia en los museos y ministerios de Bulgaria y de la antigua Macedonia yugoslava. Delchev nació el 4 de febrero de 1872 en una localidad del Imperio otomano, al norte de Salónica; sus habitantes búlgaros la llamaban Kukush. El 2 de julio de 1913, en el transcurso de la Segunda Guerra de los Balcanes, los ciudadanos de Kukush huyeron ante la invasión del ejército griego, convencidos de que volverían a los pocos días, en cuanto las fuerzas búlgaras lograran rechazar a los griegos hasta el mar. Pero los griegos incendiaron Kukush sin dejar ni rastro y sus habitantes búlgaros no volvieron jamás. De las cenizas surgió la ciudad griega de Kilkis, nuevamente invadida, pero esta vez por las cadenas de hamburgueserías.

—No me hable de Kilkis —me protestó un diplomático búlgaro con la cara colorada, en Atenas, en 1985, momento en que los expertos daban por sentado que Bulgaria seguiría siendo un fiel satélite del Kremlin—. Usted es norteamericano y no entiende nada de estas cosas. Ha de saber que Kilkis no existe, sólo Kukush; y algún día, cuando desaparezcan la OTAN y el Pacto de Varsovia, Kukush volverá a renacer.

Al acabar la enseñanza secundaria en un instituto de Salónica (ciudad griega en la actualidad), Delchev ingresó en una academia militar de Sofía, capital de Bulgaria. El resto de su corta vida la pasó como maestro de escuela y guerrillero terrorista en Macedonia, región que hoy comprende parte de Grecia central y septentrional, del suroeste de Bulgaria y del sureste de lo que había sido la Macedonia yugoslava. Murió el 4 de mayo de 1903 bajo una avalancha de balas turcas: «Con el manto sobre el hombro izquierdo, el fez blanco bien encasquetado y envuelto en una bufanda azulada, y el fusil cruzado sobre el codo izquierdo», según la descripción de su camarada, Mijaíl Chakov. El tiroteo tuvo lugar en el pueblo búlgaro de Banitsa —hoy pueblo griego de Karié—. Para los búlgaros, esto no cambia nada.

—La región recuerda a todos y a cada uno, incluso a los niños asesinados que no llegaron a nacer y que nunca tuvieron un nombre —exclama MacDermott, la hagiógrafa pro búlgara de Delchev.

Con su muerte, la historia de quién (o más bien, de qué) era Gotse Delchev se vuelve aún más oscura. En 1923, las autoridades griegas autorizaron el traslado de sus restos mortales de Grecia a Bulgaria. En 1947, en un intento de aplacar a Tito (antes de que Yugoslavia dejara el Cominform), Stalin presionó a los comunistas búlgaros para que renunciaran a su reliquia. Hoy, Delchev descansa bajo un abeto en el patio de la iglesia (siglo XVIII) de Sveti Spas en Skopje. La tumba, un bloque de piedra, siempre tiene coronas de flores. Pensar que los búlgaros, en algún momento, hayan perdonado a Stalin o a los rusos por esta acción equivale a ignorar por completo las pasiones que reinan en los Balcanes.

—No me hable de Macedonia —exclamó furioso el diplomático búlgaro de Atenas—. No existe la tal Macedonia. Es Bulgaria occidental. Un 80 % de la población habla búlgaro. Pero ¡qué va usted a saber! Si no tiene ni la más remota idea de nuestros problemas... Gotse Delchev era búlgaro. Estudió en Sofía. Bulgaria financió sus actividades guerrilleras. Hablaba un dialecto búlgaro del oeste. ¿Cómo iba a ser algo que no existe?

El diplomático me había entregado un ejemplar de la biografía de Delchev escrita por MacDermott —por cierto que otro funcionario búlgaro ya me lo había dado también—, junto con un grueso volumen con cubiertas azules, de unas mil páginas, con letra apretadísima, publicado por la Academia de Ciencias de Bulgaria bajo el título *Macedonia: Documents and Material* (*Macedonia: documentos y materiales*). Lo abrí y leí:

«Una encuesta sobre las principales cuestiones examinadas en esta colección de documentos relativos a Macedonia revela que la población eslava de la región es, sin lugar a dudas, búlgara... Se trata de una verdad histórica, como lo demuestran un sinfín de documentos...»

—Los búlgaros tienen fama de falsificadores de documentos en todo el mundo. ¿Qué se puede esperar de los tártaros? —me explicó Orde Ivanovski, historiador oficial de la antigua Macedonia yugoslava, al entrevistarle justo después de mi copa con el poeta Todorovski.

Se me ocurrió que, como hacía ya mucho tiempo que el sistema informativo mundial se había olvidado de los Balcanes (no ha habido corresponsales de prensa en Macedonia hasta 1992), la gente no había aprendido aún a disfrazar su lenguaje, como lo habían hecho los árabes y judíos para no herir la sensibilidad occidental con su odio racial. En los Balcanes, la gente hablaba más abiertamente que en Oriente Próximo, y, por lo tanto, lo hacía con mayor vehemencia.

Prosiguió el doctor Ivanovski:

—Mire, los búlgaros tienen equipos especializados que se dedican a inventar libros sobre Gotse Delchev. Ofrecen dinero a autores extranjeros y les conceden cátedras y becas a cambio de poner sus nombres en las cubiertas de los libros que ellos inventan. Me consta que los búlgaros están comprando espacios publicitarios en la India para hacer propaganda sobre Macedonia y Gotse Delchev.

»¿Cómo quiere que Gotse Delchev haya sido búlgaro? Nació en Macedonia. Hablaba el macedonio, no el búlgaro. ¿Eso es ser búlgaro? Era un cosmopolita; lo que quería era una comunidad de naciones democrática, un poco como lo que está surgiendo ahora en Europa central...

»El chovinismo está envenenando el alma de la humanidad. Nosotros, los macedonios, no odiamos a nadie ni pretendemos nada. Buscamos una mano amiga en la oscuridad. —El doctor Ivanovski me asió del brazo y me dio una biografía de Delchev publicada por la antigua república de Yugoslavia—. Tiene usted que ayudarnos —suplicó.

¿Qué diría Delchev si levantara la cabeza? ¿Soy macedonio o soy búlgaro?

Los expertos coinciden en señalar que el idioma eslavo que hablaba —el mismo que se habla aquí ahora— se parece más al búlgaro que al serbio. Pero a raíz de la ruptura entre Tito y Stalin, los serbios animaron al gobierno yugoslavo a fomentar una identidad étnica y lingüística independiente para Macedonia. Con ello, se conseguía cortar cualquier lazo sentimental que pudiera haber existido entre la población local y la de la vecina Bulgaria, cuyo gobierno acataba cualquier orden venida de Moscú. En los tiempos de Delchev, nadie se dedicaba a fomentar una identidad independiente para Macedonia.

Ambos bandos sólo están de acuerdo en una cosa: Delchev, digan lo que digan determinados hechos, no era ningún terrorista.

—Era un apóstol —me dijo Ivanovski.

Tres meses después de la muerte de Delchev, el 2 de agosto de 1903, estalló Macedonia. La Organización Revolucionaria Interna de Macedonia inició un nuevo levantamiento en Ilinden, el día festivo de san Iliya (Elías). Elías, según la tradición ortodoxa búlgara, es una transmutación de Perun, dios del trueno y de los cielos tormentosos al que los eslavos precristianos sacrificaban toros y seres humanos. Las campanas de las iglesias redoblaban mientras los activistas cortaban los cables de telégrafo turcos y quemaban los registros fiscales, y los campesinos sacrificaban sus toros, vendiéndolos para comprar armas de fuego. En la localidad de Krushovo, a unos 1.200 metros de altitud, en las montañas de Macedonia occidental, la Organización Revolucionaria Interna de Macedonia proclamó la «República de Krushovo». Duró diez días, hasta que dos mil soldados turcos, con toda su artillería, derrotaron a mil doscientos guerrilleros; antes que rendirse, cuarenta de ellos prefirieron dispararse un tiro en la boca después de despedirse de sus compañeros con un abrazo.

Se dice que los turcos violaron a ciento cincuenta mujeres y niñas en Krushovo. Cerdos y perros salvajes devoraron sus cuerpos desnudos.

En toda Macedonia sucedió lo mismo. La sublevación duró dos meses y costó la vida de 4.694 civiles y 994 guerrilleros de la organización revolucionaria. Se calcula que más de tres mil mujeres y niñas fueron violadas por los turcos[5]. En el noroeste de Macedonia, cincuenta soldados turcos violaron a una misma joven antes de matarla. Otros le cortaron la mano a una muchacha para quitarle sus pulseras. Un corresponsal del *Daily News* de Londres, A. G. Hales, que se encontraba en el lugar de los hechos, escribió en el número del 21 de octubre de 1903: «Voy a tratar de contar esta historia fríamente, con calma y de modo desapasionado... hay que atenuar los horrores porque no se pueden imprimir en toda su desnudez...» El artículo despertó las protestas del público contra el sultanato turco en Gran Bretaña y el resto de Occidente. Las presiones ejercidas por el primer ministro británico Arthur James Balfour, el zar de Rusia Nicolás II y el emperador Francisco José, de Habsburgo, lograron la entrada de fuerzas internacionales de pacificación en Macedonia en 1904.

No es una casualidad que el *Hurriyet* (revolución de la Joven Turquía), que derribó al sultanato otomano, surgiera en el puerto macedonio de Salónica, donde un joven comandante turco, Enver (que muy pronto todos llamarían Enver Pachá), salió al balcón del hotel Olympos Palace el 23 de julio de 1908 y, ante las aclamaciones de una multitud pluriétnica, lanzó el grito: «Libertad, Igualdad, Fraternidad, Justicia.»

Mustafá Kemal *Ataturk*, futuro padre de la Turquía moderna, también era macedonio, nacido en Salónica en 1881[6]. De pie, justo detrás de Enver Pachá en el balcón ese histórico día, Kemal ya albergaba sus dudas sobre el éxito de la revolución. Aparte de obligar al sultán Abdul Hamid a aceptar una constitución liberal, los oficiales de la Joven Turquía que se encontraban bajo el man-

5. Estas estadísticas, procedentes de fuentes búlgaras y macedonias de entonces, han sido corroboradas por observadores británicos de la organización humanitaria British Relief Fund.

6. En turco, *Ataturk* significa «padre de los turcos».

do de Enver Pachá no tenían un programa bien definido. Tal como sucedió con Mijaíl Gorbachov y sus aliados reformistas en la Unión Soviética, Enver Pachá y sus compañeros de la Joven Turquía querían mantener —aunque de forma menos represiva, más liberal— el imperio, ya que, para ellos, su principal problema era un sultanato reaccionario, enemigo acérrimo del cambio. Pero, como sospechaba Kemal, Enver Pachá y sus compañeros subestimaron la fuerza de los pueblos de los Balcanes, tan acostumbrados a la represión. Estas gentes ortodoxas cristianas querían algo más que meras garantías en el contexto de una confederación dirigida por musulmanes. «La revolución», escribe lord Kinross, biógrafo de Ataturk, «lejos de frenar la desintegración del imperio, como esperaban los militantes de la Joven Turquía, enseguida aceleró el proceso», tanto en Oriente Próximo como en los Balcanes.

En octubre de 1908, el rey Fernando de Bulgaria proclamó la independencia absoluta de su país, independencia de la que llevaba tiempo gozando de hecho, aunque no de forma oficial. Aquella misma semana, la isla de Creta (que seguía formando parte de Turquía) votó por la unión con Grecia, y los Habsburgo de Austria se anexionaron la provincia turca de Bosnia-Herzegovina, que habían administrado desde la clausura del Congreso de Berlín.

Dicho de otro modo, las guerrillas financiadas por los búlgaros en Macedonia habían sembrado una revolución entre los jóvenes oficiales turcos destinados allí, que luego se extendería por todo el Imperio otomano; el desenlace incitó al Imperio austrohúngaro a la anexión de Bosnia. Pero ejerció tal tiranía sobre la población serbia que un serbobosnio terminaría por asesinar al archiduque Habsburgo, desencadenando la Primera Guerra Mundial.

La desintegración del Imperio otomano enfureció a

los musulmanes de la propia Turquía. En abril de 1909 se rebelaron algunas unidades del ejército; se les unieron masas de estudiantes de teología y religiosos con turbante que gritaban «queremos la *Sharia*» (ley islámica), exigiendo que le fuera restituido el poder absoluto al sultán. La Joven Turquía aplastó violentamente esta contrarrevolución, obligando al sultán Abdul Hamid a exiliarse en Salónica. Al enterarse el sultán que le iban a enviar a la ciudad macedonia en que se había originado la revolución, cayó sin sentido en los brazos de un eunuco.

El autoritarismo creciente del régimen de la Joven Turquía culminó en 1915 con el asesinato masivo de un millón y medio de armenios: el primer holocausto del siglo. Esta campaña genocida inducida por el gobierno se perpetró porque los armenios, al revés que sus hermanos cristianos orientales de la península de los Balcanes, suponían una amenaza demográfica para los turcos musulmanes en el corazón histórico de su tierra, Anatolia central. El imperio —cualquier imperio— no tenía futuro en esta nueva era, cosa que un joven y escéptico Kemal Ataturk tuvo la sabiduría de prever.

Al convertirse los jóvenes turcos en asesinos más brutales y expeditivos de lo que había sido el sultán, y debido a que las grandes potencias preferían quedarse al margen, Bulgaria, Serbia y Grecia decidieron hacer lo que nadie hubiera creído posible: archivar sus diferencias y formar una alianza. Entre 1909 y 1912, los tres Estados se dedicaron a fortalecer sus ejércitos, y en octubre de 1912 declararon la guerra al Imperio otomano. Arrastrando la artillería, hombres y caballos maniobraban con barro hasta los tobillos bajo incesantes lluvias. La meta principal de los aliados era la liberación de Macedonia.

La Primera Guerra de los Balcanes finalizó en diciembre de 1912 con la disolución de la Turquía europea. En Macedonia, el ejército serbio ocupó Skopje, la antigua capital de Stefan Dushan, mientras los griegos tomaban Salónica. Entretanto, y aunque su ejército había logrado invadir la Tracia turca hasta las puertas de Estambul y establecerse en el mar Egeo, Bulgaria se encontró hostigada en la mismísima región que durante décadas —a través de sus diplomáticos, sus guerrilleros terroristas y su influencia lingüística— parecía a punto de anexionarse.

John Reed describe cómo, tras la Primera Guerra de los Balcanes, los serbios y los griegos intentaron erradicar la influencia búlgara de Macedonia.

> Un millar de publicistas griegos y serbios empezaron a ensalzar a gritos por todo el mundo la esencia griega o serbia de los pueblos en sus respectivas esferas. Los serbios dieron veinticuatro horas a los desafortunados macedonios para renunciar a su nacionalidad y proclamarse serbios, y los griegos hicieron otro tanto. Si se negaban, el resultado sería la muerte o la expulsión. Se llenó el territorio ocupado con colonizadores griegos y serbios... Fueron ejecutados los maestros de escuela búlgaros y a los popes se les dio a escoger entre la muerte o la conversión... Los periódicos griegos empezaron a hablar de una Macedonia poblada por griegos y explicaban el hecho de que nadie hablara griego aduciendo que se trataba de griegos bulgarohablantes... El ejército griego hacía incursiones en los pueblos en que ni un alma hablaba su idioma.
>
> —¿Qué es lo que pretenden ustedes hablando búlgaro? —gritaban sus oficiales.

Mientras tanto, en Bulgaria, el gobierno y el pueblo seguían ardiendo de furor. A la una de la madrugada del 30 de junio de 1913, sin aviso ni declaración de guerra, el ejército búlgaro cruzó el Bregalnitsa, afluente del Vardar, y atacó a las fuerzas serbias que se encontraban en la orilla opuesta. Era el comienzo de la Segunda Guerra de los Balcanes.

La batalla duró varios días. Los serbios recobraron la ventaja y fueron ayudados por refuerzos griegos. Más tarde se unieron los rumanos a la alianza entre Serbia y Grecia e invadieron Bulgaria por el norte, librando una campaña en la que el cólera se cobró más vidas que las balas. Con la conferencia de paz celebrada en agosto en la capital de Rumania, Bucarest, Bulgaria lo perdió todo: su salida al mar Egeo, las conquistas realizadas en Tracia durante la Primera Guerra de los Balcanes y hasta el último centímetro de Macedonia.

Las consecuencias del desastre serían nefastas para la historia mundial. Cuando John Reed visitó Sofía en el verano de 1915, la ciudad era una muestra palpable del aspecto que más tarde tendrían Beirut, Damasco o Amman: «La mitad de la población de Sofía la constituían refugiados macedonios, y se podía visitar un campo en las afueras de la ciudad en el que vivían dieciséis mil refugiados en tiendas de campaña, lo que suponía un elevado gasto y una tremenda contrariedad para el gobierno... Día tras día, la prensa venía repleta de trágicas historias de refugiados y de manifestaciones de odio contra los serbios...»

En el otoño de 1915, Bulgaria entró en la Segunda Guerra Mundial del lado de las potencias centrales (Alemania y el Imperio austrohúngaro) en un intento de recuperar tierras macedonias de los serbios que se habían alineado con la Triple Entente (Rusia zarista, Gran Bretaña y Francia). Mientras el ejército de los Habsburgo avanzaba a través de Serbia por el norte, las tropas búlgaras iban arrollando Macedonia por el este. Antes que rendirse, el ejército serbio optó por organizar una retirada invernal con una extensa población civil, adentrándose en los desolados paisajes nevados de las montañas de Albania. Como no disponían de vehículos ni tan siquiera de mulas, los soldados serbios no pudieron llevar víveres y tuvieron que cargar con las camillas de los heridos. Fue una de las retiradas invernales más dolorosas de la historia, comparable a la de los soldados de Napoleón en Rusia un siglo atrás, o a la de las tropas griegas de Jenofonte en el año 401 a.C. huyendo de Mesopotamia hacia las montañas de Anatolia.

Los restantes 125.000 hombres del ejército serbio fueron recogidos por barcos franceses e italianos en la costa albanesa del mar Adriático y transportados a la isla griega de Corfú, donde se fueron recuperando y reaprovisionando. Desde 1916 hasta el armisticio en 1918, en una maraña de trincheras a lo largo y ancho de Macedonia se apiñaban soldados franceses, griegos, un ejército serbio reorganizado y las tropas de la mancomunidad británica que se habían retirado de Gallípoli, todos contra los ejércitos de Bulgaria y de los Habsburgo. Para los búlgaros, la Primera Guerra Mundial terminó exactamente como la Segunda Guerra de los Balcanes: perdieron toda Macedonia a favor de los serbios y de los griegos.

Macedonia es un cúmulo de enseñanzas históricas. ¡Si por lo menos nos sirviera de escarmiento! Así como la desintegración del Imperio soviético bajo Gorbachov en la última década del siglo XX es un fiel reflejo de la caída del Imperio otomano bajo Enver Pachá en la primera década de nuestro ajetreado siglo, la tragedia política del mundo árabe en la segunda mitad del siglo XX es un fiel reflejo de la que sufrió Bulgaria durante la primera mitad.

Tras emprender y perder dos guerras por Macedonia, el rey Fernando de Bulgaria abdicó en 1919 a favor de su hijo, Borís III, que durante los veinte años siguientes y hasta el comienzo de la Segunda Guerra Mundial encabezó un sistema político desgarrado por intentos golpistas y violentas conspiraciones, relacionadas con la pérdida de lo que los búlgaros consideraban su patria histórica. La Organización Revolucionaria Interna de Macedonia, que había adoptado una actitud más radical a raíz de las derrotas de 1913 y 1918, se convirtió en un estado terrorista dentro del Estado. Enarbolando su distintivo de muerte, una calavera y dos huesos cruzados, encarnaba, para el exterior, el prototipo del odio y del nihilismo violento. La organización pudo comprar armamento gracias a los beneficios obtenidos del tráfico del opio. Sus honorarios normales por asesinato eran de veinte dólares, por lo que los políticos búlgaros nunca se desplazaban sin su séquito de guardaespaldas. El periodista de *The New York Times*, C. L. Sulzberger, escribió una crónica al respecto en la que señala: «Por alguna extraña razón, los búlgaros son los mejores asesinos de Europa.»

Los terroristas, que contaban con la ayuda del clero ortodoxo, procedían de la población de refugiados macedonios en los barrios bajos de Sofía. En los años treinta, los terroristas macedonios ofrecían incluso sus servicios a otros grupos radicales en toda Europa —especialmente a los ustachis de Croacia, cuyo pagador principal resultó ser el dictador fascista de Italia, Benito Mussolini—. Un macedonio búlgaro con el mote de *Vlado El Chófer* asesinó al rey Alejandro de Yugoslavia, crimen que despertó el interés de Rebecca West por ese país.

La Segunda Guerra Mundial fue una repugnante repetición de la Primera Guerra Mundial y de la Segunda de los Balcanes. Como lo había hecho en la Primera Guerra Mundial, Bulgaria volvió a aliarse con los alemanes contra una Yugoslavia mayoritariamente serbia, para tratar de recuperar Macedonia. Una vez más, mientras las fuerzas de una potencia de habla alemana tomaban Serbia por el norte, las tropas búlgaras invadían y ocupaban Macedonia por el este. Y una vez más, las fuerzas de resistencia serbias y griegas, con la ayuda de los británicos, hicieron que los búlgaros retrocedieran a las tan aborrecidas fronteras trazadas en agosto de 1913 al término de la Segunda Guerra de los Balcanes. En ese momento, el totalitarismo comunista dejó la historia en suspenso hasta la última década de este siglo. Todavía no se ha resuelto ni uno solo de estos problemas.

Durante la Segunda Guerra Mundial, las tropas de ocupación búlgaras en Macedonia colaboraron con los nazis. La bulgarización forzada de la población no hacía más que reproducir las salvajadas de las tropas de ocupación serbias y griegas en 1913. Mientras el régimen del rey Borís ayudaba a los judíos residentes en Bulgaria, los búlgaros de Macedonia colaboraban con los nazis en las redadas contra judíos para deportarlos a los campos de exterminio. Este comportamiento acabó con las simpatías pro búlgaras que habían existido en Macedonia durante décadas entre los que ni eran serbios ni eran griegos. Todo ello sirvió para dar pie a nuevas pretensiones territoriales. Ahora, además de las reclamaciones búlgaras, griegas y serbias sobre territorio macedonio, surgía un macedonianismo de cosecha propia que exigía territorios de Bulgaria y de Grecia.

—Las dos terceras partes de Macedonia aún se encuentran bajo ocupación extranjera, pendientes de liberación —me explicó otro poeta local, Ante Popovski, que también conocí en mi mañana de copeo con Todorovski. Encendía un pitillo tras otro y no paraba de hacer garabatos en un cuaderno. Tenía la cara como un puño agarrotado—: El resto de Europa obtuvo sus derechos nacionales en 1989, pero no los macedonios en Grecia y en Bulgaria, que siguen sometidos.

—Hay partes de nuestra nación en las que no existen los derechos humanos; esta división es el fruto de los tratados de paz imperialistas —me dijo el historiador Ivanovski aludiendo a las conclusiones insatisfactorias de la Segunda Guerra de los Balcanes, así como de la Primera y Segunda Guerra Mundial. A su entender, se tenía que haber quitado más territorio aún a los búlgaros y el norte de Grecia tenía que haberse cedido a la República de Macedonia.

Aquel día no pararon de enseñarme mapas que mostraban un territorio en forma de hoja mucho mayor que la República de Macedonia actual. Dentro de los gruesos trazos negros que limitaban la región, aparecía un tercio de la Grecia continental; la isla griega de Thásos, llamada la Macedonia del Egeo; un pedazo del sureste de Bulgaria, denominado Pirin macedonio, por los montes Pirin de la zona; un trozo de territorio macedonio en Albania; y la antigua Macedonia yugoslava, la única parte liberada del país, o Vardar macedonio, por el río del mismo nombre que pasa por Skopje.

El redescubrimiento de una lengua macedonia propició la edición de cantidad de libros de poesía y de historia escritos para divulgarla. Pretensiones como la de que la misma Estambul pudiera formar parte de Macedonia, unidas a quiméricas descripciones de los paisajes, estallaron como tormentas a contraluz en poemas como *El silencio*, de Bogomil Guzel:

El atardecer va posando su hollín en la nieve paulatina
Las aves y las bestias guardan silencio bajo
el pesado abeto...
El espacio abraza su curvatura y se esconde
De repente salta un gato montés
Y mañana, cuando salga el sol con su furioso halo
Sobre una tierra que se deshiela y gorgotea
El aire, herido por las espuelas, sangrando gritará...
¡Qué presurosa plegaria, qué sufrimiento, qué vino...!

Y en un muro cercano al consulado griego de Skopje, me fijé en las pintadas: «¡Solún es nuestro!»

Solún es el nombre macedonio de Salónica, la segunda ciudad más importante de Grecia. Tales muestras de irredentismo iban a desatar una ola de hostilidad en Grecia —hasta tal punto que a los griegos no les bastó con que el nuevo Estado macedonio que declaró su independencia de Yugoslavia renunciara oficialmente a cualquier pretensión sobre territorio griego, ya que temían que el mero hecho de que los eslavos hablaran de Macedonia era un síntoma de su intención de anexionarse parte de Grecia en el futuro—. Grecia no quiso reconocer a Macedonia oficialmente, salvo que cumpliera con sus exigencias y cambiara de nombre. El hecho provocó risas en el resto del mundo. Pero el quid de la postura griega lo explicarían mejor los artículos del especialista Kofos que cualquier declaración oficial del gobierno griego a los medios informativos. Kofos escribe que el macedonianismo fue un invento de Tito para que sirviera de apoyo contra los búlgaros que codiciaban el lugar. Según Kofos, esta parte de la antigua Yugoslavia es en realidad el sur de Serbia. Puede que sea cierto, pero con razón o sin ella, estos eslavos ahora se consideran macedonios y no serbios, y tanto los griegos como los serbios deben aprender a aceptar esta realidad.

El resultado de este enredo es que los Balcanes han regresado, en este último decenio del siglo, al mismo sistema de alianzas que existía en 1913 durante la Segunda Guerra de los Balcanes: Grecia, Serbia y Rumania contra Bulgaria y los eslavos de Macedonia[7].

—Nací en Shtip, durante la esclavitud turca. Mi padre fue alumno de Gotse Delchev. Soy un macedonio de pura cepa. Sé lo que soy. Soy un pequeño gorrión, no soy búlgaro, ni un águila de Serbia.

7. Rumania, ya que comparte sus recursos hidráulicos así como una gran frontera occidental con Serbia, no puede permitirse estar a mal con Belgrado, independientemente del gobierno que tenga.

El arzobispo Mijaíl alzó la mano imitando la mano del Pantocrátor cuya severa imagen adorna la cúpula de muchas iglesias ortodoxas. Tenía mechones de pelo blanco y liso que le caían por la nuca. Mientras hablaba conmigo, me pareció que su boca iba despidiendo vapor.

—Es verdad, por nuestra sangre corre algo de Alejandro. Hemos sido crucificados, como Jesús, en la cruz de la política balcánica... Eso que está usted bebiendo no es ni café turco ni griego, es café macedonio...

»Macedonia, y no Serbia, es el lugar donde realmente empezó el Renacimiento. ¿Qué es Grachanitsa en comparación con Ohrid? ¿Cómo se puede comparar a Giotto con nuestros artistas? Ande, dígamelo, ¿qué es lo que vale Giotto al lado de ellos?

El arzobispo prosiguió hablándome de su iglesia:

—Tendrá que armarse de paciencia, joven. Es una larga historia.

La resumiré. Los dos apóstoles del siglo IX que trajeron el cristianismo a los eslavos, Cirilo y Metodio, procedían de Salónica. Esto los convierte en griegos, búlgaros o macedonios, según el punto de vista. Para el arzobispo Mijaíl, no existe duda alguna al respecto. Además, dos discípulos de ambos, *sveti* (san) Clemente y *sveti* Naum, impartieron sus enseñanzas en Ohrid, en el suroeste de Macedonia, donde es muy posible que el alfabeto cirílico —inventado por Cirilo y Metodio para traducir la Biblia del griego al eslavo— fuera perfeccionado y usado de forma habitual.

Ohrid también es el lugar donde los macedonios fundaron un patriarcado ortodoxo independiente en las postrimerías del siglo X, bajo el reinado del rey Samuel. Cuando el dirigente serbio del siglo XIV Stefan Dushan conquistó Macedonia, autorizó la independencia de este patriarcado macedonio.

—Pero en 1767 los turcos abolieron nuestro patriarcado de Ohrid porque descubrieron que estábamos organizando una sublevación contra el sultán. Ha habido que esperar hasta 1967 para restablecer la independencia de la Iglesia ortodoxa macedonia. ¿Por qué se niegan los serbios, los griegos y los búlgaros a reconocer nuestra Iglesia? Macedonia es el lugar donde nació el cristianismo eslavo. Somos mejores cristianos que ellos. Dígame, ¿por qué no tenemos aliados?

El arzobispo Mijaíl no quería soltarme. Tenía la imperiosa necesidad de contarme todo lo del rey Samuel, un señor feudal macedonio que en el año 976 salió de su fortaleza en Ohrid para crear un imperio desde el mar Adriático en Occidente hasta las puertas de Constantinopla en Oriente.

—Pero Samuel también reinó en nombre de Bulgaria —le repliqué—. Miguel Psellus, asesor de varios emperadores bizantinos y cuya *Cronografía* es la fuente de información más importante de la época, se refería a Samuel como búlgaro. Además, al emperador bizantino Basilio II, por haber vencido a Samuel en el 1014, se le dio el sobrenombre de *Bulgaroctonos*, «el que mata a los búlgaros».

—No, no es así, joven —vociferó el arzobispo Mijaíl elevando los ojos hacia el cielo—. Usted no lo comprende. El material es tan enorme, tan extenso, que le harían falta años para entender nuestro problema.

Entre los libros que me dio antes de salir de su despacho en Skopje estaban las poesías de Blazhe Koneski, que define la búsqueda de identidad y de amor en Macedonia como «el gesto de una mano tendida hacia el firmamento».

Zlatko Blajer, redactor jefe de *Vecher* (*La tarde*), el diario de mayor tirada de Skopje, era uno de los veintisiete judíos que quedaban en la ciudad de los 3.795 que se contaban antes de la Segunda Guerra Mundial. Se sentó apoyado contra un espejo en un restaurante de Skopje donde le encontré para terminar mi ajetreado día de entrevistas, copas y cafés. Miraba su reflejo mientras charlábamos. La voz de Blajer tenía el tono incorpóreo de un testimonio velado. Fue la única persona de Skopje que no tenía libros que ofrecerme, ni de historia, ni de poesía.

—Ésta es la zona más volátil de los Balcanes. Somos una nueva nación rodeada de viejos enemigos. Más de uno podría venir a guerrear aquí como a principios de siglo. Durante décadas, hemos estado protegidos por la federación yugoslava. Con el derrumbamiento de Yugoslavia, Macedonia vuelve a ser un poderoso y tentador vacío.

»Y tenga usted en cuenta que somos un Kosovo pacífico: el 23 % de la población macedonia es albanesa y su tasa de natalidad es mucho más elevada que la nuestra. Nos aguarda un destino parecido al de los serbios en su patria histórica.

»Al finalizar el siglo XX, tratamos de separar las hebras entretejidas, separar unas de otras, porque una podría ser macedonia y otra búlgara... Aquí, los hombres se sientan tranquilamente como los ancianos de Creta y hablan de nacionalismo y de odio, mientras las mujeres hacen todo el trabajo.

Parece que cuanto más incomprensible e insondable es el odio, y cuanto más pequeños los grupos nacionalistas, más interminable y enrevesada resulta la historia. No pude sino preguntarme lo que Líbano ofrecería a un estudiante de historia dentro de cien años.

4

La Ciudad Blanca y su profeta

Llegué a Belgrado en el autobús de Skopje y me alojé en el hotel Moskva. A la mañana siguiente, me dediqué al ritual de orientación histórica y geográfica que siempre resulta imprescindible en Belgrado. Y es que los barrios céntricos de la ciudad habían crecido en un laberinto indescifrable, sobre todo para los corresponsales extranjeros de la posguerra, en las décadas de la guerra fría.

El Moskva, construido en el centro de Belgrado en 1906, poseía todos los entrañables elementos de los grandes hoteles venidos a menos —camareros atentos, colchones incómodos, calderas ruidosas—. Hasta la llegada de la Segunda Guerra Mundial en Yugoslavia, el Srbski Kralj (Rey Serbio), y no el Moskva, había sido el hotel número uno de la ciudad. En él se habían alojado Rebecca West y su marido, el corresponsal de *The New York Times* C. L. Sulzberger, el escritor y periodista Robert St. John y muchos otros cronistas que describirían la escalada hacia la guerra.

De acuerdo con la descripción de Sulzberger en *A Long Row of Candles* (*La larga marcha de los cirios*), el Srbski Kralj apenas difería del Moskva. Su «clásico e imponente» edificio, «la buena mesa y la cortesía compensaban sus comodidades algo desfasadas». Pero lo que verdaderamente hacía que el Srbski Kralj influyera en los autores era su ubicación: justo enfrente del gran parque que rodea la fortaleza de Kalimegdan, elevada sobre un arbolado promontorio en la confluencia de los ríos Danubio y Sava. Señala el sitio que escogieron los celtas, en el siglo III a.C., para el primer asentamiento humano de la zona y, por ende, el lugar donde se escribiría la historia de Belgrado y buena parte de la de Serbia. Rebecca West cuenta que, desde su tocador en el Srbski Kralj, disfrutaba de una magnífica vista sobre la cuenca del Danubio y del Sava.

La fortaleza había sido reconstruida, una y otra vez, por los romanos, los bizantinos, los serbios del medievo, los turcos otomanos, los Habsburgo de Austria (durante una breve ocupación), y de nuevo por los otomanos. Al otro lado de sus murallas se extendía Beograd (la «Ciudad Blanca»). Para los viajeros de los siglos XVIII y XIX, este promontorio suponía, literalmente, la frontera entre Oriente y Occidente: el sitio donde acabó el Imperio de los Habsburgo y donde empezó el de los turcos. En efecto, cada vez que doy un paseo por las largas extensiones verdes que llegan a tocar ambos ríos, tengo la emocionante sensación de estar pisando una región limítrofe, de encontrarme al filo de alguna cosa.

Cuando John Reed visitó Belgrado en la primavera de 1915, la fortaleza de Kalimegdan era la primera línea de defensa del ejército serbio, frente al despliegue de las tropas y artillería de los austrohúngaros en las orillas opuestas del Danubio y del Sava. Estas tropas habían ocupado Belgrado durante dos semanas en diciembre antes de ser obligadas a retroceder a la orilla opuesta; regresarían en octubre de 1915, esta vez por tres años, hasta su derrota definitiva. La visita de Reed se producía en el intervalo de las dos ocupaciones austrohúngaras, durante una epidemia de tifus que devastaría la ciudad:

> Visitamos la antigua ciudadela turca que corona el promontorio sobre la confluencia del Sava y del Danubio. Aquí se habían colocado los cañones de los

serbios, y había caído la lluvia del fuego austriaco; los edificios habían sido destrozados casi por entero. Los caminos y espacios abiertos mostraban cráteres horadados por potentes proyectiles... Nos arrastramos por el suelo hasta el borde del acantilado que se alzaba sobre el río.

—Escóndanse —nos advirtió el capitán que nos servía de guía—. Los zuavos disparan al menor movimiento que ven.

Desde allí había una estupenda vista sobre el turbio Danubio... y las grandes llanuras de Hungría...

El Srbski Kralj sobrevivió a esa guerra, pero no a la siguiente. Sus habitaciones estaban atestadas de periodistas cuando, al amanecer de un Domingo de Ramos, día 6 de abril de 1941, 234 aviones nazis iniciaron el bombardeo sobre Belgrado. El hotel fue uno de los casi 700 edificios que cayeron.

«Tuve la impresión de que el avión no se limitaba a disparar sobre el tejado, sino que venía directamente por mí... Por lo menos fueron diez aviones los que bombardearon el Srbski Kralj», recuerda Robert St. John.

Fui caminando desde la calle Pariska hasta el parque de Kalimegdan, cerca del lugar donde se había alzado el Srbski Kralj. Contemplé las murallas bizantinas y los pocos edificios turcos que permanecían en pie, la catedral ortodoxa y los monumentos neobarrocos reconstruidos. Desde este lugar, es decir, desde el Srbski Kralj, la ciudad no sólo era hermosa, sino, además, comprensible. Vista desde el Moskva, era completamente diferente.

Escribe Rebecca West: «Atravesamos una zona como la que existe en todos los parques; los niños jugaban entre lilos y estanques pequeños, entre bustos de desaparecidos que casi alcanzaron la gloria... Luego llegamos a un precioso jardín rebosante de flores, junto a una imponente y hermosa estatua dedicada a los franceses caídos en Yugoslavia durante la Gran Guerra. Realizada por Mestrovitch, representa una figura nadando en el mar de la valentía. Muchos preferirían que la sustituyeran por un mármol más ligero.»

La estatua de Iván Mestrovitch seguía en su sitio, a la entrada del parque Kalimegdan. Había sobrevivido al bombardeo del Domingo de Ramos y a la Segunda Guerra Mundial. Tampoco la habían cambiado por un mármol «más ligero». Allí seguía el «precioso jardín rebosante de flores» y los lilos seguían siendo testigos de los juegos de los chiquillos de Belgrado. Al acercarme a la estatua y sentir la cercanía del tiempo, se me hizo un nudo en la garganta, al pensar que las largas y paralizantes décadas de comunismo se podrían haber evitado.

Pero no había sido así y lo sabía. Por lo tanto, volví andando al Moskva para enterarme de los próximos acontecimientos que sucederían en Yugoslavia.

Durante los años ochenta, había realizado muchas visitas a Yugoslavia como periodista. Era un trabajo solitario porque muy pocos estaban interesados en saber lo que estaba pasando allí y adónde llevaría todo aquello. Cada vez que iba a Belgrado visitaba en su apartamento a Milovan Djilas. Después de las primeras visitas empecé a temer nuestras charlas, porque me di cuenta de que él siempre tenía razón. Era capaz de predecir el futuro. Su técnica era de las más elementales para un europeo oriental, y de las más difíciles para un americano: consistía en hacer caso omiso de lo que decían los diarios, limitándose a pensar históricamente. Para Djilas, el presente no era más que una fase del pasado que se desplazaba muy deprisa hacia el futuro. Lo que para los observadores extranjeros resultaba inconcebible, para él era el desenlace lógico y natural.

Djilas ya tenía setenta años en nuestro primer encuentro en 1981. Había sido uno de los grandes lugartenientes de Tito durante la lucha guerrillera contra los nazis en la Segunda Guerra Mundial. Más tarde fue nombrado vicepresidente de la Yugoslavia de la posguerra y se le consideraba como el indiscutible sucesor de Tito. Djilas se había encargado, una por una, de las difíciles negociaciones con Stalin que prepararon el terreno para la separación de Yugoslavia del bloque soviético, en 1949. Djilas recuerda esos encuentros a medianoche en que corría el vodka en *Conversaciones con Stalin*, testimonio personal y excepcional sobre uno de los mayores criminales de la historia. Al principio de los años cincuenta, Djilas empezó a albergar serias dudas sobre el titoísmo. Las exigencias de democratización del sistema por parte de Djilas —la *perestroika* tres décadas antes de tiempo— condujeron a su expulsión del Partido Comunista Yugoslavo y a su posterior encarcelamiento durante nueve años. En su celda, Djilas escribió *La nueva clase* y otros textos muy críticos contra el comunismo, que se convirtieron en clásicos de la disidencia. También escribió dos novelas, dos trabajos autobiográficos y varios tomos de relatos. Desde su salida de la cárcel en los años sesenta, vivió en el anonimato y en el descrédito oficial. Djilas fue el mayor disidente intelectual de la historia de la Europa oriental comunista; fue el veterano de la disidencia mucho antes de que nadie oyera hablar de Lech Walesa. Al ocultarse su rostro apergaminado en las sombras que proyectaba el atardecer sobre su estudio lleno de libros, salía a la luz tanto el pasado como un esbozo del futuro.

En 1981, a raíz de la Intifada albanesa en Kosovo, acontecimiento que no interesó nada al resto del mundo, Djilas me comentó:

—Nuestro sistema ha sido construido a la medida de Tito. Ahora que él ya no está y a medida que se va agravando nuestra situación económica, habrá una lógica tendencia hacia una mayor centralización del poder. Pero la centralización está destinada al fracaso, ya que va en contra de los núcleos de poder étnico y político de las diferentes repúblicas. No tenemos ante nosotros un nacionalismo en el sentido clásico, sino uno mucho más peligroso, el burocrático, que se basa en sus propios intereses económicos. Así es como el sistema yugoslavo empezará a derrumbarse.

Esto ya estaba ocurriendo en 1982 aunque, para no variar, no le importara a casi nadie en el extranjero. En noviembre de ese año, la atención mundial estaba centrada en el nuevo dirigente de la Unión Soviética, Yuri Andrópov, del que se decía que coleccionaba mobiliario húngaro moderno —a saber en qué consistía— y que, por lo tanto, podía tratarse de un gran reformador. Djilas acogió la noticia con escepticismo:

—Andrópov tiene setenta y ocho años, los mismos que De Gaulle cuando volvió al poder. Pero ya verá usted cómo Andrópov no es ningún De Gaulle: no tiene ideas nuevas. Andrópov sólo tiene posibilidades como hombre de transición, uno que prepare el camino para el auténtico reformador que vendrá después.

En 1985, ya estaba allí el reformador: Gorbachov. Pero, para entonces, Djilas ni se inmutó.

—Verá usted cómo Gorbachov sólo será otro personaje de transición. Llevará a cabo importantes reformas y hasta cierto punto introducirá una economía de mercado, pero entonces saldrá a la luz la verdadera crisis del sistema y Europa oriental irá dividiéndose cada vez más.

—¿Y qué me dice de Yugoslavia? —le pregunté.

Su sonrisa fue malvada.

—Como Líbano. Espere y lo verá.

A comienzos de 1989, Europa, antes que América, empezó por fin a preocuparse de Yugoslavia, y sobre todo del nuevo dirigente de línea dura de Serbia, Slobodan

Miloševic. Pero sólo muy por encima. Tendrían que transcurrir varios meses antes de que los refugiados de Alemania Oriental comenzaran a invadir Hungría de camino a Occidente, desencadenando una serie de hechos que culminarían con la caída de los regímenes comunistas en toda Europa oriental, cuyos últimos meses de anonimato en la prensa mundial tocaban a su fin.

Pero Djilas ya pensaba en los noventa.

—El autoritarismo de Miloševic en Serbia está provocando una auténtica división. Recuerde lo que decía Hegel con respecto a la historia, que se repite primero como tragedia y después como comedia. Lo que quiero decir es que cuando Yugoslavia se desintegre esta vez, el mundo exterior no va a intervenir como lo hizo en 1914... Yugoslavia es el laboratorio del comunismo. Su desintegración anunciará la de la Unión Soviética. Nos adelantamos a los soviéticos.

Y me vino un pensamiento: si Yugoslavia era el laboratorio del comunismo, el comunismo también exhalaría su último aliento aquí, en Belgrado. A juzgar por las actuaciones de Miloševic hasta principios de 1989, el comunismo saldría desenmascarado del escenario mundial, mostrando su verdadera naturaleza: fascismo incapaz de poner en marcha al país.

Estábamos en el último mes de la década y habían transcurrido once meses desde mi último encuentro con Djilas. Esos once meses habían cambiado la faz del mundo. En diciembre de 1989, Eslovenia y Croacia vivían su pacífica transición hacia la democracia, e incluso aquí, en Serbia, tan bizantina, ortodoxa y oriental, reinaba un inconfundible ambiente de liberalización. Tras años de prohibición, se publicaban por primera vez todos los libros de Djilas en su lengua serbocroata natal. Se hablaba incluso de que Miloševic ya «pertenecía al pasado» y de que no tardaría en caer. Djilas era menos optimista. Soltó una de sus malvadas carcajadas:

—Miloševic todavía tiene posibilidades... Esta liberalización está mal planteada. Se debe a la rivalidad nacional entre Serbia y las demás repúblicas. A su debido tiempo, Yugoslavia podría ser como la Commonwealth, una federación libre de naciones que comercian entre sí. Pero antes, me temo que habrá guerra y rebelión. El odio aquí está demasiado arraigado.

SEGUNDA PARTE

RUMANIA: UN DRAMA LATINO DE LA PASIÓN

... el demonio lleva una vida ajetreada y difícil en Rumania.

E. O. HOPPE,
In Gipsy Camp and Royal Palace
(*Campamento gitano y Palacio Real*)

5

Athenee Palace, Bucarest

El recepcionista de guardia del hotel Athenee Palace en Bucarest era un joven bien parecido, alegre y amable. Me dio cinco veces más que la tarifa oficial al cambiar el dinero, entregándome sin disimulo montones de lei[1] rumanos. Luego me ofreció una mujer. Se quedó perplejo cuando decliné, insistiendo en que podía conseguirme cualquier cosa que se me antojara.

Detrás del mostrador se erguían columnas de mármol con capiteles corintios dorados, como en el interior de una catedral. Sentada en un sofá, detrás de una de ellas, había una mujer delgada y atractiva, de tez morena y esmaltada, pelo negro cortado a lo chico y ojos aceituna subrayados por un rímel violeta a juego con su minifalda.

—¿No quiere usted comprarme la botella de champán? —preguntó desde el sofá, señalando la botella.

—No, gracias —le contesté.

—Venga. —Se levantó y vino hacia mí—. La llevamos a tu habitación y nos la bebemos entera, tú y yo juntos.

—No, gracias.

—¿Cómo puedes rechazar la oferta? Por el precio del champán, me tienes a mí también.

Más tarde, en la discoteca en el sótano del hotel, se me acercó a la mesa otra mujer de un rubio verdoso, con la cara muy empolvada. Dejó caer un arrugado rollito de

1. Unidad monetaria rumana, lev; plural, lei. *(N. de los T.)*

papel en mi plato. Lo abrí y leí: «Me llamo Claudia Cardinale. Mi teléfono es el 70 82 54.»

Hice el ademán de un no con la cabeza. Recogió su papelito y se marchó a probar suerte con otro.

Compré dos botellas de agua mineral y volví a mi habitación. Al entrar en el ascensor, fui acorralado por la morena del champán:

—Anda, llévame a tu habitación.

—Déjame en paz, estoy con mi mujer —le dije, repentinamente inspirado—. Mira, tengo dos botellas de agua, una para mí y otra para ella.

—No me lo creo —contestó sin vacilar—. Te vi llegar esta noche e ibas solo. Lo que pasa es que no te gustan las mujeres.

Bajo la helada máscara del comunismo y de la violencia revolucionaria, Rumania seguía viviendo, inalterable e indestructible.

John Reed se había instalado en el Athenee Palace allá por 1915, cuando el hotel apenas contaba un año. Comentó: «Es un desfile permanente de mujeres de mala vida, y es que el ciudadano de Bucarest no se considera como tal si no presume de que su ciudad tiene más prostitutas que cuatro ciudades juntas.»

Goldie Horowitz escribió en 1941: «Eran mujeres occidentales, pero flotaba a su alrededor un perfume de harén.»

El corresponsal de *The New York Times* C. L. Sulzberger, al iniciarse la Segunda Guerra Mundial, señala: «Bucarest era una ciudad deliciosamente depravada... Las innumerables profesionales tenían poco éxito debido a la entusiasta rivalidad de aficionadas procedentes de todas las clases sociales, de princesas para abajo.» Y añade:

«Los chanchullos eran de lo más estimulante. El primer funcionario con el que me encontré abrió un cajón de su escritorio dejando entrever toda una colección de billetes extranjeros. Trató de sobornarme, prometiéndome un cambio de mercado negro un 15 % más elevado que el que me había ofrecido el recepcionista del Athenee Palace.»

Hannah Pakula, biógrafa de la reina María de Rumania, recoge el comentario de un miembro de la antigua aristocracia que afirma que, en rumano, no existe una palabra para definir el dominio de sí mismo: «Tanto el término como el concepto resultan extraños e intraducibles para la mente rumana.»

«Rumania no es un país, sino una profesión», se burlaba Nicolás II, último zar de Rusia y primo hermano de la reina María.

La prostitución, el mercado negro y la denuncia de amigos y vecinos estaban tan arraigados en la tradición rumana que hasta llegaban a tener un cierto encanto natural e inocente. Uno se escandalizaba al principio. Pero al cabo de unas semanas terminaba por rendirse. Y todavía se dejaba uno llevar por el lado perverso de la naturaleza humana, enamorándose del país y de sus gentes. Incluso había quien pensaba que los rumanos eran poseedores de un sentido especial para vivir y sobrevivir, un sentido del que el resto del mundo carecía. Y entonces se hacía la luz...

Un país así es una tentación para los escritores y corresponsales extranjeros. En los primeros años de la Segunda Guerra Mundial, «rara vez se alojaban menos de cincuenta corresponsales en el Athenee Palace», cuenta Robert St. John, jefe de la delegación de la Associates Press en Bucarest. El Athenee Palace era el único hotel en la Europa bélica donde oficiales nazis y aliados compartían el mismo techo, donde los periodistas británicos y americanos podían entablar conversación y tomar una copa con oficiales uniformados de la SS. Pero la principal atracción era la que ofrecían los rumanos: por un lado, habían acogido el nuevo orden fascista con entusiasmo, y, por el otro, lo corrompían a destajo para atenuar sus efectos.

En opinión de Goldie Horowitz: «Los nazis quedaban engatusados por la acuosa mirada de las señoritas de buena familia que conseguían que se acostaran con ellas antes de darles oportunidad de comprobar el origen ario de sus abuelas.»

Naturalizada americana, Horowitz procedía de una acaudalada familia judía de Berlín. Bajo el seudónimo de R. G. Waldeck, esta atractiva y elegante periodista escribió una autobiografía repleta de cotilleo e intriga sexual, bajo el título *Athenee Palace Bucharest*. Robert St. John, corresponsal de prensa extranjero, resume su versión personal de la depravación de Bucarest en esta anécdota: cuando los alemanes se hicieron dueños del comedor del Athenee Palace, una de las escenas más singulares era ver cómo los oficiales nazis de alto rango invitaban a comer o a cenar a Goldie Horowitz; algunos de ellos serían ejecutados como criminales de guerra.

El libro de Horowitz, agotado desde hace unos cincuenta años, ofrece un primer plano sobre las costumbres rumanas con todo lujo de detalles. Olivia Manning, joven esposa de un miembro del British Council y clienta asidua del Athenee Palace, da una imagen más general de estas costumbres en *The Balkan Trilogy* (*La trilogía de los Balcanes*), un *best-seller* que se convirtió en una serie televisiva. Y hubo muchos más. El hundimiento de Rumania durante el fascismo, de 1939 a 1941, visto desde el vestíbulo y las habitaciones del Athenee Palace, engendró un verdadero género literario basado en las memorias de los periodistas.

Estas obras proporcionan un copioso telón de fondo histórico para la transición rumana hacia otra forma de fascismo en la década de los setenta y ochenta. Al ponerse otra vez en marcha el proceso histórico del país en este último decenio de nuestro siglo, estos libros han cobrado nueva actualidad porque explican lo que de otro modo resultaría inexplicable para el observador profano.

El Athenee Palace se extiende a lo largo de una gran plaza, entre el Palacio Real y una sala de conciertos que imita el estilo de la Ópera de París, con su césped y sus gladiolos. En los tiempos de Reed, la fachada del hotel presentaba un «deslumbrante aspecto neofrancés» con sus torreones y cariátides. En 1938, antes de la llegada de Horowitz y de Manning, se retiraron los torreones y las cariátides y apareció una fachada de corte modernista, con su piedra blanca y sus cromados. A mi llegada en la primavera de 1990, las balas de la revolución de diciembre la habían cubierto de cicatrices.

Había más cambios en el interior del hotel. Más allá de las columnas corintias, empezaban los años comunistas de los cincuenta con su lúgubre escalera de caracol y su moqueta violeta. Con la ayuda del KGB, el servicio de inteligencia rumano (o *Securitatae*) había convertido el Athenee Palace en una fábrica de espías. Habían interceptado los teléfonos y colocado micrófonos bajo las mesas del restaurante y del bar, así como en todas las habitaciones.

El director del hotel era un coronel de la Securitatae y todos y cada uno de sus trescientos empleados eran agentes de dicha organización, inclusive las camareras que limpiaban la habitación, fotografiando de paso hasta el más inocente papel dejado por el cliente.

A cambio de dinero y tarjetas de racionamiento suplementarias, las prostitutas del hotel informaban a la Securitatae de todo lo que les contaban los clientes.

Pero en los años ochenta, hasta las prostitutas estaban desesperadas. En una visita anterior al Athenee Palace, en 1983, llamaron a mi puerta hacia la medianoche.

Abrí. Había una mujer en la penumbra del pasillo. Se bajó un tirante de su blusa y me dijo que lo haría por un puñado de café.

Por entonces, el café era un lujo muy escaso en Bucarest. Estábamos en invierno, y aunque la habitación costaba setenta y cinco dólares por noche no tenía calefacción, ni agua caliente, y tenía que alumbrarme con dos miserables bombillas de veinticinco vatios. Menos mal que, como en África, fui lo bastante previsor como para llevar mi linterna y mi propio papel higiénico. «Si tuviéramos algo más de comida, estaríamos como en la guerra», ironizaba un chiste local.

Un día, en el invierno de 1988-1989 —nadie sabe exactamente cuándo—, desaparecieron las floristas gitanas de las calles contiguas al hotel. Ellas habían sido el último vestigio de una vida individual y sentimental en el paisaje urbano, recordando una existencia, una historia, anteriores a la era glacial del comunismo.

Cuando las grietas de sangre acabaron de romper el hielo en diciembre de 1989, las gitanas fueron las primeras en volver. «Se posan como aves tropicales», utilizando la expresión de Olivia Manning, para vender rosas y montañas de tulipanes rojos y amarillos. Los que lloran a los revolucionarios caídos prenden fuego a estas flores, sacrificándolas en la acera, como ante un altar. El olor etéreo de la cera de abeja de repente lo invadía todo. Oficialmente, privada de su religión durante más de cuatro décadas, la capital de Rumania se convertía, toda ella, en una gran iglesia al aire libre.

PACE VOUA, MORTI NOSTRI, decían las pintadas. «Descansen en paz nuestros muertos.»

La metáfora resultaba de lo más surrealista. Durante el año de revolución que vivió Europa oriental en 1989, ningún país desconcertó a Occidente tanto como lo hizo

Rumania. Esas primeras imágenes ofrecidas por la televisión rumana con sus propios y anticuados equipos revelaron un mundo en que la Segunda Guerra Mundial acababa de terminar, un mundo poblado por soldados con abrigos largos, con cascos como los que llevaban los rusos en Stalingrado. El ambiente era invernal y eslavo. Pero la gente era morena, parecida a los sudamericanos; el idioma era latinizante, en ciertos aspectos más cercano al habla de los romanos de la Antigüedad que al de los italianos o españoles de hoy; la violencia y los ritos religiosos que acompañaban al entierro de las víctimas tenían algo de macabro y de teatral al poner en escena a un pueblo que, por necesidad, había tenido que representar sus pasiones ante un espejo, una y otra vez.

Unas imágenes plásticas fáciles de evocar: cirios encendidos al lado de cuerpos en avanzado estado de descomposición, en medio de la calle; un dirigente que se hacía fotografiar con un cetro en la mano y un pie pisando el cadáver de un jabalí; un dirigente que construyó una Ciudad Prohibida de arquitectura fascista alrededor de un edificio parecido a un pastel de boda más grande que el Pentágono; un dirigente cuyos aduladores proclamaban como «el genio de los Cárpatos», mientras que para el pueblo encarnaba a «Drácula» o al «Anticristo»; un dirigente cuya ejecución un día de Navidad fue repetidamente transmitida por la televisión durante semanas; cuyo cadáver estaba desaparecido o deliberadamente escondido, dirían los rumores.

Todo esto encerraba mucho más que la caída de una tiranía comunista. Si Stalin puso los cimientos, el resto surgió de la tierra abonada del lugar.

Entre otras dos tumbas, y medio escondida por los arbustos del desparramado cementerio de Ghensea, vi una cruz de madera sobre un estrecho túmulo de tierra.

La cruz llevaba estas palabras, pintadas de blanco: COL. (RESERVE) POPA DAN, 1920-1989.

Así había sido enterrado Nicolae Ceausescu, dirigente de Rumania durante un cuarto de siglo, hasta que él y su mujer, Elena, fueron ejecutados por el ejército.

A unos quince metros, también estrujada entre otras dos tumbas, había otra cruz que rezaba: COL. (RESERVE) ENESCUVASILE, 1921-1989.

Era la tumba de Elena Ceausescu.

Haciendo caso a una «sugerencia» oficial, fui a buscar las tumbas con varios periodistas europeos. Desde luego, resultaba de lo más curioso e inverosímil encontrarse con dos cruces de madera que identificaban a sendos coroneles de la reserva en medio del mar de mármoles y monumentos de piedra que componían la parte civil del cementerio. Unos días después, en mayo de 1990, y en la misma noche en que se profanaron cementerios judíos por toda Rumania, las dos cruces de madera desaparecieron misteriosamente de la faz de la tierra. Pero los Ceausescu no son la primera pareja de dirigentes rumanos de este siglo sin una lápida que señale claramente el lugar de su eterno descanso.

Lisboa. Siguiendo las serpenteantes callejuelas de la Alfama, barrio fundado por los romanos, se llega a la iglesia de San Vicente de Fora. Por el pasillo derecho, hay una puerta justo antes de llegar al altar. Al atravesarla se entra en una serie de pasadizos decorados con azulejos azules y blancos que narran las fábulas de La Fontaine. A la izquierda, atravesando una sala bastante alargada, se llega al panteón de mármol que alberga las tumbas de la realeza portuguesa desde mediados del siglo XVII. Cerca de la puerta hay dos ataúdes sin nombre, medio tirados sobre un pedestal de fieltro barato, como esperando a ser recogidos por los hombres de la mudanza. El ataúd envuelto en la bandera dorada, azul y roja de Rumania encierra el cuerpo del rey Carol II Hohenzollern, que reinó en su país de 1930 a 1940. El otro, bajo una burda tela azul adornada con una cruz blanca, contiene el cuerpo de la amante de Carol, de origen judío, Elena (Magda) Lupescu, que, al igual que Elena Ceausescu, una vez encarnó el poder detrás del trono de Rumania.

Mimado a más no poder por su madre la reina María, Carol tuvo como maestro a un «taciturno homosexual suizo» antes de ser enviado al regimiento prusiano de su padre para completar su educación. Aunque corría por sus venas sangre inglesa y alemana, el futuro rey de Rumania se hizo rumano de la peor manera posible.

Durante la Primera Guerra Mundial, mientras el ejército alemán ocupaba Bucarest, la familia real se encontraba acuartelada en la capital provincial de Jassy y el pueblo arremetía contra sus gobernantes extranjeros por los reveses sufridos, Carol, ni corto ni perezoso, desertó de su unidad militar —crimen que se castigaba con la muerte— y se fugó con una aristócrata del lugar, Jeanne Zizi Lambrino.

Como los monarcas Hohenzollern de Rumania no podían contraer matrimonio con una mujer nativa (para evitar que alguna facción de la aristocracia rumana pudiera salir políticamente aventajada), Carol fue obligado a abdicar. Pero no tardó demasiado en dejar a Zizi y regresar a Rumania. En 1921 contrajo matrimonio con la princesa Elena de Grecia. Sin embargo, dos años más tarde, la dejaría por Elena Lupescu, que pasaría a convivir con él como amante.

En lugar de volver con su legítima esposa y madre de sus hijos, como le exigía el pueblo, Carol abdicó por segunda vez en enero de 1926.

En 1930, al morir su padre, Carol regresó una vez más a Rumania para ocupar el trono, siempre con la condición de que dejara a la Lupescu y volviera con su esposa, Elena. Pero Carol no mantuvo su promesa y su amante no tardó en instalarse en palacio.

Aún así, a Carol no le bastaba con ella. Según un chisme popular rumano, que también he oído de boca de un historiador en Bucarest en 1990, Carol padecía de priapismo, enfermedad que le condenaba a pasar largas horas en cama, en constante actividad sexual. «Plantó a Zizi Lambrino... en París... Ahora se dedica a recoger fulanas en la Calea Victoriei y a traer cantantes a palacio», escribe Petru Dumitriu en *Los pródigos*, novela histórica agotada desde hace mucho que describe cómo los rumanos adinerados vendían su país y se vendían unos a otros, antes de que los fascistas tomaran el poder en 1941.

Dice la leyenda que Carol era tan increíble en la cama que tenía fama de ser el único capaz de saciar al *Cuervo*, famosa prostituta del Bucarest de los años treinta. Era una mujer alta y delgada que se vestía como una bruja. Sus pupilas negras estaban dilatadas por la cocaína y llevaba su pelo negro cortado al estilo de un pequeño colegial (el peinado sigue estando de moda, según creo, si me atengo a mi experiencia en el vestíbulo del Athenee Palace).

—A esta furcia negra había que sacarla a rastras del dormitorio de Carol, babeante y medio inconsciente —me juraría un catedrático de la Universidad de Cluj en 1990.

Es probable que la realidad fuera algo distinta. En *Los pródigos*, Dumitriu describe la escena siguiente:

> [El Cuervo] salió afuera e hizo su ronda callejera... sin demasiada fortuna al principio. Pero, entonces, oyó una voz ronca que la llamaba:
>
> —Oye, tú, ¡ven acá!
>
> Volvió la cabeza, y vio un larguísimo coche negro. Le llamó la atención el brillo de su radiador. Se abrió la puerta y el conductor le hizo señas para que

entrara. Era el rey. No era la primera vez que trabajaba para él. Entró obediente en el coche, sabiendo que la suerte seguía sin sonreírle esa noche, porque Su Majestad no pagaba bien.

Carol era igual de insaciable con el dinero como con el sexo. Cada casino y sala de fiestas de Bucarest le pagaba una tarifa mensual por exacción. Carol cambiaba los lei por dólares en el mercado negro. Una vez hizo propagar el cuento de que los billetes de cien dólares que circulaban en Rumania eran falsos. Resultado: cayó en picado el valor en lei de estos billetes y Carol aprovechó el momento para comprar. Tenía participaciones en todos los contratos oficiales y acciones en todas las grandes empresas. Cuando Stalin se anexionó Besarabia, Carol exigió y obtuvo de sus propios ministros un millón de dólares en compensación por las propiedades que había perdido, mientras que al resto de sus conciudadanos, muchos de los cuales lo habían perdido absolutamente todo, ni siquiera se les autorizó a presentar reclamaciones. A sabiendas de que los búlgaros estaban a punto de proclamar su soberanía sobre el sur de Dobruja, Carol le vendió al Estado la finca de verano que había sido propiedad de su madre en la región —y donde estaba enterrado el corazón de la reina María en un cofre de oro—. Una vez en su poder los 250.000 dólares que había obtenido por la transacción, Carol empezó a negociar la transferencia del territorio con Bulgaria. Entre 1930 y 1940, parece ser que depositó entre cuarenta y cincuenta millones de dólares en el extranjero, una suma astronómica en esos tiempos.

En 1938 Carol había abolido todos los partidos políticos, declarando una dictadura monárquica. A pesar de que Carol había financiado durante años las actividades de la legión fascista del Arcángel Miguel, esta organización antisemita se enemistó con él por su relación con la judía Lupescu. Por toda respuesta, mandó asesinar a los cabecillas de la legión. El hecho enfureció a Hitler, pero Carol no le hizo caso durante un tiempo. Sin embargo, cuando los nazis conquistaron Francia, formó su propio partido fascista que promulgaría una serie de leyes antisemitas, obligando a 800.000 judíos de Rumania a vivir en la clandestinidad. Cuando, en el verano de 1940, Stalin exigió a Carol la cesión de Besarabia, el monarca recurrió a Hitler. Pero en lugar de brindarle su ayuda, Hitler le intimó a que cediera la parte norte de Transilvania al régimen pro nazi de Hungría.

Estas pérdidas territoriales fueron golpes muy duros para el pueblo. Hubo grandes manifestaciones en la plaza del Athenee Palace con gritos de «*¡Abdica!*»[2]. Carol «se había pasado de listo» en sus relaciones con Hitler y con Stalin, escribe Manning en *The Balkan Trilogy*. «Hizo un doble juego y perdió.»

Carol y Lupescu salieron de Rumania una noche a finales de 1940, en un tren con nueve vagones cargados con el oro y los tesoros artísticos del país. La legión fascista logró enterarse e intentó detener el tren sin éxito.

—¿No sería fabuloso desnudarla y llevarla [Lupescu] por las calles en una jaula para que todo el mundo la viera? —decía un famélico campesino en voz alta al visitar la opulenta finca de Elena Lupescu.

—Tenían que haberla arrastrado desnuda por las calles y lapidarla —exclamó un campesino igual de famélico al visitar la finca de Elena Ceausescu, medio siglo después.

El nazismo y el comunismo contribuyeron a agudizar, más allá de todo límite imaginable, las trágicas imperfecciones de la cultura política rumana, así que Elena

2. «Abdica», rumano. *(N. de los T.)*

Ceausescu era un monstruo. Pero, aunque se la haya visto en las pantallas de televisión, sigue siendo difícil saber cómo era. Por el contrario, Elena Lupescu, a pesar de haber desaparecido hace ya mucho, es muy fácil de imaginar.

Lupescu nació en 1895 en Jassy, la capital provincial de Moldavia, uno de los peores sitios en Europa en que pueda nacer un judío. En Rumania, y salvo por la comunidad étnica alemana en Transilvania y la vecina Banat, los judíos constituían la burguesía por excelencia. Más aún que en cualquier otra nación de Europa oriental, formaban por sí solos la clase media del país, ocupando su lugar entre los aristócratas terratenientes y la masa campesina. Esto hacía que los judíos fueran intensamente odiados por la sociedad rumana, incluso por sus elementos más cultos y liberales. Los mayores poetas e intelectuales de Rumania, como Mihai Eminescu y Nicolae Iorga, eran, según Goldie Horowitz, «antisemitas de los pies a la cabeza». Y como, geográficamente, Moldavia era la parte más vulnerable del país, además de ser el centro histórico del nacionalismo rumano, el antisemitismo cobraba mayor auge en esta región que en otras partes de Rumania. A principios de los años veinte, cuando el antisemitismo en Moldavia pasó de fijarse en los aspectos religiosos a ocuparse de los raciales —la legión fascista del Arcángel Miguel había nacido en Jassy—, el hecho de que los padres de Elena Lupescu se hubieran convertido al cristianismo ya no podía servirle de gran ayuda. Por mucho que un judío jurara que se había convertido, para el campesino rumano el judío nunca dejaría de ser judío.

Casada con un teniente de artillería, Elena Lupescu engañó a su marido con varios soldados de su regimiento antes de dejarle. Alta, «pelirroja como el fuego», ojos verdes, «cutis blanco como la magnolia» y «contoneantes caderas», estaba resuelta a sacar el máximo partido de sus encantos. Urdió un astuto y minucioso plan para encontrarse en dos ocasiones en presencia de Carol, y que éste no tuviera más remedio que fijarse en ella. Hannah Pakula, biógrafa de la reina María, piensa que «lo que seguramente atrajo a Carol fue su arrogante vulgaridad». Con Carol ya medio seducido, Lupescu empezó a hacer numerosas apariciones en público ataviada con vestidos negros estilo Chanel que, según Goldie Horowitz, «hacían resaltar la blancura de su piel y el llameante color de su cabello».

La Rumania del rey Carol era como la historia del Purim de la Biblia, pero a la inversa. Como el ambiente racial en Rumania antes de la guerra era mucho más siniestro que el que reinaba en Persia en los tiempos del Antiguo Testamento, la Lupescu, aun queriendo, no hubiera podido hacer gala de sus talentos en el dormitorio real para salvar a su gente, como lo hiciera Esther. Muy al contrario, los rumanos se sentían humillados porque el rey había abandonado a su mujer por una judía.

Mientras los legionarios fascistas emprendían su carnicería de judíos en Bucarest, la Lupescu acompañaba en el exilio a Carol, atravesando Europa, de Oriente a Occidente, con destino a México. Allí pasaron los años hasta acabar la guerra. Luego fueron a Brasil, donde Carol contrajo matrimonio con Elena, concediéndole el título de princesa real. Más tarde fijaron su residencia en Portugal, donde murió Carol en el año 1953. Al morir éste, la Lupescu se juntó con el que había sido primer ministro de Carol, Ernesto Urdareanu.

Con él vivió lujosamente en Estoril, lugar de veraneo en la costa portuguesa, gracias al oro y demás valores que Carol y ella habían sustraído y cargado en el tren de los nueve vagones. Elena Lupescu murió en 1977, totalmente realizada como mujer.

Elena Lupescu parece que sale directamente de las novelas de Petru Dumitriu: codiciosa, despiadada y viva como ella sola. En *Los prodigios* incluso hay un personaje,

Elvira Vorvoreano, de soltera Lascari, con «grandes ojos verdes» que, tras acostarse con quien fuera necesario para llegar al dormitorio del rey, fracasa por completo con este último. Ya no le queda más que morir como un frágil e insignificante cero a la izquierda, y Elvira se tira al suelo, «retorciendo y mordiendo sus puños agarrotados, pegando extraños chillidos como una fiera». Es fácil imaginar a Elena Lupescu en semejante situación, si tal hubiera sido su destino.

Nacida en un mundo de enemigos, rodeada por la violencia del odio racial, desprovista de medios para protegerse, la Lupescu hizo lo que tenía que hacer: subastó su cuerpo —que era lo único que tenía— entre todos los posibles compradores, eliminándolos de uno en uno hasta llegar al rey. Como siempre, en los Balcanes no puede uno detenerse en consideraciones morales cuando se trata de sobrevivir.

La historia de Elena Lupescu es la historia de Rumania. Sin duda se percató de ello Petru Dumitriu, el mejor novelista contemporáneo del país, ya que sus personajes más reales siempre tienen algo de ella. Rumania siempre estuvo sola también, rodeada de enemigos que querían hincarle el diente.

Los rumanos se dicen de raza latina y hablan un idioma románico, se hallan sumidos en un violento mar de eslavos, al tiempo que viven olvidados por el resto del mundo latino.

Su historia comienza en el año 101 de nuestra era, cuando legiones romanas bajo el mando del emperador Trajano conquistaron el territorio de Dacia, en el sureste de Europa. Durante ciento cincuenta años, los soldados romanos se entremezclaron con las mujeres del lugar, creando, según la teoría de los historiadores rumanos, una raza latina que ha conservado su pureza racial hasta hoy. En realidad, los romanos sólo fueron los primeros de las olas de invasores que arrasarían esta tierra, mezclándose con sus habitantes. Ya lo dice el historiador americano de origen húngaro John Lukacs, aunque en un tono poco halagador: «La historiografía y propaganda oficial de Rumania declaran que los rumanos descienden directamente de las legiones de Trajano. Es como si Ronald Reagan se dijera descendiente de Pocahontas[3]. Sin embargo, hay un toque burlesco en la latinidad de muchos rumanos que resulta muy semejante al europeísmo de los argentinos.»

Lo cierto es que su físico guarda mayor parentesco con otras razas latinas que con los eslavos y húngaros que los rodean. Es indudable que la lengua rumana es latina, pese a las numerosas palabras eslavas, turcas y griegas que contiene. En cuanto a la gente, tienen algo de teatral y de sensual como los italianos; ya sea en política, en su vida cotidiana o simplemente en la forma de hablar y gesticular, el viajero no hallará este tipo de rasgos en ninguna otra parte de Europa oriental.

Adrián Poruciuc, especialista en historia y etnología rumana de la Universidad de Cuza, en Jassy, recuerda que «ciento cincuenta años apenas representan una milésima de segundo en el tiempo. Las legiones romanas permanecieron mucho más tiempo en Gran Bretaña que en Rumania. ¿Acaso dejaron huellas raciales y lingüísticas en ese país? Casi ninguna. Pero fíjense en nosotros. Esto me induce a pensar que, además de los romanos, seguramente hubo algún otro elemento latino en nuestra raza, pero que aún lo desconocemos».

No podemos excluir la posibilidad de otro influjo latino durante los oscuros siglos que siguieron a la retirada de las legiones. Rumania tiene la situación geográfica

3. La hija de un jefe indio. Personaje histórico que aparece en diversas obras literarias norteamericanas. *(N. de los T.)*

menos envidiable de toda Europa. Sus históricas tierras de Moldavia y Valaquia, regadas por el Danubio, se encuentran al este y al sureste de los Cárpatos, completamente abiertas a las invasiones de Rusia y de Ucrania al este, y de Turquía, al sur. Ni siquiera Polonia ha sido tan apaleada. Ha sufrido una invasión tras otra: bizantinos, visigodos, los hunos bajo Atila, ávaros, gépidos, eslavos, búlgaros, húngaros, tártaros, turcos y otros más. En el siglo IX, la ocupación por parte de los búlgaros recién convertidos al cristianismo hizo que los rumanos cambiaran sus tradiciones cristianas latinas (instituidas en Rumania por el emperador Constantino en el año 325) por los ritos eslavos de Oriente; el hecho rompió un importante lazo psicológico con el resto del mundo latino.

A partir del siglo XIV, los turcos sometieron al campesinado a un régimen de terror y constante hostigamiento. Esporádicamente, los voivodas locales pudieron negociar con los invasores turcos para obtener un cierto autogobierno. En el año 1391, Mircea el Viejo hizo llegar un cuantioso tributo a los turcos para que pusieran fin a una sucesión de alborotos en Valaquia. Sesenta y cinco años más tarde, Vlad el Empalador (el histórico Drácula) y Esteban el Grande hicieron correr mucha sangre, se confabularon con los húngaros, los turcos y otros para adjudicarse tierras en Valaquia y Moldavia, principados sin consistencia que morirían con ellos.

La crueldad de Vlad era el emblema del siglo XV en los Balcanes. Su forma de ejecución predilecta era el empalamiento (de ahí su nombre): se pasaba un largo y afilado palo por el ano de la víctima, haciéndolo salir por el estómago. Luego, los soldados levantaban al condenado y plantaban la otra punta del palo en el suelo hasta producirse la muerte, lo que a veces suponía muchas horas de agonía. Vlad mató a millares y millares de turcos de esta manera, y a no pocos de sus propios conciudadanos.

En el año 1600, Miguel el Valiente consiguió, aunque por poco tiempo, la unión de Valaquia y Moldavia bajo un gobierno local por primera vez en la historia. Pero el nuevo reino se derrumbó al año siguiente. A pesar de su independencia, los campesinos seguían sufriendo, perseguidos esta vez por sus propios voivodas que les exigían tributos casi tan abrumadores como los impuestos de los turcos. A partir de 1630, los turcos pusieron la administración de Valaquia y Moldavia en manos de fanariotes, o griegos procedentes del rico y elegante distrito de Fanar («faro») en Constantinopla. Iban envueltos en pieles, mantos de terciopelo y turbantes adornados con diamantes, y no tenían nada que envidiarles a los turcos en cuanto a su habilidad para sangrar a los campesinos. Mientras tanto, en Transilvania, al otro lado de los Cárpatos, los campesinos rumanos eran el último eslabón de un sistema medieval de apartheid, sometidos a sus opresores húngaros y alemanes étnicos.

«Los campesinos rumanos son como la *mamaliga* [gachas de maíz]», rezaba un dicho del lugar; «por mucho tiempo que se les tenga hirviendo no se pasan».

Pero cada vez que se les ocurría explotar, como en las revueltas campesinas de Transilvania en 1437 y 1514, y en las rebeliones de Valaquia y Moldavia en 1784, las secuelas fueron espeluznantes: se despedazaban los cuerpos con tenazas, y se cocían los pedazos para luego introducirlos en la boca de otras víctimas que los tenían que ingerir a la fuerza. Como lo demuestra la revolución anti-Ceausescu de 1989, la historia rumana se sigue inspirando en el mismo patrón: largos períodos de docilidad interrumpidos por erupciones de violencia tan breves como espectaculares.

Los turcos y los húngaros no eran los únicos depredadores que amenazaban a los campesinos de la región. En los siglos XVIII y XIX, la Rusia zarista invadió Rumania media docena de veces. Y en 1878, al liberar Rusia a Bulgaria del yugo otomano con la ayuda de tropas rumanas, por todo agradecimiento el Congreso de Berlín de Bismark insistió para que Rumania le cediera Besarabia al zar[4]. «En Rumania», escribe el columnista William Pfaff, destinado en París, «el pueblo ha estado acostumbrado siempre a la traición y dan el fracaso por sentado».

Con el apoyo de la diplomacia francesa, Valaquia y Moldavia lograron reunirse bajo un único dirigente, el coronel Alexandru Ion Cuza, formando una nación rumana independiente el 23 de diciembre de 1861. Pero la administración de Cuza no fue sino una combinación de incompetencia y de desenfrenada corrupción. Tanto los aristócratas como los campesinos pedirían su cabeza sin tardar. En 1866, cuando oficiales del ejército rumano hicieron irrupción en la residencia de Cuza, en Jassy, con intención de hacerle abdicar, le encontraron en la cama con la nuera del rey de Serbia. «Rumania», escribe Manning en *The Balkan Trilogy*, «es como un irresponsable que hereda una prodigiosa fortuna [bosques, ríos, petróleo, minerales...] y lo gasta todo en vulgares estupideces.»

Los rumanos pensaron que les iría mejor con un soberano extranjero, y coronaron a un primo prusiano del káiser Guillermo I, el príncipe Karl de Hohenzollern Sigmaringen. Karl reinó bajo el nombre rumano de Carol I (tío abuelo de Carol II).

Carol I tenía veintisiete años cuando, en la primavera de 1866, para que no le reconocieran en Austria (que, junto con Rusia y los turcos otomanos, pretendía obtener su parte de Rumania), viajó de incógnito a Bucarest en un vagón de segunda clase, con gafas rosas para protegerse del polvo y una cartera llena de dinero. Era una forma poco halagüeña de inaugurar una monarquía que tras la anarquía sembrada por Cuza debía forjar un Esta-

4. Besarabia constituye la parte oriental de Moldavia, entre los ríos Prut y Dniéster.

do rumano viable y más extenso, y todo para que luego llegara Carol II y lo echara todo a perder.

Aunque John Reed hable de Carol I como de «un insignificante reyezuelo alemán... en un pequeño e insignificante palacio», era lo que necesitaba el país: un severo prusiano, trabajador obsesivo que prefería un alojamiento espartano a la vida lujosa, y las tareas administrativas a los placeres de la carne. A pesar de sentirse estrechamente unido a su Prusia natal, lo último que hizo Carol antes de morir en 1914 fue negarse a entrar en guerra del lado de su primo, el káiser; decisión de gran alcance que conduciría a Rumania a luchar más tarde del lado de Gran Bretaña y Estados Unidos, ganando territorio en los acuerdos de paz.

Sin embargo, no todas las decisiones de Carol fueron así de sabias. Su despreocupación por los campesinos hizo estallar en 1907 una ola de violencia que terminaría con la institución de reformas agrarias ineficaces. Otro error fue su decisión de contraer matrimonio con la princesa Isabel de Wied, una delicada poetisa, más conocida por su seudónimo *Carmen Sylva*, que organizaba tertulias artísticas en palacio, aunque no se permitía ni publicar nada ni realizar críticas. Isabel decretó que toda la corte tenía que ir vestida con trajes regionales. No cabe duda que le hizo un gran favor a Rumania (al menos durante una generación) al no darle un príncipe heredero. Esto obligó a Carol a nombrar como sucesor a su sobrino, el príncipe Fernando de Hohenzollern Sigmaringen.

Fernando no tenía confianza en sí mismo y siempre le resultaba difícil tomar una decisión. Por fortuna para Rumania, acertó en su matrimonio. Nieta de la reina Victoria, la princesa María de Edimburgo se convirtió en María Windsor Hohenzollern de Rumania, una reina sacada de una novela rosa.

María era bella, alegre e irremediablemente romántica. Excelente amazona, tenía bajo su mando un destacamento de caballería. Aprendió a hablar el rumano a la perfección y tomó como amante a un inteligente y bien parecido aristócrata, Barbo Stirbey. Durante la Segunda Guerra de los Balcanes viajó a Bulgaria, hasta el lugar donde se encontraban las tropas rumanas, diezmadas por el cólera, y lo hizo vadeando «en el fango con sus botas de equitación... animando a los soldados y obsequiándoles con víveres», escribe su biógrafa, Hannah Pakula, en *The Last Romantic* (*La última romántica*). Durante la Primera Guerra Mundial, cuando la familia real rumana tuvo que marcharse de Bucarest a Jassy, sitiada por las tropas alemanas, la reina, al contrario de las demás enfermeras, se negó a protegerse con guantes cuando colocaba la mano en los labios de sus soldados agonizantes por el tifus. Su gallardía reconfortando a los soldados desde una proximidad tan arriesgada le valió, merecidamente, el sobrenombre de *La reina soldado*.

La reina María pasó los últimos años de su vida en una constante preocupación por la escalada del nazismo y del comunismo, y por el destino de Rumania, tras el caos político sembrado por su hijo, Carol II. Por suerte para ella, murió en 1938, antes de que sus peores temores se convirtieran en realidad[5].

Con la huida al extranjero de Carol II y Elena Lupescu en septiembre de 1940, los rumanos pensaron que por fin el país había logrado deshacerse de sus demonios. Pero los demonios de la historia rumana estaban a punto de desmandarse, animados primero por Hitler y luego por Stalin.

Las costumbres rumanas siempre han sido un desgraciado y peligroso palimpsesto, y precisamente por eso

5. Véase el epílogo de *The Last Romantic* por Hannah Pakula.

atrae a escritores y periodistas. A la inclinación latina por lo melodramático, se le sumó la propensión bizantina por la intriga y el misticismo, heredada a su vez de la religión ortodoxa y de siglos de influencia política y cultural bizantina. La vena mística se volvía más intensa con el paisaje de los Cárpatos, oscurecido por los bosques de abetos infestados de osos y de lobos, cuna de espíritus y supersticiones y del folclore más rico de Europa. No es ninguna casualidad que Bram Stoker, el dublinés autor de *Drácula*, escogiera Rumania como escenario de su novela.

Corneliu Zelea Codreanu salió de ese mundo. En 1927, a los veintiocho años de edad, Codreanu oyó la voz de Dios que le llamaba desde un icono de san Miguel Arcángel, un santo guerrero que los campesinos de los Balcanes vinculaban con la lucha contra los turcos musulmanes. Codreanu, campesino culto influenciado por las enseñanzas antisemitas de los catedráticos de la Universidad en Jassy, escuchó la voz y formó la legión del Arcángel Miguel, cuya rama militar más tarde se conocería como la Guardia de Hierro. Para Codreanu, la legión era «una orden religiosa» que unía a todos los rumanos «en una misión heroica»: los que viven, los que aún no han nacido y los que ya han muerto. Organizó la legión en *cuibs* (nidos o células) de trece miembros cada uno. Para pertenecer a un *cuib*, el iniciado tenía que chupar la sangre de las heridas que los demás miembros se autoinflingían en el brazo, y luego escribir un juramento con su propia sangre, prometiendo cometer cualquier asesinato que se le ordenara. Antes de salir a matar, cada hombre vertía veinticinco gramos de su sangre en una copa. El contenido lo bebían entre todos, hermanándose así en un nexo mortal. A los miembros también se les obligaba a llevar cruces y saquitos de tierra rumana colgados en el cuello. Desde luego, no eran prácticas habituales ni del fascismo ni del comunismo rumanos.

Alto y apuesto, Codreanu tenía ojos cautivadores y las facciones esculturales de una estatua romana. Sus seguidores le llamaban «Capitanul» (capitán). Le gustaba vestirse enteramente de blanco y montar su caballo blanco a través de los pueblos de los Cárpatos. Allí le adoraban como a un dios campesino —el enviado de san Miguel Arcángel en la tierra—. Al casarse Codreanu, 90.000 personas se juntaron en una procesión nupcial.

El rey Carol II veía un peligroso rival en la persona de Codreanu, sobre todo desde que Hitler le había dicho sin rodeos, durante una reunión en Berchtesgarten en 1938, que prefería que Codreanu fuera «el dictador de Rumania». Carol, puede que por su desmesurada arrogancia, no era ningún cobarde. Como contestación al Führer, mandó que Codreanu y otros trece legionarios fueran estrangulados en noviembre de 1938, y luego hizo circular el rumor de que Codreanu «se había vendido a los judíos» (precisamente de lo que acusaba Codreanu a Carol en virtud de sus relaciones con Elena Lupescu).

Pero los rumanos nunca creyeron que su Capitanul se hubiera vendido a los judíos. Para la masa campesina, Codreanu seguía vivo, y muy vivo. «Como un tribuno mártir a la vez que profeta, así se lo imaginaban los rumanos», escribe Horowitz. Muchos campesinos decían haber visto al Capitanul montando su caballo blanco en los bosques de noche durante las semanas y los meses que siguieron a su supuesta ejecución. Más tarde, la Iglesia ortodoxa rumana le proclamó santo nacional.

El fantasma de Codreanu superó a Carol. Las multitudes abarrotadas en la gran plaza frente al Athenee Palace gritando «*¡Abdica!*» a finales del verano de 1940 creían que la pérdida de Besarabia en favor de la Unión Soviética, el sur de Dobruja, de Bulgaria, y el norte de Transilvania, de Hungría, eran el castigo de Dios a la nación rumana por tolerar la presencia de un rey que se acostaba con una judía y que había asesinado a su Capitanul. Al huir Carol con Lupescu, aparecieron carteles por todo Bucarest con el retrato de Codreanu y las palabras «Corneliu Zelea Codreanu-Presente».

La revolución de 1940 que derrocó al rey Carol dejó a su hijo de dieciocho años, Miguel, como rey figurón. El verdadero poder estaba en manos de una Junta Militar apoyada por los nazis y encabezada por un oficial de caballería de la Primera Guerra Mundial, alto y pelirrojo, el general Ion Antonescu, que padecía de brotes de fiebre sifilítica y que sería más conocido por el sobrenombre de *Perro Rojo*. La primera medida de Antonescu, como jefe de Estado, fue incluir a varios legionarios en su gabinete y ordenar a todos los rumanos que fueran a la iglesia a blasfemar contra el ex monarca.

Pero los miembros de la legión no se habían apaciguado, y el terremoto que destruyó diez mil hogares en Bucarest a principios de noviembre de 1940 pareció darles la razón. En *Athenee Palace Bucharest*, Horowitz escribe: «Quizá si no hubiera habido el terremoto, no se hubieran producido las trágicas *noches de los cuchillos largos*. Para un pueblo tan religioso y supersticioso como el rumano, este terrible terremoto se interpretó como un castigo divino por haber dejado a sus mártires sin venganza.»

Así pues, los legionarios se aprestaron a vengar a sus mártires. Empezaron asesinando a sesenta y cuatro oficiales y partidarios del antiguo régimen de Carol; luego, fulminaron el barrio judío de Bucarest, «matando, saqueando e incendiando», según las palabras de Robert St. John, corresponsal de la Associated Press en Bucarest. Después, asesinaron al intelectual rumano más conocido del siglo XX, Nicolae Iorga. Le quitaron, uno por uno, todos los pelos de su larga barba blanca y le hicieron tragar un periódico de corte liberal, torturándole hasta la muerte. (Aunque públicamente antisemita, Iorga era también un intelectual liberal para los rumanos, y más aún para los legionarios.) Por fin, los legionarios organizaron un funeral público en Bucarest para enterrar a Codreanu y a los otros trece legionarios asesinados por Carol dos años antes.

St. John describió a la gran multitud que asistió al funeral: «Parecía que se habían vuelto locos... Me acordaré mientras viva porque ese día vi lo espantoso que puede ser el fanatismo religioso cuando se pierde el control... Era como un pelotón de linchamiento compuesto por 155.000 personas.»

Los temores de St. John estaban más que justificados. Unas semanas después, el 21 de enero de 1941, los legionarios se dieron una verdadera fiesta de sangre que duró tres días. Pretendían quitarle el poder a Antonescu, que para ellos no era suficientemente fascista. Quemaron siete sinagogas y fueron de casa en casa en el barrio judío, violando y torturando a las mujeres delante de sus maridos e hijos. Llevaron a un grupo de judíos hasta el bosque de Baneasa, al norte de Bucarest (cerca del aeropuerto que ahora se utiliza para los vuelos nacionales), los dejaron desnudos en la nieve, y les dispararon. Los gitanos acudieron a la mañana siguiente para llevarse los empastes de oro de las víctimas. La noche siguiente, los legionarios cogieron a otros doscientos judíos y los llevaron al matadero municipal, donde los desnudaron e hicieron pasar por todas las fases de la matanza en una cinta transportadora, como si de ganado se tratara.

«A veces resultan difíciles de creer los relatos sobre las atrocidades cometidas por los legionarios durante el pogromo, pero nosotros vimos algunas de ellas con nuestros propios ojos, contamos los cuerpos, reparamos en las mutilaciones...»

La *Enciclopedia Universal Hebrea* lo califica como «una de las persecuciones más brutales de la historia». Y esto ya es decir, teniendo en cuenta que se escribió después de la Segunda Guerra Mundial, recalca St. John.

Los legionarios cayeron luchando, disparando desde los tejados a los transeúntes y a los tanques y soldados de Perro Rojo en las nevadas calles de Bucarest, hacia finales de enero de 1941. Los que no murieron ni fueron capturados se exiliaron en la Alemania nazi, la Italia fascista y, sobre todo, en la también fascista España. Entre los que escaparon, figuraba Horia Sima, el maniaco de pelo largo que se había convertido en el jefe de los legionarios tras la muerte de Codreanu y que fue el responsable principal del pogromo y de la masacre en el matadero. Parece ser que Sima siguió viviendo en España, al menos hasta 1990, en el más absoluto anonimato, olvidado incluso del servicio secreto israelí y de los cazadores de nazis.

Los legionarios perdieron su posibilidad de acceso al poder porque Hitler los abandonó de repente en favor de Antonescu. Al término de la reunión que mantuvo con él hacia finales de 1940 en Berlín, el Führer comentó a su séquito que «entre todos esos latinos [categoría que para él incluía a Mussolini, Franco, Pétain y Laval] prefería al pelirrojo general rumano». En ese momento, Rumania, para Hitler, era sinónimo de «materias primas»; concretamente, el petróleo de los importantes yacimientos de Ploesti, a unos ochenta y cinco kilómetros al norte de Bucarest, podía abastecer a los tanques alemanes durante la inminente invasión de Rusia. Y se podía contar con Antonescu mucho más que con unos legionarios versátiles para mantener la orden de requisa sin alterar la marcha normal de la economía local, para que los alemanes pudieran extraer y transportar el preciado líquido. En cuanto a la tarea de matar judíos, Hitler acertó de pleno al escoger a Antonescu. Este último, al que muy pronto se le llamaría *Conducator* (Führer en rumano y título que más tarde se adjudicaría Ceausescu), demostró estar a la altura de las exigencias del programa de genocidio de Hitler, asesinando a innumerables personas.

Así cayó el telón sobre la historia de Rumania, vista desde el vestíbulo del Athenee Palace. Goldie Horowitz describe en estos términos su salida del hotel a finales de enero de 1941, una vez aplastada la rebelión de los legionarios y con el Conducator Antonescu supervisando la tranquila afluencia de asesores militares y personal de logística venidos de Alemania: «Bucarest, última capital del encanto internacional en el continente europeo, ya no era más que una parada y fonda para los soldados alemanes que se dirigían hacia el sur.» Y sin saber que se trataba de una premonición de lo que aún tenía que ocurrir en el país, la autora añadió: «El día en que me dirigía a la estación de Bucarest, soplaba un fuerte viento desde Rusia...»

En diciembre de 1989, y por primera vez desde enero de 1941, los periodistas volvieron a llenar las habitaciones de los hoteles de Bucarest, aunque ahora preferían el Intercontinental al Athenee Palace. Pero el espectáculo revolucionario que presenciaban tenía un inquietante parecido con el que observaron Horowitz, St. John, Sulzberger y otros desde el Athenee Palace.

Desde la misma gran plaza delante del Athenee Palace que los rumanos abarrotaron una vez para gritar «*¡Abdica!*» al rey Carol II y a Elena Lupescu, los rumanos ahora vociferaban «*¡Abajo con el dictador!*» a Nicolae y Elena Ceausescu. Como Carol y todos los terratenientes medievales, los Ceausescu habían protagonizado un doble juego contra las grandes potencias y habían perdido. Los hombres de la Securitatae del dictador murieron en una ola de violencia que recordaba la resistencia suicida de los legionarios frente a los tanques y a los soldados de Antonescu en esas mismas calles invernales. Los agentes que consiguieron escapar se exiliaron en Libia, Italia o España. Ion Iliescu y su Frente de Salvación Nacional —grupo compuesto por antiguos comunistas, místicos y demagogos con antecedentes criminales— eran ahora aclamados como «los salvadores de la nación», las mismísimas palabras usadas para describir al gobierno casi legionario de Antonescu cuando sustituyó al rey Carol.

Pero pocos eran los periodistas que habían leído los libros escritos por una generación anterior sobre el mismo lugar. Pintaron la revolución rumana como un hecho único, cuando no lo era, ni siquiera en el contexto de la historia moderna del país[6].

Sólo me quedé unos días en el Athenee Palace. Luego metí en mi mochila una serie de libros —sobre todo escritos por británicos que habían viajado por el campo rumano en las primeras décadas de este siglo, en los tiempos de la reina María y de Carol II—. Había mucho que ver. Después de Polonia, Rumania era el país más grande y más poblado del que fuera imperio europeo oriental de la Unión Soviética. Las montañas de los Cárpatos serpentean en el corazón del país, dividiendo el interior en muchas regiones distintas. El resultado es que la Rumania rural presenta una diversidad y espectacularidad en su paisaje mayor que Polonia (o cualquier otro país de Europa oriental) y está mucho menos explorada. Quise averiguar cómo cinco años de nazismo, seguidos de cuatro décadas y media de estalinismo, habían afectado a este paisaje y a las gentes que lo habitaban.

Por lo tanto, una mañana de los primeros días de la primavera de 1990, antes del amanecer, dejé el vestíbulo del Athenee Palace y me fui andando hacia la estación.

6. El columnista William Pfaff y el corresponsal de *The New York Times*, David Binder, estaban entre las excepciones.

6

El amargo final del Danubio

Los asientos del oscuro y frío compartimiento de primera clase estaban desgastados y rotos. No había podido comprar nada de comer en la estación Norte de Bucarest. Ya en el tren, en uno de los vagones de cola, localicé el bar que vendía pastelillos rancios sobre un mostrador de chapa, lleno de grasa, y un café tibio de color bilioso oscuro. Recordé al príncipe Yakimov, el arruinado aristócrata ruso de Olivia Manning —el personaje más simpático de *The Balkan Trilogy*—, «mascando los pastelillos de soja secos y dando sorbos de aquel café gris» en un tren que partía de la estación Norte, en 1940, rumbo a Transilvania, donde, como otro de los pasajeros le dijo, «la gente no tiene qué comer».

Transilvania se encuentra en el noroeste. Tenía pensado ir allí, pero más adelante. De momento me dirigía hacia el este, hacia el mar Negro; después pretendía describir un arco por el norte, en sentido inverso al de las agujas del reloj, bordeando Rumania por completo antes de regresar a Bucarest.

El compartimiento estaba lleno de polvo de cemento y apestaba a orina, queso rancio, salchichas, tabaco, licor de ciruela, sudor acre y ropa sucia. Era una mezcla extrañamente cálida e íntima, no tan desagradable como cada uno de estos elementos sugieren por separado; en mayor o menor grado, me acompañó en todos y cada uno de mis desplazamientos por Rumania. En la obra de

Manning, el príncipe Yakimov asocia ese olor con el de la cerveza picada.

Durante dos horas la vista desde la ventanilla no varió; un llano y lúgubre mar de polvo salpicado de prados recortados en formas cuadradas. Aquí y allá podían verse silos y bloques de apartamentos que se elevaban en carcelaria soledad: barrios construidos de la noche a la mañana con pocos recursos, de los cuales emergían figuras que parecían de barro, con pañuelos en la cabeza o sombreros de piel marrón con orejeras. Aquélla era la provincia de Valaquia, de vital importancia para Rumania, que se extiende por la parte sur del país desde el valle del Jiu —centro minero del país— en el oeste, pasando por Bucarest, hasta el Danubio, en el este.

El Danubio dobla en longitud a cualquier otro río de Europa. En su viaje de 2.860 kilómetros, desde la región alemana de la Selva Negra hasta el mar Negro, atraviesa siete países[1]. Esto lo convierte en un símbolo unificador: un río de esperanza, inspiración y paradigma. «La corriente del Danubio armoniza cualquier discordia o nacionalidad, y su espíritu es el espíritu paneuropeo», escribe Walter Starkie, un excéntrico irlandés que viajó con los gitanos por Hungría y Rumania en 1929, y cuyo libro *Raggle-Taggle* llevaba en mi mochila.

Pero me dirigía a la desembocadura olvidada del río, que pocos viajeros —Starkie incluido— se habían molestado en visitar, sobre todo en las últimas décadas.

En su mayor parte, el Danubio discurre idílicamente por las praderas alpinas del sur de Alemania y Austria, así como por Budapest y Belgrado, antes de formar la frontera entre el suroeste de Rumania y Yugoslavia y entre el sur de Rumania y Bulgaria. Pero no muy lejos del mar Negro, el río cambia su curso. En vez de continuar como

1. Los siete países son: Alemania, Austria, Checoslovaquia, Hungría, Serbia, Bulgaria y Rumania.

río internacional, su carácter se vuelve puramente rumano, discurriendo unos 160 kilómetros en línea recta hacia el norte, por el interior de Rumania, antes de girar de nuevo hacia el este y ramificarse en innumerables vías fluviales de menor tamaño que desembocan en el mar.

Mi tren me reunió con el Danubio en Cernovoda («Agua Negra»), nombre que resulta inquietantemente parecido al de Chernóbil. Aquí, en una de las zonas sísmicas más inestables del mundo, Ceausescu había decidido construir la primera central nuclear rumana. La planta nuclear no era sino un añadido más a un monstruoso complejo hidroeléctrico y de transportes que se levantaba a orillas del Danubio, complejo que desde 1949 había sido el principal «proyecto heroico» industrial del comunismo rumano, y que simbolizaba, como rezaba un informe de la época, «la alianza socialista entre el hombre y la máquina».

La historia cuenta que Stalin decidió entregarle el poder de Rumania a Gheorghe Gheorghiu-Dej, en el transcurso de una reunión con él cuando era representante de los trabajadores del ferrocarril rumano[2]. Como preparación para su futura tarea, Stalin le dio un consejo:

—Debes mantener al pueblo ocupado. Dales un gran proyecto que llevar a cabo. Haz que construyan un canal o algo parecido.

Y así, Gheorghiu-Dej —que gobernó el país hasta su muerte en 1965— anunció la construcción del «canal Danubio-mar Negro». Si el canal se completaba, los cargueros se ahorrarían los 400 kilómetros (primero hacia el norte y después hacia el este) desde Cernovoda hasta el mar Negro, ya que Cernovoda y la parte rumana de Constanta, a sólo sesenta kilómetros al este, quedarían unidas.

2. El régimen fascista de Antonescu había sido derrocado y el país ocupado tras la victoria rusa al final de la Segunda Guerra Mundial.

En realidad, el proyecto carecía de base. No estaba nada claro que el tránsito comercial por el río con Centroeuropa fuera tan importante como para que Rumania se beneficiara mediante el cobro de aranceles por el uso del canal. En las primeras fases del proyecto, entre 1949 y 1953, afirma el novelista Petru Dumitriu, más de cien mil trabajadores perdieron su vida debido a accidentes laborales, jornadas agotadoras y desnutrición. La mayoría de estos obreros eran prisioneros, incluidos los prisioneros políticos relacionados con la intelectual judía Anna Pauker. Gheorghiu-Dej había aplastado brutalmente el ala internacionalista de Pauker del Partido Comunista Rumano con la ayuda de un antiguo zapatero y ladronzuelo (que entonces andaría por los treinta años) natural de Valaquia y de nombre Ceausescu.

En 1953, cuando Gheorghiu-Dej había acabado con toda sombra de oposición en Rumania, tanto dentro como fuera del partido, las labores de construcción del canal se vieron bruscamente detenidas. Durante los veinte años que siguieron, en los que Rumania experimentó escasas liberalizaciones comunistas, el proyecto fue oficialmente olvidado. En 1973, en plena operación de imagen que rendía culto a su persona, y que no era sino parte de una vuelta absoluta hacia el estalinismo, Ceausescu anunció no sólo que se reanudaban los trabajos en el canal, sino que además se iban a construir un nuevo puerto cerca de Constanta y una central nuclear en la zona.

Ocho años más tarde, en el invierno de 1981, visité el canal y el emplazamiento de la planta en Cernovoda. Llevaba puesta mi ropa más sucia y metí una botella de licor de ciruela dentro de una bolsa de papel marrón para no despertar sospechas a los soldados de la milicia o Securitatae, a los que no les gustaba sorprender a ningún curioso merodeando. Recuerdo los campos helados, las matrices de las grúas asentadas sobre plataformas en un Danubio obstruido por los bloques de hielo, y los cráteres excavados por los hombres en la base del canal y de la planta nuclear. La hilera de camiones transportando la tierra que extraían se extendía varios kilómetros. Por todas partes se oía el ensordecedor rugido de las hormigoneras. El lodo, la vegetación y el río se fundían en una única y monótona desolación. Recuerdo una pista de barro helado en la que cientos de trabajadores, envueltos en capas y chaquetones, hacían cola en silencio para recoger su ración de pan, una sopa en lata y diez gramos de mantequilla. Los soldados, enfundados en gruesos gabanes que les cubrían hasta la rodilla, vigilaban a los trabajadores con rifles automáticos. Ésa era la estampa que ofrecía una parte del Danubio en los años ochenta —que recordaba la Rusia de Stalin en los años treinta—. Según algunos diplomáticos occidentales, en aquel momento el número de trabajadores esclavos en el *gulag* rumano de Ceausescu podría ascender a 700.000.

Estábamos a principios de la primavera de 1990. Las obras habían sido parcialmente abandonadas tras la revolución, y Cernovoda parecía mucho menos siniestra. Sin embargo, no estaba concluida. Me pregunté si a Ceausescu —o en su momento a Gheorghiu-Dej— les había llegado a importar de verdad si su faraónico proyecto se concluiría alguna vez. Puede que el único objetivo del canal, como el de los grandes complejos siderúrgico, metalúrgico y petroquímico —todos obsoletos para cuando se terminaron de construir—, fuera el de cumplir exactamente lo que Stalin había sugerido: servir de excusa para mantener a las masas ocupadas, para darles algo que hacer al tiempo que se les reducía a una vida de mera subsistencia en la que el espíritu humano dejaba de existir. Elena Ceausescu llegó a admitirlo. A menudo se refería a sus millones de súbditos como «gusanos que hay que controlar con el trabajo duro y el racionamiento de comida».

En su recorrido hacia el este, mi tren cruzó el Danubio para dirigirse luego hacia el norte, avanzando paralelo al río. A esta parte de Rumania entre el Danubio y el mar Negro se le denomina Dobruja; fue aquí donde se exilió y murió el poeta latino Ovidio. El paisaje, antes llano, se convirtió en un mar de cieno gris. Desde los acantilados de piedra caliza podían verse enormes extensiones de tierra seca y quemada por el sol sobre la que se apreciaban algunos pueblos y fábricas modernas. De cerca, esos pueblos no eran sino pilas de troncos y chabolas de chatarra, rodeadas de vallas de hierro oxidado y paredes de hormigón que recordaban al muro de Berlín a escala reducida. Los jardincillos entre chabola y chabola parecían basureros. En cuanto a las fábricas, desafiaban cualquier intento de descripción.

Crueles y espantosas en todo el mundo comunista, las fábricas de Rumania parecían parte de un círculo infernal: recintos cercados por alambradas de espino, repletos de montones de carbón, basura y piezas viejas de tractores, todo ello cubierto por un lodo reseco donde a veces pastaba alguna vaca u oveja. La planta se levantaba en medio, como un cuerpo sin piel: un laberinto intestinal de tuberías de color verde biliar embutidas entre planchas oxidadas que cruzaban y recorrían los grandes muros de vidrio y cemento renegrido, sobre los cuales se erigía un tejado de amianto con chimeneas de hierro que despedían bocanadas de humo negro.

«Caballos y bueyes famélicos tiraban de los carros, que transportaban contenedores de gas. Su piel era del color de la de los elefantes, y sus pasos tan torpes como los de las reses del centro del continente africano», escribió Sacheverell Sitwell, cuyo *Roumanian Journey* (*Viaje rumano*), escrito en 1937, llevaba conmigo. El paisaje rumano le recordaba a Sitwell a «Tartaria, en el corazón de Asia». Y de hecho, Dobruja recordaba a Tartaria, aunque, a diferencia de los tiempos de Sitwell, la visión no era nada agradable.

Pasé cinco horas en el tren. A pesar del frío, de los asientos rotos y de no tener nada que comer, resultó ser el viaje más cómodo de cuantos hice por Rumania. La última parada era Tulcea, a las puertas del delta del Danubio. Aquí, el enorme río se ramifica en múltiples afluentes y cientos de riachuelos que forman una extensión de marismas de unos tres mil kilómetros cuadrados —y hasta ochenta de largo—, entre Tulcea y el mar Negro.

En teoría, Tulcea debería haber sido una pintoresca ciudad, con barcos de pesca y casas de final de siglo entremezcladas con minaretes turcos y cúpulas plateadas de iglesias. Yo me encontré con filas y filas de bloques de viviendas que impedían ver el río desde las casas de fin de siglo, las mezquitas o las iglesias. Las fachadas de los bloques estaban pintadas de un color marrón rojizo espantoso. Había macetas en las ventanas, pero curiosamente no tenían flores. Tras una observación más detenida, me di cuenta de la razón. Aunque eran macetas para plantar flores —los alegres tulipanes y las rosas entusiasman a los rumanos—, habían plantado en ellas hortalizas, sobre todo cebollas y ajos, dado que probablemente no podían conseguir estos productos fácilmente.

Me adentré en uno de los vestíbulos de un edificio. Las escaleras eran de cemento visto, las puertas de madera contrachapada. Los materiales de construcción eran baratos y toscos. Entre un edificio y otro había unas gigantescas lanzas y arcos de cemento. El lugar parecía menos deteriorado que un barrio bajo americano y por supuesto era menos peligroso. Pero mientras en América los barrios bajos suelen ser el triste resultado del abuso de los propietarios y la dejadez de los inquilinos, no parecía haber nada accidental o erróneo en los edificios que vi en Tulcea.

Cuando me alejaba del río por una calle lateral me fijé en un placa que decía «Unión de artistas». Intrigado, empujé la cancela de hierro, subí los escalones y llamé con los nudillos. La puerta crujió al abrirse. En el umbral apareció un hombre que llevaba puesto un guardapolvo de pintor bajo el que asomaba un viejo traje con corbata. Sus ojos inquirieron nerviosos:

—¿Quién es usted?

Le pregunté si sabía francés. Asintió con la cabeza. Le conté que era un escritor norteamericano y que estaba recorriendo el país. La puerta se abrió más.

Se llamaba Stefan Stirbu, un artista de cincuenta y un años que había expuesto en Memphis en 1974 y en Pittsburgh en 1977. Me preparó un vaso de té y luego sacó con orgullo de su escondite unos catálogos de exposiciones y recortes de revistas de Estados Unidos —cuyo suave y resbaladizo papel contrastaba con el granuloso papel reciclado de los libros y periódicos rumanos—. Después de 1977, Stirbu no pudo volver a salir del país. Lentamente se convirtió en prisionero de aquel pequeño cuarto de Tulcea con las ventanas cubiertas de hollín. Todos los días repasaba los recortes para recordarse a sí mismo que seguía existiendo un mundo fuera y que él lo había visto dos veces.

—A principios de los ochenta se hizo muy difícil conseguir lienzos, pinturas y otros materiales necesarios; después fue ya casi imposible. Y además no había calefacción en invierno.

Tras la revolución fue algo más fácil obtenerlos, lo que permitió a Stirbu comenzar a pintar de nuevo. Pintaba iconos religiosos de colores subidos y brillantes con un estilo ingenuo y popular; todos contaban la misma historia: cómo el comunismo había intentado, aunque sin lograrlo, destrozar la familia rumana. En las últimas semanas había pintado docenas de iconos, con una media de uno al día. Le compré uno. Representaba una cruz de madera, en la que se había crucificado a una pareja de campesinos con la hoz y el martillo. Pero en una escena adyacente de resurrección, la pareja se alzaba triunfante, portando imágenes de su hogar y sus familiares.

—La religión me dio de comer en los años ochenta, y tras la revolución sólo deseaba pintar temas religiosos.

Me ofreció un camastro que tenía en el estudio. Podía quedarme cuanto deseara, me dijo.

Me confesó que era el primer occidental con el que había hablado desde 1977. Le creí. Ceausescu había prohibido a la gente hablar con los extranjeros, a no ser que luego dieran cuenta de dicha conversación a la Securitatae. Invitar a un extranjero a casa sin permiso especial se pagaba con la cárcel.

La despedida fue muy diplomática. Como acababa de pasar la Semana Santa, me despedí en rumano diciendo:

—*Hristos a inviat* [Cristo ha resucitado].

—*Adevarat a inviat* [Verdaderamente ha resucitado] —fue la respuesta.

Al parecer, aquel impulso mío de detenerme despreocupadamente ante su puerta y llamar había puesto fin a una era de oscuridad en la vida de aquel artista.

Mientras observaba los barcos de pasajeros, sentí un cierto desasosiego. Celebré haberme llevado, para las seis semanas de mi viaje, únicamente una mochila en la que los libros y un par de cosas de aseo sólo dejaban espacio para una muda. Mi aspecto no importaba, me había dicho, ya que iba a mezclarme con gente rumana cuyas ropas estarían aún más raídas que las mías. Las ventajas estaban claras: podía viajar de un lado para otro y detenerme donde quisiera sin tener que preocuparme por el equipaje, los taxis o las reservas de hotel. Decidí subirme a uno de los barcos, que ya se estaba llenando de gente. Elegí uno que iba a Sfintu George (San Jorge) por dos razones:

—De todos los pueblos del delta, Sfintu George era el más lejano, a orillas del mar Negro y a sesenta kilómetros de Tulcea por el zigzagueante canal del Danubio.

—Ni siquiera los intrépidos autores de la *The Rough Guide to Eastern Europe* (*Guía básica de la Europa del Este*) habían estado allí. No les habían dejado subir al barco porque en Sfintu George no había hotel y, hasta hace poco, era ilegal alojarse en los hogares rumanos.

Al saltar a bordo segundos antes de que desatracase, tuve la sensación de dar un salto en el vacío. Dado que los meses posteriores a la revolución del pasado diciembre habían sido fríos y con nevadas, era lógico pensar que yo era el primer occidental que llegaba tan lejos río abajo. Era mediodía. El barco no llegaría a Sfintu George hasta después del anochecer, y entonces tendría que encontrar una casa en la que alojarme. ¿Quién sabía a qué puerta acabaría llamando?

Pagué sesenta y seis lei —sesenta y seis centavos al cambio en el mercado negro, cortesía de la dirección del Athenee Palace— por un billete. No valía la pena pagar los veintiséis centavos extra por un asiento en primera, ya que iban tan atiborrados de gente como el resto del barco y sólo estaban un poco menos mugrientos.

El barco era en realidad una barcaza llena hasta los topes: un esqueleto mohoso con las tarimas carcomidas y la pintura saltada que apestaba a gasolina —del estilo de esos que de vez en cuando son noticia por naufragar en algún país remoto, muriendo la práctica totalidad del pasaje—. Los asientos estaban ocupados horas antes de partir, y los pasillos que llevaban al único aseo eran como los de un tren en hora punta; ni siquiera había espacio para estar en cuclillas. No había agua, cerveza ni vino, sólo *tuica*, el licor de ciruela rumano (hecho a veces con ciruelas pasas).

La embarcación todavía estaba en uso porque el Estado no daba fondos para comprar barcos nuevos, y como además había restricciones energéticas, los barcos a Sfintu George eran pocos y realizaban pocas travesías, de modo que iban atestados. La misma razón por la que los trenes eran tan malos y el transporte en autobús se había interrumpido por completo. Ceausescu decía que estas medidas de austeridad eran necesarias por la deuda que Rumania tenía contraída con los bancos extranjeros y que él deseaba saldar antes de poner en marcha cualquier plan destinado a hacer de Rumania un país «completamente independiente» (como lo había sido Albania). Pero la presión de aquellos codos en mis costados y el olor a alcohol en cada aliento me impidieron creérmelo. Pensaba que la deuda era un simple pretexto para imponer recortes en los gastos de combustible e infraestructuras que, al igual que el canal y los bloques de apartamentos, eran parte de una política para minar la voluntad de la gente.

La situación era tan mala que hasta el licor de ciruela sufrió las consecuencias. En todos los países comunistas, los regímenes obligaban a los granjeros a donar al Estado parte de sus cosechas. Pero en ningún país la cuota era tan severa ni el sistema tan corrupto como en Rumania, donde los granjeros se las ingeniaban para incluir en las cuotas lo peor de sus cosechas de ciruelas y pasas. Había licores en Rumania, pero los buenos eran caseros. Una vez rellenas, las botellas se taponaban con trapos o papel de periódico, porque también el corcho escaseaba.

Los forcejeos para alcanzar la cubierta merecieron la pena. A pesar del viento y de la humedad, era menos incómoda que el interior. En condiciones idénticas a aquéllas, no me habría atrevido con los barcos que navegaban por el Nilo en Sudán o por el río Zaire (Congo) en Zaire, donde el paisaje era parecido.

Al dejar atrás el muelle y el último poste telefónico de Tulcea, se abrió una monotonía de verdes y marrones: el marrón del Danubio en este canal —uno de los dos que desembocan en el mar— y el verde del *grind* —enorme extensión de cieno en la que crecían enjutos álamos y sauces, así como todo tipo de juncos y enredaderas—. Según *The Rough Guide to Eastern Europe*, éste era «el paisaje más joven e inquietante de Europa». Aquí vienen los halcones de Mongolia, los patos y cormoranes de China, y las grullas y agachadizas de Siberia, además de otras especies de aves de la India y otros lugares. Al llegar a este punto, Sitwell escribe: «El Danubio abandona la civilización y se pierde en la nada, camino de la estepa tártara». E. O. Hoppe, otro viajero en Rumania a principios de siglo, y autor de *In Gipsy Camp and Royal Palace*, describió el delta del Danubio como «una maraña de lenguas de tierra» como las del Conrad de *Heart of Darkness* (*El corazón de las tinieblas*).

A mi alrededor, los pasajeros intensificaban la sensación de haber dejado atrás Europa. Había lipovanos rusos de larga barba y sombreros cilíndricos negros, cuyos fanáticos antepasados habían llegado al delta en los siglos XVII y XVIII como refugiados religiosos que se oponían a las reformas de carácter secular del zar Pedro el Grande; también había ucranianos rubios, cuyos antepasados cristiano-ortodoxos se habían establecido en el delta, hacía doscientos años, escapando de la persecución de los católicos ucranianos.

Pude ver zíngaros (*tziganes* en rumano) con brazaletes y ropas de llamativos colores, algo apagados por el barro que llevaban encima. Existe la teoría de que las hordas tártaras de Batu Khan los llevaron a Rumania en el siglo XIII por lo bien que trabajaban el cobre.

Es probable que, durante los años setenta y ochenta, la población gitana de Rumania se multiplicase por dos alcanzando los cuatro millones, aunque el número total de habitantes siguiese siendo de veintitrés millones. A pesar de que Ceausescu prohibió el aborto y cualquier método de control de la natalidad —con el fin de aumentar la población hasta superar a los odiados húngaros—, el estado de pobreza y semiinanición al que condujo al país no sólo elevó el índice de mortalidad infantil, sino que llevó a las mujeres a abortar ilegalmente para no tener una boca más que alimentar. Por su parte, los gitanos continuaron teniendo hijos, como si nada hubiese cambiado. Ellos siempre habían vivido en la pobreza y al margen de la ley.

Los gitanos que vi en el barco parecían ser del peor tipo de gitanos que hay: borrachos, peligrosos y con una incorregible tendencia al hurto. E. O. Hoppe escribe que lo más «preciado» para un gitano rumano es su violín. «Quítaselo y será un hombre destrozado.» Aquellos gitanos no tenían violín. En *Raggle-Taggle*, Walter Starkie escribió todo un tratado sobre los trovadores gitanos de Hungría y Rumania. Pero en ningún lugar —ni siquiera en ese barco, ni en los sitios que visité por todo el país— reconocí «la música de extrañas cadencias y floridos trinos» que Starkie había descrito. Mucho tiempo atrás, Ceausescu había obligado a poner letras marxistas a todas las melodías típicas gitanas que se tocasen en público, así que pocos las tocaban y la tradición se había ido perdiendo paulatinamente. Los transistores del barco escupían a todo volumen el peor pop occidental. Pero lo que más me inquietaba era el alcoholismo.

No sólo los gitanos, sino prácticamente todos los hombres del barco (y había muchos más que mujeres) estaban borrachos o medio borrachos, ofreciendo un desagradable espectáculo.

Cuando se acabó el tuica en el bar, sacaron más de sus sacos de arpillera. Algunas botellas contenían aguardiente casero; otras, alcohol medicinal. El pasaje se iba aligerando poco a poco a medida que el barco hacía paradas. Entonces me di cuenta de que a bordo quedaban los más ebrios, amontonados en la cabina, adonde también me dirigí yo por el frío que hacía en cubierta.

En el interior, el aire era como un muro invisible que me golpeó en la cara. Las ventanillas estaban selladas y, en vez de oxígeno, se respiraba una mezcla de dióxido de carbono, vapores de aguardiente, sudor y un repugnante humo de tabaco. Había botellas vacías por todas partes. Los gitanos, los ucranianos y todos los demás se gritaban entre sí en tono violento. Vestían jerseys y chaquetas, descoloridas y deformes por el uso diario y la falta de lavado. Como calzado, llevaban zapatillas baratas y zapatos de plástico muy puntiagudos entre otras cosas imposibles de describir. Estaba hambriento y cansado de permanecer de pie, así que me senté entre ellos.

Me costaba mucho conversar en rumano, pero sabía francés y alemán. Por desgracia, mi compañero de enfrente también sabía un poco de alemán.

Apoyó su cuerpo sobre la mesa que nos separaba haciendo caer una botella vacía y, con mirada desenfocada, me gritó salpicándome de saliva:

—*Ja*, *Ich spreche Deutsche* [Sí, hablo alemán], *ja*, *ja*, *ja*, *ja*...

Intenté fingir que no entendía, pero comenzó a contarme la historia de su vida con voz cavernosa. Había nacido en un pueblo del delta, de padre ucraniano y madre rumana. En los años sesenta, cuando Gheorghiu-Dej y Ceausescu construían la mayor fábrica siderúrgica del país en Galati, a setenta kilómetros al noroeste de Tulcea (donde el Danubio se une con el Prut, que desciende de Moldavia), le habían reclutado para trabajar y no había salido más que para visitar a su familia del delta. Aunque estaba casado y tenía hijos, en Galati vivía en un barracón con otros trabajadores. Hablaba ucraniano y rumano, y había logrado aprender un poco de alemán.

Cuando por fin pude hablar y le dije que era norteamericano, exclamó:

—Ceausescu *nicht gut* [no es bueno], Iliescu *gut*, *sehr gut* [muy bueno].

Repitió esto varias veces, como si yo no pudiera oírle. Luego añadió:

—*Studenten auch nicht gut* [Los estudiantes tampoco son buenos].

—¿Por qué? —pregunté.

—*Fascisten* —dijo salpicándome otra vez.

—Ya —no quería iniciar una discusión.

Sobre la mesa, debajo de las botellas, vi un periódico pro gubernamental con un titular sobre el ex monarca Miguel (*Mihai* en rumano).

—¿Y Miguel? —pregunté.

—*Nicht gut, nicht gut...* Es un Hohenzollern, Hohenzollern: extranjero, extranjero.

Tradujo mi pregunta a los demás, que empezaron a gritar cosas sobre Miguel que no comprendía, pero que sonaban bastante mal. Me explicó que, en 1947, Miguel había abandonado Rumania en un tren privado con todo el dinero y obras de arte del país. Estaba claro que lo que me contaba se parecía mucho a lo que el padre de Miguel, el rey Carol II, y Lupescu habían hecho en 1940[3]. Pero, cuando se lo hice ver, me hizo callar gritándome: «*¡Nein, nein!*» Entonces decidí cerrar los ojos y fingir que me quedaba dormido. Ellos continuaron bebiendo.

Otro de los legados de Ceausescu era esta clase social de estrato bajo que parecía sacada de *1984*, la novela de George Orwell: campesinos medio palurdos que, como decía un proverbio local, «no eran ni caballos ni burros». Arrancados de los pueblos donde habían vivido sus antepasados por décadas o siglos —y por lo tanto ignorantes de sus tradiciones—, les habían llevado a los barracones de las fábricas donde había escasez de todo excepto de alcohol y propaganda del régimen. Como Carol había muerto en 1953, Miguel se convirtió en la amenaza más inmediata; como consecuencia,

3. También se acusa a Miguel de haber robado los tesoros de Rumania. Pero, por otros detalles que me dio este hombre, era evidente que confundían los actos de Carol II con los de Miguel.

los comunistas habían empezado —hacía ya mucho tiempo— a achacar a Miguel los crímenes de su padre. Medio muertos de hambre y explotados hasta la muerte bajo el gobierno de Ceausescu, estos hombres eran ahora capaces de cualquier cosa. Los mineros del valle del Jiu que, armados con palos y hachas, habían sido autores de la matanza de estudiantes en la plaza de la Universidad de Bucarest, en junio de 1990, provenían de este estrato social. Lo mismo puede decirse de los ucranianos que sirvieron a la causa nazi como guardias de los campos de concentración. Víctimas de la colectivización de Stalin en los años veinte y treinta, estos hombres se habían convertido en herramientas de la SS simplemente porque, al comienzo de la guerra, les habían garantizado una cierta seguridad tanto para ellos como para sus familias. Con los mineros, Iliescu había comprobado asimismo cómo, con tan sólo algo más de comida y seguridad, se convertían en despiadados guardias pretorianos.

Cuando salté a tierra en Sfintu George ya era de noche. No se veían luces; sólo se adivinaba el perfil de algunas chozas de zarzas y chatarra rodeadas de lodo, y el sonido de las olas. El tejado de una casa era lo único que diferenciaba aquel lugar de cualquier poblado africano. El cieno y la desolación continuaban recordándome los remotos parajes que había conocido a orillas del Nilo en Uganda y en el sur de Sudán.

Entre la muchedumbre que se concentraba en el muelle, descubrí a un anciano de cuidada barba, boina y bastón. Instintivamente me dirigí a él en francés. Comprobé aliviado que me entendía. Se ofreció a buscarme alojamiento. Entonces se acercó a él una mujer alta de unos veinte años. No tenía aspecto de venir de Sfintu George: no sólo era extremadamente atractiva —tenía el cabello rubio e iba discretamente maquillada—, sino que, además, su ropa parecía occidental. Acto seguido, comenzaron a discutir. Me sentí violento. Cuando se alejó enfadada, le pregunté al anciano quién era.

—Mi esposa —respondió.

Tenía sesenta y tres años, pero parecía mayor. Había sido abogado aunque, por alguna razón que no llegué a descubrir, había tenido problemas con el régimen durante los primeros años de gobierno de Ceausescu, a principios de los sesenta. Tras pasar un tiempo en prisión, le obligaron a trabajar en una fábrica.

—Aquello arruinó mi vida; ahora simplemente vivo aquí y pinto. Me casé con esa mujer hace poco, pero me abandonó hace dos semanas. —Hizo una pausa y añadió—: Espere aquí. Buscaré a alguien con quien pueda hablar, alguien que le pueda interesar.

Llevaba unos diez minutos esperando en la oscuridad cuando un hombre joven cogió mi mochila y me dijo en perfecto inglés:

—Acompáñeme. Me llamo Mircea y soy médico. Puede alojarse con mi mujer y conmigo. Tenemos tantas cosas que contarle..., demasiadas. No dormirá en toda la noche.

Mircea me llevó a una vivienda de cemento de una sola planta techada con tejas. Su mujer estaba sentada en el suelo leyendo mientras sonaba una cinta de Neil Young, cosecha del 72.

Se levantó de un salto y estrechó mi mano.

—Ésta es mi mujer, Ioanna. También es médico. Somos de Bucarest, pero tenemos que pasar aquí un año prestando servicio a la nación. Tiene que perdonar esta música tan anticuada, pero es la mejor que tenemos.

Le dije que la música estaba bien; lo mismo que el agua mineral, los huevos cocidos, los filetes de tiburón ahumado, los tomates y la fruta que me ofrecieron. Pero fue la expresión de sus rostros, tan normal y natural, lo que más me reconfortó. Aunque Mircea tenía el pelo negro y bigote y Ioanna era rubia, en aquel momento me parecieron incluso gemelos. Su mirada limpia y directa no reflejaba la profunda ignorancia de los hombres del barco, ni la sibilina astucia de prostitutas y rameras, ni la melancolía de tantas otras que me crucé en el camino. Viajar por Rumania era como adentrarse en las páginas de una novela de Dostoievski.

—Bienvenido a África —dijo Mircea con una carcajada seca—. Aunque seamos dos médicos, aquí no hay penicilina, ni cerveza, ni agua corriente, ni nada de nada. Sólo lo que pescan los marineros y lo que podemos comprar a contrabandistas y piratas. Sfintu George tiene mil quinientos habitantes, la mayor parte ucranianos. Hay cuarenta casos diagnosticados de cáncer. Quién sabe a qué se debe. Chernóbil está al otro lado del mar Negro y no hay montañas que nos separen. En esta zona hay capas de aceite que cubren el río y el mar. Los delfines han muerto y cada vez vienen menos aves de Asia en primavera. Yo diría que la mitad de la población es alcohólica. El delta debería ser un paraíso turístico; sin embargo, social y medioambientalmente, es una zona catastrófica. Aquí no hubo manifestaciones políticas en diciembre. Un día la fotografía de Ceausescu desapareció; eso fue todo.

»La sociedad está totalmente desestructurada. Puede que pasen décadas hasta que se recupere. No sé si Ioanna y yo tendremos suficiente paciencia. Tras la revolución estuvimos semanas pegados al transistor. Nos preocupaba nuestro país y queríamos ayudar a la gente que nos rodeaba. Pero la situación empeoró y Ioanna y yo hemos vuelto a pensar en nosotros, en emigrar ahora que está permitido.

Terminé de comer. Mircea e Ioanna me llevaron a casa del alcalde. Llevábamos una linterna para poder ver el camino. Pasamos por delante de una pequeña iglesia ortodoxa.

—La levantaron los ucranianos hace unos años, cuando embarrancó en la playa un barco que transportaba cemento —me explicó Ioanna—. En cierto modo, Sfintu George es más afortunado que otros pueblos de Rumania. El mar nos trae regalos, y como estamos tan aislados el régimen nunca nos prestó mucha atención.

El alcalde no estaba en casa. No obstante, su mujer preparó la cena y Mircea me presentó con tanta ceremonia que me vi obligado a sentarme a la mesa. Los huevos y los filetes de tiburón me habían dejado lleno, y ahora tenía que comerme un plato de cerdo asado y una ensalada de huevas de pescado con mucho ajo. Sólo había aguardiente casero para bajar la comida.

Un hombre entró y se sentó a la mesa con nosotros: de mediana edad, corpulento, y con inflamadas venas en la frente y cuello. Llevaba tirantes. Se le veía sofocado y el aliento le olía a alcohol. Mientras masticaba ruidosamente desplazando la mandíbula como hacía Mussolini, comenzó a sermonearme entre aspavientos. Mircea traducía para mí.

—Toda la culpa la tiene Roosevelt —y agitaba la mano—. Traicionó a Rumania en Yalta. Si no, hoy Rumania sería como Francia.

—Lo que dice es cierto —añadió Mircea algo enojado de repente—. Por culpa de Roosevelt, ese maldito tullido, sufrimos durante cuarenta y cinco años.

—Roosevelt se encontraba a las puertas de la muerte cuando lo de Yalta; murió unas semanas después —observé yo—. El acuerdo que negoció con Stalin exigía la celebración de elecciones libres en Europa del Este. No fue culpa suya que la presencia en estos países del Ejército Rojo impidiera llevar a cabo el acuerdo. Culpad a Stalin, o a Hitler por haber iniciado la guerra. Pero no a Roosevelt.

—Roosevelt fue el traidor —dijo el hombre casi escupiéndome.

—Y ahora nos vuelven a traicionar —dijo Mircea—.

No confiamos en el Bush ese. Reagan fue el único que se preocupó de nosotros.

Al pronunciar el nombre de Reagan, todos dejaron de comer y asintieron con la cabeza con aprobación. No se podía discutir con aquella gente que había sufrido tanto y concebía el mundo desde un punto de vista tan limitado como pesimista.

—El «imperio maldito». Recuerdo el discurso de Reagan en la emisora de la VOA rumana —dijo Mircea. Los demás asintieron con la cabeza y siguieron mirándome—: Fue el único presidente americano que dijo la verdad. Pero este Bush..., otro Roosevelt. Ya lo verá, Rumania volverá a ser traicionada. Siempre nos traicionan.

—El mundo visto desde el Prut y el Danubio no parece tan bonito como desde el Potomac —me dijo el hombre de los tirantes en tono muy acusador—. El Prut es una maldición para nosotros, no es nuestra frontera oriental legítima. Rusia debe ser derrotada.

Su brazo cortó el aire que nos separaba con un golpe de karate.

—Besarabia es nuestra, no de Gorbachov. ¿Por qué a Bush le gusta tanto Gorbachov? Porque el Bush ese quiere ayudar a Rusia contra Rumania.

—¿Es éste el alcalde? —pregunté a Mircea en voz baja.

—No —me susurró él a su vez—. La verdad es que no sé quién es.

Tras la cena, Mircea me llevó a dar un paseo por la playa, hasta un lugar del canal donde mi barco había arrojado al mar Negro los cascos vacíos de las botellas de aguardiente. La noche estaba cubierta, sin estrellas, y no pude distinguir el paisaje. Pero cerca de la playa se oía el croar de miles de ranas, así como los chillidos de una multitud de aves que podía oír pero no ver. Tenía la impresión de estar dentro de una burbuja y de que, en realidad, eran hombres los que emitían aquellos sonidos que rebotaban contra la membrana externa en un vano intento por atravesarla.

—Tiene que comprender —dijo Mircea a modo de disculpa—. Hemos sido maltratados durante siglos. ¿Cómo vamos a ser optimistas? Me dice usted que la situación en Europa es mucho más prometedora ahora que en 1945, y le creo, pero mi corazón de rumano me dice que no lo haga.

—¿Cómo puede hablar así después de lo que pasó en diciembre? No me diga que se lo esperaba.

—Mire a su alrededor. ¿Qué ve? Ceausescu ha sido ejecutado, de lo cual me alegro, pero el daño que hizo contribuirá a derrotarnos. Y esos bastardos continúan en el poder.

Nos acercamos a la orilla. El rumor de las olas amortiguaba el bullicio de ranas y aves. Mircea señaló el lugar donde las aguas del Danubio se confundían con las del mar Negro. Pero yo sólo veía oscuridad.

—En tiempos de Ceausescu, de vez en cuando, había gente que en la oscuridad de la noche nadaba hasta un bote mar adentro, e intentaba llegar remando hasta Turquía. La mayoría se ahogaba. Unos pocos lo conseguían.

Yo era un buen nadador, pero sumergirme en aquel vacío oscuro y glacial me resultaba aterrador.

—Tenían que estar completamente desesperados —comenté.

—No más que cualquiera de nosotros —respondió Mircea.

Mientras regresábamos con nuestras linternas, me resultaba imposible ser tan pesimista y negativo. Me embargaba la emoción por todo lo que había presenciado y oído aquel primer día de viaje en Rumania. Pocos meses antes, con Ceausescu todavía en el poder, el mero hecho de llegar a Sfintu George y conocer a Mircea hubiese sido inconcebible. Durante más de una década había hecho amigos en otros países de la Europa del Este. Ahora, por fin, podía tenerlos en Rumania. Aquello era sin duda una buena señal.

Mircea me comentó que un par de semanas antes habían llegado dos ornitólogos de la Alemania Occidental interesados en hacer un estudio sobre el efecto de la contaminación en las aves. Yo estaba seguro de que, en las próximas semanas, meses y años, llegarían más occidentales a visitar aquellas tierras. Cuarenta y cinco años después de finalizar la Segunda Guerra Mundial, la pesadilla había terminado. Lo que yo veía no era sino el día después. Pero al igual que el primer día del Señor, en el Génesis, aquel brumoso y palpitante amanecer podía durar mucho tiempo.

7

Moldavia: «Programados para el odio»

Mi siguiente viaje fue en dirección norte siguiendo una ruta paralela a la frontera de Rumania con la Unión Soviética: desde Galati —puerto fluvial en el Danubio— hasta Jassy, capital provincial de Moldavia. En el tiempo que me llevó acomodar mis cosas en un asiento de segunda clase, ya se habían formado charcos de barro líquido en el suelo del vagón. La gente chorreaba, al igual que las maletas de plástico y cartón que llevaban atadas con cuerdas. El agua se colaba también por las rendijas de las ventanillas rotas. Era un vagón de dos pisos en el que no quedó libre ni uno solo de los asientos metálicos sin cojines. Cuando el tren inició la marcha, el viento y la lluvia se colaron dentro. La gente no paraba de toser y de sorber por la nariz. Como hacían en África y Asia, se sonaban con los dedos. Los niños no paraban de llorar.

Tulucesti, Foltesti, Tirgo Bujor. Cada pueblo parecía una copia del anterior, inundados por gases de lignito y otras formas de contaminación que en nada contribuían al desarrollo de la zona. A pesar de lo incómodo que estaba, las escenas que veía a través de la ventanilla hacían desear no bajarse nunca del tren. Era como si hubiesen extendido una alfombra oriental de color verde amarillento y derramado alquitrán sobre ella.

Las cúpulas con forma de turbante, la ausencia de automóviles, las caravanas de carretas de caballos (que Bram Stoker llamó *leiterwagens* en *Drácula*) que esperaban el paso del tren para cruzar la carretera, y la horizontalidad del paisaje, en el que una larga colina daba paso a la siguiente, podrían haber creado —en otras circunstancias— una romántica estampa de Europa dando la mano a la estepa asiática. Pero todo esto se levantaba sobre un barrizal y tierras anegadas en las que flotaba la basura. No había ni una sola calle asfaltada. Durante kilómetros mis ojos siguieron el curso de un colector aéreo de aguas residuales. El conducto, desconchado y oxidado, de casi un metro de diámetro, atravesaba bloques de viviendas y parques infantiles, campos e instalaciones industriales, y se le incorporaban nuevas tuberías al pasar por cada población. Del sur de Moldavia conservo la imagen imborrable de un pastor que cruzaba con su rebaño un arroyo justo por debajo del colector aéreo.

El tren atravesó una serie de túneles. Como no había bombillas en las lamparillas de lectura, algunos encendían velas que daban expresión dramática a sus acuosos ojos oscuros. Había un escepticismo solemne, casi devoto, en aquellos ojos que parecían reflejar, como si de algo genético se tratase, todos los horrores presenciados por generaciones y generaciones de antepasados.

Tenía que cambiar de tren.

«En Rumania —escribió en 1929 el viajero irlandés Walter Starkie—, los andenes de las estaciones son un eufemismo de espacio reducido entre dos vías.» Esperé en uno bajo una lluvia torrencial. Estaba formado por unas cuantas planchas de cemento, de no más de tres metros y medio de ancho, que separaban ambas vías. Dos trenes —uno de mercancías y otro de pasajeros— se acercaban en direcciones opuestas formando una corriente de aire cruzada que por poco me hace perder el equilibrio y golpearme con alguna de las barras de metal que sobresalían del tren de mercancías. Los demás de sobra sabían cómo colocarse: de lado, muy pegados unos a otros y justo en el centro de las planchas. Tenían expresión estoica, llevaban toda su vida haciendo aquello.

El siguiente tren iba todavía más abarrotado que el anterior. La muchedumbre me empujó hacia una esquina, donde tenía que ir de pie entre dos filas de asientos. Me concentré en el conducto de aguas residuales para no pensar en la necesidad de orinar. Funcionó durante quince minutos. Al cabo de un rato, la necesidad se hizo imperiosa.

—*Toaleta* —dije a los que me rodeaban.

Un hombre joven arqueó las cejas como con expresión de condolencia, señalando con un dedo el extremo opuesto del vagón. La gente se apretujaba en el pasillo; las bolsas y equipajes les llegaban hasta la rodilla. Sin embargo, sin apenas un murmullo, aquella gente de semblante tan duro fue abriéndome paso.

—*Multsumesc* [gracias] —repetía yo.

Cuando llegué al cubículo me encontré con una familia gitana acurrucada en el interior con maletas y todo. Las mujeres salieron, pero estaba claro que los hombres no pensaban moverse con el fin de vigilar sus sacos de arpillera. Sin protestar, hice lo que tenía que hacer.

La ventanilla del servicio no tenía cristal y la lluvia se colaba dentro, pero al menos el aire era fresco. En la pared encima del retrete alguien había escrito *«jos nomenklatura»* [abajo la nomenclatura].

Nueve horas después de salir de Galati llegué a Jassy hambriento, congelado, lleno de barro y un tanto humillado. ¿Qué visión tendría de las cosas si tuviera que vivir en aquel mundo día tras día, año tras año?, me pregunté. Pero ya sabía la respuesta: pensé en Mircea y en el hombre de los tirantes.

Jassy aparece a menudo en los mapas como «Iasi» (pronunciado «yas»). Sitwell escribió que «Jassy es la población rumana que aparece más veces en la historia».

Desde la Edad Media, Jassy ha sido la ciudad más

importante de Moldavia, un territorio enfrentado longitudinalmente a la estepa ucraniana y protegido de ella por una única línea de colinas bajas que parecen una fila de prisioneros desnudos de cara al viento helador. Jassy fue testigo de seis invasiones rusas en los siglos XVIII y XIX. Hacia 1850, cuando Bucarest era todavía una ciudad pequeña, Jassy era un semillero del nacionalismo rumano. En 1859, Alexandru Ion Cuza proclamó aquí el primer estado rumano de los tiempos modernos. Mihai Eminescu, el más grande poeta rumano, vivió en Jassy en la segunda mitad del siglo XIX, en *Satire III* escribió acerca de los extranjeros «altos y con nariz ganchuda»:

Esta espuma de veneno,
este montón de estiércol,
esta vil e inmunda progenie
¡han heredado verdaderamente el dominio de nuestra
[nación!

Nicolae Iorga, el más grande intelectual rumano, que en su vejez sería torturado por los legionarios fascistas por no ser suficientemente nacionalista y antisemita, creció en Jassy en los años en que Eminescu escribía sus poemas. Y Lupescu también creció aquí, poco después, a finales de siglo. Durante la Primera Guerra Mundial, la reina María y los demás miembros de la familia real se refugiaron en Jassy tras la toma alemana de Bucarest. Entre 1916 y 1918, Jassy fue la capital de la Rumania libre. Tras la guerra, el profesor A. L. Cuza (sin parentesco con el Cuza que había declarado la independencia en 1859), dio clases en la Universidad de Jassy. El profesor Cuza se jactaba de haber dado su primer discurso antisemita el año que nació Hitler (1889). Uno de los discípulos de Cuza fue Corneliu Zelea Codreanu, fundador de la legión fascista del Arcángel Miguel. Codreanu comenzó su carrera política en Jassy en los años veinte, organizando manifestaciones antisemitas en el campus de la Universidad de Cuza (nombrada así por el Cuza que proclamó la independencia).

Bajo aquellas manifestaciones de odio se escondían el miedo y un sentimiento de vulnerabilidad. Hasta 1918, Jassy se encontraba a sólo quince kilómetros de la frontera rusa siguiendo el río Prut. Al otro lado del Prut se extendía la zona oriental de Moldavia, conocida como Besarabia en honor de una familia feudal valaca, los Besarabs, primeros habitantes de aquellas tierras. Durante el acuerdo de paz que siguió a la Primera Guerra Mundial, Rumania reclamó no sólo Besarabia, sino una parte del territorio norte de Moldavia resultante de la desmembración del Imperio austrohúngaro. Pero el hecho de poner ochenta kilómetros más de tierra entre Jassy y la frontera rusa —delimitada ahora por el río Dniéster en lugar del Prut— no era suficiente para sofocar los fuegos nacionalistas que ardían en la ciudad desde la Primera Guerra Mundial, alimentados por la democratización de los partidos políticos rumanos, la depresión económica mundial, el crecimiento del fascismo en toda Europa y el mal gobierno del rey Carol II en los años treinta.

En junio de 1940, Stalin volvió a apropiarse de Besarabia; durante cinco décadas, el Prut volvió a ser la frontera, con Jassy en el horizonte. Tras la revolución de diciembre de 1989, los habitantes de Jassy pudieron al fin —por primera vez en medio siglo— expresar libremente su opinión sobre este asunto.

El hotel Traian, estilo gran imperio, era como una tarta en un extremo de la plaza central de Jassy. El espectáculo del vestíbulo y del restaurante anexo reflejaban una decadente grandiosidad: enormes manchas oscuras en las alfombras rojas y marrones; cubiteras de champán metálicas llenas de flemas y ceniza; hombres y mujeres enfundados en descuidados abrigos, con la tez grasienta y las puntas de los dedos manchadas de nicotina; un niño gitano iba de mesa en mesa pidiendo limosna, y camareras cuyos calcetines apenas cubrían sus piernas velludas, sentadas en los rincones del salón, ignoraban a los clientes.

La mujer del mostrador de recepción era una rubia teñida, cargada de bisutería, con enormes pechos y un pésimo maquillaje. Congelado y sucio como estaba, le pregunté en francés si tenía una habitación libre.

—*Vous* —dijo con voz burlona—. *C'est trop cher pour vous* [Es demasiado caro para usted].

Me dijo que fuese al hotel Unirea, una pensión de mala muerte en el edificio contiguo.

Cuando le pregunté cuánto costaba la habitación sencilla en el Traian, me dijo que 63 dólares.

—Bien. Puedo pagar eso —dije mostrándole mi tarjeta American Express. Le dio la vuelta para comprobar la fotografía. Tenía una expresión de extrañeza.

—*Voluta* —exigió en rumano mientras rozaba el índice y el pulgar.

Le mostré un fajo de dólares americanos. Sonrió y me dio una llave. No había botones.

La habitación, con su mobiliario estilo imperio, tapicería de un rojo chillón y papel violeta en las paredes, transmitía la indecente sensualidad de un lupanar. No había jabón ni papel en el cuarto de baño y (como más tarde comprobé) a veces tampoco había agua. Llamé a recepción. Me dijeron que enseguida subirían papel. En cambio había escasez de jabón. Llamé al servicio de habitaciones. Me enteré de que en el restaurante no había vino tinto, cerveza ni agua mineral. Sólo tenían vino blanco, sin enfriar, claro, porque tampoco había hielo. La única carne que me podían servir era cerdo. Estaba frío y muy duro.

Rumania era una original mezcla de gentes de aspecto italiano pero con expresión de campesino ruso; un telón de fondo arquitectónico que a menudo recordaba a

Francia y Europa central, y unos servicios y condiciones físicas como las de África.

Cuando amaneció, la lluvia había cesado y los rayos del sol se filtraban entre las nubes. Salí a dar un paseo.

Si no fuera por los múltiples insultos y provocaciones arquitectónicas de la era comunista, levantados en los puntos estratégicos de la ciudad, Jassy ofrecería un paisaje urbano frondoso y monumental: una fiel —si bien un tanto provinciana— réplica de Viena, con ambiente de ciudad universitaria. Los jardines frente al Teatro Nacional (un edificio neobarroco con dorados en la fachada, construido a finales del siglo XIX y considerado como uno de los más bellos del país) estaban flanqueados por estatuas de poetas, compositores y pedagogos del pasado, incluido Eminescu, el poeta nacionalista. Pero los setos vivos que las rodeaban llevaban largo tiempo sin podar, lo que daba a los jardines aspecto de abandono, como un hombre que haya olvidado afeitarse. Junto a los jardines se levantaba el anguloso edificio de ladrillo del cuartel general del ahora extinto partido comunista.

La cercana catedral metropolitana de Jassy fue construida en 1833. De estilo neoclásico, se levanta sobre un frondoso promontorio con una panorámica de las chimeneas de la ciudad que se extiende a sus pies. Pero no era el único edificio del promontorio. Empotrado en uno de sus laterales —a modo de símbolo deliberado de oposición a toda religión y tradición— se levantaba un gigantesco bloque de apartamentos que anunciaba la inminente construcción de otro barrio bajo. Estaba tan cerca de la catedral que algunas vigas que sobresalían casi la tocaban.

En la catedral reposaban los restos de san Friday, en una urna dorada con la tapa abierta. Observé a la muchedumbre que hacía cola para tocar y besar el esqueleto. Me llamó la atención la mezcla de fervor y terror de aquellos rostros. No sólo se persignaban sin parar, sino que lo hacían de rodillas; algunos estaban sudando. Estaban completamente bañados en sudor, y eso que el aire dentro del templo era más fresco que fuera. Algunos fieles escribían deprisa notas para el santo, pero no una ni dos. Escribían a toda la velocidad que les era posible, una nota y otra, y otra... Sólo había visto una manifestación religiosa tan intensa y sofocante —destilaba una energía explosiva— en los lugares santos shiíes, en Oriente Próximo. Sentí miedo.

—Rumania está demasiado lejos de Occidente para recibir su ayuda. Cuanto más confusa y sangrienta sea la desintegración del Imperio ruso, mejor para nosotros. Ése es el único camino que tenemos para ser democráticos y reunirnos con nuestros hermanos de Besarabia.

Petru Bejan era redactor de *Timpul* (*Tiempo*), un periódico semanal que surgió pocas semanas después de la revolución de diciembre de 1989 y que publicaban los estudiantes de la Universidad de Cuza. Junto a la cabecera podía leerse la máxima religiosa *Adeverat a inviat* («En verdad ha resucitado»). La publicación que Bejan me dio para hojear contenía varios artículos sobre la incorporación de Besarabia a Rumania en 1918 y sobre el genocidio cultural perpetrado por los rusos en Besarabia desde la Segunda Guerra Mundial. Había también un artículo sobre santos ortodoxos y una columna reservada para la poesía de Eminescu.

Bejan me dijo que era necesaria una segunda revolución en Rumania para extirpar todo rastro de coacción, burocracia y socialismo.

—No pueden comprarnos con café, huevos y carne.

Bejan afirmaba que el general Ion Antonescu, Conducator pro nazi y gobernador de Rumania durante la Segunda Guerra Mundial, fue un patriota que había buscado siempre lo mejor para el país.

La oficina de Bejan estaba llena de viejas máquinas de escribir. Vestía una camiseta morada y una fina corbata marrón imitando cuero. Su cabello, corto y poco aseado, y su expresión, tan afectada y severa, le daban aspecto de revolucionario ruso de 1917. Sus ojos verdes recordaban a los de un prisionero que, desde el fondo de la caverna, clava su mirada en el pequeño círculo de luz que se ve en lo alto, sin saber cómo alcanzarlo.

Abandoné las oficinas de *Timpul* y me dirigí a las de *Opinia Studeneasca* (*La opinión estudiantil*), otra publicación semanal editada por los estudiantes universitarios tras la revolución contra Ceausescu. Me costó encontrarla, así que pregunté a un estudiante que me contó que había trabajado como ayudante en el proyecto del canal del Danubio en Cernovoda. En el curso de nuestra conversación sobre la revolución, el muchacho afirmó que Ceausescu no estaba muerto, sino oculto en algún lugar. Al parecer, un doble solía suplantarle en los actos públicos, y a éste habían ejecutado.

—Si te fijas atentamente en su cara en el vídeo, se ve que no es Ceausescu.

Le contesté que los rostros de la gente pueden cambiar mucho una vez muertos.

—Pero no tanto —me replicó.

Me acordé del pasaje de *Drácula* en el que Bram Stoker observa que «cualquier superstición conocida se encuentra en la herradura de los Cárpatos, como si ése fuera el centro de un remolino imaginativo».

Era cerca de la medianoche y llovía. En una amplia sala del *Opinia Studeneasca* se arremolinaban los estudiantes en torno a una mesa con máquinas de escribir como las de *Timpul*. Pero nadie escribía. Hablaban sin parar en voz baja, en actitud conspiradora. Fumaban tabaco barato, sin filtro. Pero esos estudiantes apenas se parecían a los intelectuales de los campus americanos de los años sesenta. Eran más duros, tenían agujeros en los zapatos y ropas de segunda mano gastadas por el uso. Tenían las manos mugrientas, el pelo sin brillo y la tez cetrina; rasgos propios de una vida de pobreza impuesta. Sus ojos parecían los de alguien que, en la noche, se ve solo en un oscuro callejón; los miedos de los estudiantes eran físicos, reales.

—Murieron estudiantes en las calles en diciembre, pero los comunistas y la Securitatae siguen. En la Universidad de Jassy todavía dan clase, protegidos por la Securitatae, ciertos profesores corruptos que se dejan sobornar por los estudiantes extranjeros a cambio de aprobados —me explicó Cristian Mungiu.

Mungiu era de semblante agradable y risa fácil. Tenía pelo negro ondulado, y llevaba una chaquetilla de obrero de confección occidental. A diferencia de los demás, Mungiu podría pasar por un estudiante en una universidad americana.

—Hoy en día, en Rumania hay una falta de cultura política increíble... Ceausescu está muerto, pero Iliescu es casi igual que él, y será peor. Esta gente, Petru Roman [el entonces primer ministro] y Slyviu Brucan [antiguo embajador en Estados Unidos e intelectual del Partido Comunista Rumano] son autócratas que están ahora paladeando el poder —me dijo.

Mungiu estaba a la vez asustado y humillado. Asustado porque «la Securitatae continúa en el poder». Humillado porque la revolución de diciembre debería haberse iniciado en Jassy, no en Timisoara.

El 14 de diciembre, dos días antes de las primeras manifestaciones en Timisoara, los estudiantes habían organizado una protesta pública en la plaza principal, donde estaba el hotel Traian. Pero la Securitatae se enteró y ocupó la plaza; prohibieron a los tranvías, taxis y demás vehículos detenerse en las inmediaciones.

—Nos aplastaron fácilmente —comentó con amargura—. Si al menos fuésemos como los estudiantes de

Timisoara. Ahora Timisoara es la ciudad revolucionaria de Rumania. Está muy cerca de Occidente. Jassy ostenta con orgullo su tradición nacionalista, es cierto, pero estamos demasiado cerca de Rusia, de Oriente. Todas las influencias que recibimos son orientales, malas.

Unos días más tarde volví a ver a Mungiu en las oficinas del *Opinia Studeneasca*. Esta vez estaba en compañía de su hermana mayor, Alina, una doctora en medicina que planeaba abandonar su carrera para hacerse escritora. Estaba a punto de publicar su primera novela.

Mungiu me habló de su familia. De vez en cuando, su hermana le interrumpía para corregirle.

—Mis dos abuelas, al igual que mi madre, nacieron al otro lado del Prut, en Besarabia. Mi abuelo fue prisionero de los rusos en la Segunda Guerra Mundial, cuando Rumania estaba aliada con Alemania. Los nazis no se portaron mal con nosotros, en absoluto. Créame, vivíamos mucho mejor con los nazis de lo que nunca vivimos con los comunistas.

»Mi abuelo se escapó dos veces de los campos rusos de prisioneros de guerra. La primera vez lo cogieron y lo enviaron de nuevo al campo. La segunda vez, caminó varias noches antes de volver a ser capturado, cerca del Prut. Los rusos estaban a punto de ejecutarle cuando ocurrió algo, no sé exactamente qué, el caso es que un camarada rumano le salvó la vida.

»Durante los diez años que siguieron a la guerra, él y mi madre escuchaban Radio Europa Libre cada noche. Esperaban que los americanos liberaran Rumania de los rusos. Estaban convencidos de que América haría algo. Ustedes los americanos los decepcionaron.

»Cuando obligaron al ejército rumano a desalojar Besarabia, cerca del final de la contienda, mi otra abuela tuvo cuarenta y ocho horas para abandonar su casa, sus padres, su hermano y todo lo que tenía. Más tarde se enteró de que los rusos habían ejecutado a su padre y a su hermano. Culpó a los americanos de esto, por no ayudar a Rumania contra los rusos.

»Incluso ahora, cuando nuestros mayores se reúnen, hablan de Besarabia sin cesar, de lo que ha cambiado, de lo que los rusos hicieron a sus habitantes de entonces.

»En el colegio nos enseñaron que el rey Carol II y Antonescu perdieron el territorio rumano por culpa de las alianzas con los nazis.

»Pero nuestros padres nos contaron toda la verdad y todos sabemos que Antonescu fue un gran patriota, un héroe. Los rusos y los comunistas rumanos fueron los culpables.

Le pregunté por los judíos.

—Los judíos no eran patriotas. Rumania era aliada de la Alemania nazi, pero los judíos rumanos ayudaron a los rusos. Los judíos lo controlaban todo en Jassy durante la guerra, incluso una vez terminada. Eran muy poderosos.

—Pero hubo un pogromo en Jassy al principio de la guerra. ¿Cómo se explica que los judíos siguieran siendo poderosos después de eso? —le pregunté.

—Muchos sobrevivieron al pogromo. Todavía eran poderosos en la economía local.

—¿Cuántos años tienes? —pregunté.

—Veintidós.

—¿Crees todo lo que te contaron tus abuelos?

Guardó silencio un momento; luego dijo:

—Creo en los hechos, sí. Pero supongo que su interpretación no es siempre la correcta.

—Por ejemplo —añadió Alina—, es comprensible que los judíos ayudasen a los rusos. No los critico por eso. Aquí todos, nosotros, los judíos, etcétera, estamos atrapados en medio de grandes fuerzas históricas. En Rumania, todo el mundo se protegía con turbias alianzas.

Dada su remota situación geográfica, en la trastienda de Europa, los acontecimientos en Rumania —no importa cuán terribles fueran— siempre han tenido un carácter lejano, secundario para la gente de Occidente. El holocausto en Rumania no fue una excepción. Goldie Horowitz, así como el resto de los periodistas, abandonó el Athenee Palace en enero de 1941, pero la historia continuó su siniestra marcha, a pesar de no haber observadores occidentales para contarla.

Después de enviar sus tropas y tanques a aplastar el golpe de Estado instigado por la legión del Arcángel Miguel en Bucarest, en enero de 1941, el siguiente objetivo del Conducator Antonescu fue recuperar Besarabia, que Stalin se había anexionado unilateralmente en junio de 1940, con el visto bueno de Carol II. La única manera de conseguirlo pasaba por pactar una alianza con la Alemania nazi. Antonescu dejó claro ante Hitler que las tropas rumanas participarían con entusiasmo en la invasión de la Unión Soviética si la liberación de Besarabia formaba parte del trato. La invasión nazi de la Unión Soviética comenzó en junio de 1941. El 25 de junio, cuando el ejército rumano cruzó el Prut para liberar Besarabia, algunos soldados desertaron, refugiándose en casas de vecinos —incluidas, quizás, algunas casas judías—. Por todo Jassy se corrió el rumor de que eran las familias judías las que daban protección a los desertores. Además, se dijo que los soldados no eran rumanos, sino paracaidistas soviéticos que habían caído por la noche en las afueras de la ciudad. El rumor, absolutamente falso, encendió la mecha de un pogromo. Durante los días que siguieron, el ejército rumano mató a 4.000 judíos en Jassy y las poblaciones cercanas. Luego evacuaron a otros 8.000 de la región. Los encerraron con candado en camionetas de ganado que, con la confusión general y puesto que no hubo órdenes claras, transitaron por Moldavia durante días, hasta que las 8.000 personas murieron de sed y asfixia.

Los judíos que quedaron en Jassy vivieron el resto de la guerra con el pánico de que se repitiese un pogromo o una evacuación en camionetas. Pero no sucedió así, en aquella orilla del Prut, claro está.

Desde el momento en que sus tropas cruzaron el Prut, a Antonescu le obsesionó la idea de ganar más y más territorio. Incluso cuando su ejército llegó a las orillas del Dniéster (el río que discurre paralelo al Prut, a unos ochenta kilómetros al este, y que delimita la frontera entre la franja oriental de Besarabia y Ucrania), no se dio por satisfecho. Les ordenó continuar hacia el este, cruzando el Dniéster hacia el interior de Ucrania, donde Antonescu proclamó una República Transdniestria. Como la Alemania nazi deseaba destruir a los judíos, y dado que Rumania era su aliada, Antonescu decidió que los judíos residentes en las zonas que iba ocupando su ejército podrían configurar una quinta columna. Esta creencia se vio consolidada por los rumores e historias que Antonescu había oído acerca de ciertos judíos de Besarabia que habrían ayudado a los rusos, y de niños judíos que lanzaban granadas de mano al paso de las tropas rumanas. «Los judíos reciben al Ejército Rojo con flores», dijo Antonescu.

En 1941 y 1942, Antonescu supervisó la deportación de 185.000 judíos de Besarabia y el extremo norte de Moldavia (que también había sido recientemente liberada de los rusos) a Transdniestria, donde otras unidades de su ejército trabajaban en el asentamiento de los únicos campos de exterminio no alemanes de toda Europa. Desde finales de 1941 hasta mediados de 1942, en este siniestro y remoto teatro de la guerra, el ejército rumano exterminó a todas y cada una de estas personas, desnudándolas y disparando sobre ellas a temperaturas por debajo de los cero grados. En ocasiones, cuando escaseaba la munición, disparaban sólo a los adultos, enterrando vivos a los niños.

Era demasiado, incluso para Adolf Eichmann, el oficial de la SS encargado de llevar a cabo el exterminio de la raza judía en Europa. A principios de 1942, suplicó mil veces a Antonescu que suspendiese temporalmente las matanzas; las *Einsatzgruppen* (pelotones móviles de ejecución de la SS) harían el trabajo de una forma más limpia una vez que los nazis completasen la conquista de Ucrania, que Eichmann calculaba que concluiría en unos meses. Pero los rumanos estaban como enloquecidos. Para desgracia de los judíos de Besarabia y del extremo norte de Moldavia, Antonescu ignoró las súplicas de Eichmann.

Sin embargo, a finales del verano de 1942 comenzaron a desmantelarse los primeros campos de exterminio rumanos en Transdniestria. Antonescu tendría otros defectos, pero siempre hizo gala de un excelente olfato para los vientos políticos que soplaban por el horizonte. En su momento había comprendido enseguida la necesidad de una alianza con la Alemania nazi y más tarde, en 1944, previó su propia caída. Precisamente cuando estaba en marcha el cerco a Stalingrado en septiembre de 1942 —un momento crucial de la contienda—, Antonescu comenzó a considerar la posibilidad de que Hitler, después de todo, podría no ganar la guerra. Para tender puentes hacia el Occidente, se imponía un cambio radical en la política rumana con respecto a los judíos. En 1943, mientras el ejército soviético se retiraba de los territorios que Rumania había conquistado primero en Transdniestria y luego en Besarabia, Antonescu comenzó a labrarse fama entre las organizaciones judías internacionales como líder pro nazi dispuesto a colaborar en tareas de apoyo a los judíos, ayudándoles incluso a pasar clandestinamente a Palestina.

Pero las razones políticas no explican suficientemente este increíble cambio en su conducta. El historiador Raul Hilberg, que documentó el holocausto en Rumania en su libro de 1961 *The Destruction of the European Jew* (*La destrucción de los judíos en Europa*), afirma que en ningún otro país durante la Segunda Guerra Mundial, excepto en la propia Alemania, influyó tanto el carácter nacional en el destino de los judíos como en Rumania.

Por desgracia, la historia rumana ha sido una larga y constante carrera contrarreloj —la firma desesperada de un acuerdo ignorando incluso otro anterior a fin de evitar el desastre—. El comportamiento de Antonescu con los judíos no era muy diferente del que él y sus compatriotas habían mostrado hacia los nazis y los rusos. Como Hilberg señaló, los soldados rumanos pronto se ganaron, entre la jerarquía militar nazi, la reputación de valientes y feroces. Pero en 1944, cuando las victoriosas tropas rusas cruzaron el Prut, entrando en Rumania, ésta no sólo cambió de bando para luchar contra los nazis, sino que lo hizo con entusiasmo. Las tropas rumanas pronto impresionaron a los oficiales aliados por su agresividad en la lucha contra sus antiguos aliados alemanes y húngaros en Transilvania, un territorio que Rumania quería recobrar a toda costa: al igual que había querido recobrar Besarabia.

La historia rumana se caracteriza también por sus explosivos y efímeros paroxismos de pasión. La historia del holocausto en Rumania se comprende mejor cuando se combina ese rasgo con su habilidad para hacer pactos, ora oportunos ora contradictorios, todo ello mezclado con los episodios de fiebre sifilítica de Antonescu. De acuerdo con el análisis de Hilberg, los rumanos, simplemente, se cansaron. La invasión de Besarabia había comenzado en plena euforia nacionalista y antisemita. Exultantes ante su rápido avance en la Unión Soviética, las tropas de Antonescu estaban frenéticas. Aunque técnica e inicialmente concebido como un plan de exterminio, la trayectoria emocional de las hazañas del ejército en Transdniestria era más propia de un pogromo: mucha violencia, sobre todo contra los niños, en un período de tiempo relativamente corto. Fruto de la coincidencia, o de la conveniencia, el caso es que Antonescu y su ejército se hartaron de las matanzas aproximadamente al mismo tiempo que la guerra comenzaba a volverse contra Rumania y los nazis. Esto hizo que se cansase por completo del asunto de matar a los judíos. Su odio hacia ellos había desaparecido. «Mi reputación será pésima después de semejante masacre», se le oyó quejarse en 1942.

Pero el Conducator no necesitaba preocuparse por su futura reputación. Aunque depuesto en 1944 y ejecutado como criminal de guerra por los comunistas en 1946, Antonescu fue considerado en 1990 la figura más popular en la historia rumana del siglo XX, muy por encima de cualquier miembro de la antigua familia real.

En 1990, el pueblo apenas recordaba al rey Carol II y a la reina María, a pesar de que, al eludir ellos la alianza con la Alemania del káiser en la Primera Guerra Mundial, hicieron posibles las posteriores gestiones de la reina María tras la guerra, que culminaron con la recuperación de Besarabia, el norte de Moldavia y Transilvania en 1918.

El depuesto rey Miguel todavía sufría las consecuencias de las décadas de desinformación comunista, que habían contagiado a los intelectuales y a las clases campesinas[1]. Cuando no era más que una mera y joven figura decorativa, Miguel había conspirado contra Antonescu y los nazis cuando era impopular y peligroso hacerlo. Con sólo veintidós años, había maquinado a la perfección el

1. Sin embargo, en 1992, se pudo apreciar un cambio de actitud cuando una multitud de rumanos salió a las calles de Bucarest a saludar a Miguel. Es probable que esta nueva consideración, más positiva, del ex monarca vaya en aumento, haciendo quizá que regrese definitivamente al país.

derrocamiento de Antonescu en 1944, y luego había encabezado una batalla política contra los comunistas.

A pesar de la insignificante ayuda de los Estados Unidos y otros países occidentales, Miguel continuó urdiendo planes a espaldas de los rusos, hasta que finalmente le obligaron a abandonar el país a finales de 1947. Desde ese momento, Miguel vivió un exilio digno en Suiza, manteniendo a su familia como piloto de pruebas y consejero técnico. Miguel fue el primer Hohenzollern que tenía el rumano por lengua materna, sin acento alemán o inglés.

Pero Antonescu no provocaba más que admiración entre los rumanos —como un patriota que veló siempre por los intereses del país, y una víctima de los comunistas que injustamente le achacaban la autoría de los crímenes de guerra, cuando todo el mundo sabía que habían sido los rusos o los alemanes los que habían asesinado a los judíos en Transdniestria—. El consenso general en Rumania era que los rumanos no tenían nada que ver con aquello.

Fuese cual fuese su visión de los acontecimientos de la Segunda Guerra Mundial, Petru Bejan, Cristian y Alina Mungiu, así como el resto de los estudiantes que entrevisté en la Universidad de Cuza, en Jassy, no mostraron animosidad alguna hacia los judíos. Su ira se dirigía ahora hacia los árabes. Intentaré explicar los motivos.

Cuanto más permanecía Ceausescu en el poder, más se parecía su estilo de gobierno al de Carol II. Ceausescu, por razones políticas, permitió el acceso a las universidades de Jassy, Bucarest y Cluj de gran cantidad de estudiantes árabes. Éstos pronto tuvieron fama de saltarse las clases y de ocuparse de otros asuntos. Los estudiantes rumanos con los que hablé —al igual que los oficiales occidentales a los que pregunté sobre este tema— creían firmemente que un número significativo de estudiantes árabes estaban metidos en actividades del mercado negro y, sobre todo, en el tráfico de drogas que, desde Turquía y Rumania, atravesaban el país hacia el oeste, con el consentimiento de la Securitatae. El tráfico de drogas hizo que muchos jóvenes árabes, por no mencionar a miembros de la Securitatae, obtuvieran grandes cantidades de dinero contante y sonante. En palabras de un profesor rumano, la era Ceausescu vio cómo los vestíbulos de los hoteles Traian y Unirea en Jassy, el Intercontinental en Bucarest y el Napoca en Cluj se convirtieron en tugurios en los que «las prostitutas competían entre sí en público y se humillaban por llamar la atención de aquellos muchachos árabes», cuyos bolsillos estaban llenos de dólares.

—Odiamos a los estudiantes árabes. Sabemos que nuestra civilización —a pesar del régimen— es europea. Pero la de los árabes es una civilización inferior y no respetan la nuestra. Nos compraron y humillaron. También ellos sobornan a los profesores. Todo el mundo sabe que los árabes son los peores alumnos. En sus países, estos estudiantes eran pobres. Aquí son ricos —dijo Mungiu enfurecido.

»Los árabes son como nuevos caballeros feudales que se aprovechan de nosotros. Cuando necesitan una oveja o una cabra en su mesa para celebrar una de sus fiestas religiosas, van a un pueblo y pagan a los campesinos para que se la preparen. No hay nada malo en ello. Pero debería de ver la expresión de sus caras. Actúan como si estos campesinos fuesen de su propiedad —me dijo otro muchacho.

Les dije que los rumanos no deberían juzgar la cultura árabe sólo por los estudiantes que acudían a Rumania, ya que los países árabes siempre han enviado a sus mejores alumnos a Occidente, y a los peores y más flojos a Europa del Este.

No me creyeron.

—Los árabes nos oprimen —me espetó uno de ellos a gritos.

Adrian Poruciuc, profesor adjunto en la Universidad de Cuza y un experto en folclore rumano, empleó una parábola típica de las tierras del Danubio para explicar lo que estaba pasando en Rumania: un héroe joven corta la cabeza a un malvado dragón, pero la sangre que mana del cuello impregna aquellas tierras con un olor pestilente durante años.

—Los estudiantes de Timisoara que hicieron estallar la revolución de diciembre serían el héroe, y todo lo que ves y oyes a tu alrededor (la ignorancia de la gente sobre su propia historia, la insensibilidad y la intolerancia, y la violencia del alcohol), la sangre del dragón. En Moldavia más que en ningún otro sitio —prosiguió Poruciuc—, los rumanos se han visto atrapados por las tenazas de tres imperios: Austria-Hungría, Turquía otomana y Rusia (zarista o comunista, no hay diferencia). Aquí la gente ha sido programada para el odio.

Aunque era un intelectual, Poruciuc procedía de una familia campesina de un pueblo pequeño de Moldavia. Nos bebimos una botella de vino blanco moldavo en el restaurante del Traian.

—Éste es uno de los mejores vinos rumanos —me comentó—. No está lleno de porquerías químicas como los otros.

Le hablé de la teoría de Elías Canetti sobre los símbolos populares.

—Los croatas tienen su Iglesia católica. Los serbios, los monasterios medievales y Kosovo; los judíos tienen el éxodo de Egipto... ¿Cuál diría que es el símbolo popular de los rumanos? —le pregunté.

Poruciuc guardó silencio unos instantes. Se bebió el vaso entero de un trago.

—Me encanta este tipo de preguntas —dijo. Un destello de complicidad se asomó a sus ojos.

»La cordillera de los Cárpatos y los bosques son la primera barrera natural que nos protege y separa de las estepas pónticas [las estepas del sur de Rusia y Ucrania]. En la Edad Media los rumanos latinos protegían sus iglesias de los invasores levantándolas en lo más profundo del bosque; fíjese en dónde están emplazados nuestros monasterios. Nuestra Iglesia, como todas las iglesias ortodoxas, fue el corazón de nuestra cultura durante la opresión turca. Pero desde el punto de vista psicológico, la iglesia era algo más. Se convirtió en el símbolo supremo de nuestro corazón y nuestro hogar, cuya seguridad se veía constantemente amenazada por los saqueos y el hambre. El hogar, la familia sentada alrededor de la humilde mesa con la comida servida, ése es el símbolo popular de los rumanos. Por ello debes proteger la santidad de tu hogar y no permitir que lo destruyan.

»Somos un pueblo cuyos odios, cuando se analizan detenidamente, se pueden reducir al miedo a un estómago vacío. El mayor orgullo de un rumano en tiempos de Ceausescu era conseguir comida para su mesa.

»El gobierno de Ceausescu fue como el de los turcos. En el interior de su mente, nuestro pueblo está todavía en los bosques, apenas abriendo la puerta por primera vez y mirando a uno y otro lado, con desconfianza.

8

Panorama desde el castillo de Drácula: los monasterios decorados de Bucovina

Bram Stoker nunca estuvo en Rumania, pero hizo una buena investigación sobre ella en el Museo Británico. En *Drácula*, publicada por primera vez en 1897, Stoker emplazó el castillo de Drácula en el altiplano de una montaña, «en la frontera entre tres estados: Transilvania, Moldavia y Bucovina, en el centro de la cordillera de los Cárpatos; una de las regiones más salvajes y desconocidas de Europa».

Bucovina (antiguamente *Bukovina*) es en la actualidad la parte norte de Moldavia, anexionada a Austria por los Habsburgo en 1774. Recibió el nombre de Bucovina (Tierra cubierta de hayas, «*buche*») por los bosques de estos árboles que abundan en el territorio. A su vez, Bucovina se divide en una parte norte y otra parte sur. Stalin anexionó la parte norte en 1940 junto con Besarabia; pero, en 1941, el ejército de Antonescu la reclamó (como Besarabia), llevándose a los judíos del norte de Bucovina a Transdniestria, donde fueron asesinados. Al igual que Besarabia, las tropas soviéticas reconquistaron el norte de Bucovina en 1943. Por el contrario, la mitad sur siempre ha pertenecido a Rumania. Stoker emplazó el castillo del conde Drácula en la zona donde se unen el sur de Bucovina, la propia Moldavia y el extremo nororiental de Transilvania. Jonathan Harker, uno de los narradores en la novela de Stoker, viaja en carruaje hasta el castillo de Drácula, ascendiendo el puerto montañoso de la parte transilvana, pero el resto de los pasajeros continúa viaje descendiendo por la otra ladera hacia el sur de Bucovina. Esta región, que se domina desde las ventanas posteriores del mítico castillo del conde Drácula, cien años después de la publicación de la novela de Stoker, todavía era una de las regiones más salvajes y desconocidas de Europa.

En vísperas de la Segunda Guerra Mundial, en una apreciación de Bucovina que continúa resultando vigente en los años noventa, Sacheverell Sitwell escribió: «En ninguna otra región que yo conozca, ya sea en España o Portugal, en Suecia o en la Gaeltacht del oeste de Irlanda, se experimenta semejante sensación de aislamiento...: un paisaje de verdes valles y bosques de abetos. Está a años luz del periódico y el tranvía.»

Siguiendo el consejo de Adrian Poruciuc, desde Jassy me dirigí a los bosques del norte de Rumania —es decir, hacia el sur de Bucovina— que, gracias a ese aislamiento geográfico del que hablaban Stoker, Sitwell y otros escritores desaparecidos tiempo atrás, habían escapado a los peores estragos sociales y medioambientales del comunismo.

Como en otras zonas rurales, se veían almiares y *leiterwagens* tirados por caballos en los que iban campesinos vestidos con chalecos de piel de oveja, camisas de lino blanco hilado a mano y tocados de lana negra. En otros lugares, estampas como aquélla se yuxtaponían a las horribles fábricas y bloques baratos de apartamentos conformando un paisaje de pobreza industrial. Sin embargo, en Bucovina eran simples detalles de una imagen idílica de la Europa de principios de siglo.

Entre las frondosas hileras de hayas, las suaves colinas estaban adornadas con guirnaldas de pinos, abedules y enormes abetos con afiladas copas. Los álamos y tilos se alineaban a ambos lados de la carretera, y los campos estaban llenos de manzanos. Comprobar que no había fábricas contaminantes a mi alrededor, y que el cielo se mostraba azul tras tantos días de lluvia, me hizo creer que la etapa en blanco y negro de mi viaje por Rumania había terminado de repente, dando paso a escenas en tecnicolor.

Al encontrarse acurrucado entre los Cárpatos y la frontera soviética, Ceausescu ignoró el sur de Bucovina durante mucho tiempo. La colectivización apenas llegó a estas tierras de cultivo que, en su mayor parte, seguían siendo propiedad privada. Estos factores, unidos a la obsesión por el orden, heredada según la gente de la zona de los austriacos —cuya dominación había finalizado no hacía mucho, en 1918—, explican por qué era evidente el orgullo de la propiedad privada en todos y cada uno de los detalles del paisaje.

En lugar de muros de hormigón, se veían vallas recién pintadas. Los lugareños engalanaban las largas crines de sus caballos con pompones rojos. Dinteles de madera tallada a mano y celosías de metal adornaban las casas. Se veían espantapájaros de elaborado diseño y sencillas cruces de madera protegidas bajo simples tejadillos de tablillas que, como dice Starkie en *Raggle-Taggle*, «nos hablan de la afable humildad de una religión que pertenece a la gente del campo».

Durante varios días de viaje por Bucovina, sólo vi uno o dos tractores; en aquellas tierras se usaban aún arados y azadones. Pero de todas las zonas del país que había visitado, y que iba a conocer, el campo de Bucovina —con sus plantaciones de maíz y patatas— parecía la más próspera y menos subdesarrollada.

John Reed recorrió el sur de Bucovina en el carruaje que le prestó un granjero judío: «La tierra se eleva en majestuosas olas... a través de valles cuyas laderas caen en picado como el vuelo de un pájaro, ofreciendo a la vista vertientes de campos cultivados y sotos difuminados en la distancia. Hacia el oeste, la serpenteante silueta azul pálido de los Cárpatos se perdía en el horizonte. En los inmensos pliegues del terreno se apiñaban pequeños pueblos apenas visibles entre las masas de árboles, pueblos con casas de arcilla modelada a mano, pintadas de un blanco inmaculado... y con primorosos tejados de paja.»

Milagrosamente, pocas cosas habían cambiado. Los bosques de Bucovina parecían existir gracias a una paradisíaca alteración del paso del tiempo. Hice esta parte del viaje a pie y en autoestop (en Rumania no usan el pulgar, sino el índice). El autoestop no es tan peligroso allí como en otros países. En este sentido, la locura de Ceausescu me favorecía. La escasez de coches, el horror de los viajes en tren y el colapso de la red de autobuses entre las poblaciones había ido generando un sistema de transporte en vehículos privados que se extendía por todo el país. En el campo todo el mundo hace autoestop, incluso los niños y las mujeres mayores. La mayor parte de los conductores son muy atentos. Decidido a caminar todo lo que me fuera posible, me sentí frustrado al comprobar que se detenía el primer vehículo cuando ni siquiera había puesto el dedo. La costumbre era pagar al conductor un 10 % de la tarifa que cobraría un taxi por el trayecto. Pero cuando se daban cuenta de que era americano, rechazaban mis lei. Algunos meses después de la revolución, encontrarse a un occidental era todavía una experiencia nueva para los rumanos que vivían en lugares apartados.

Después de vagar unos días por aquellas tierras, decidí inspeccionar los monasterios de Bucovina de los que me había hablado Poruciuc y conversar con las monjas que en ellos vivían. Pero necesitaba un traductor. Localicé uno a través de la oficina de Turismo en Suceava, la ciudad más importante de Bucovina. Se llamaba Mircea, igual que mi amigo de Sfintu George. Para evitar la confusión, de ahora en adelante me referiré a él como Mihai

(Miguel), porque, como me diría más tarde: «Mis padres querían llamarme Mihai en vez de Mircea. Pero, con los comunistas, el nombre de Mihai levantaba sospechas por el rey Mihai (Miguel) que estaba en Suiza. Ante Dios, sin embargo, soy Mihai.»

Levantada sobre las ruinas del bombardeo soviético de la Segunda Guerra Mundial, Suceava es uno de los pocos lugares en Bucovina que no tiene carácter propio. Sin embargo, no es deprimente como otras ciudades rumanas. Hay muchos parques, la calidad de la construcción es (tratándose de Rumania) buena, y sus habitantes no están tan abatidos.

—Bucarest está más lejos de Suceava que de Jassy, y la influencia de los austrohúngaros ha sido positiva —me explicó Mihai.

En nuestro primer encuentro, Mihai me llevó a un bar en Suceava, decorado con pésimo gusto, con alfombras y tapices baratos en las paredes y en el suelo. En este marco extraño e impersonal, Mihai cumplió con el ritual de todos los rumanos: contarme la historia de su vida.

Mihai nació en 1959 en Tirgu Mures, una ciudad de Transilvania que a lo largo de la historia ha sido campo de batalla entre rumanos y húngaros. Su padre era rumano; su madre, húngara.

Antes de la Segunda Guerra Mundial, su padre trabajó de contable en una fábrica de pasta de madera cuyo propietario era judío. Durante la guerra, Hungría —país aliado de la Alemania nazi— ocupó Tirgu Mures, así como la mayor parte de Transilvania. El dueño judío fue enviado a un campo de concentración y no volvió jamás. Tras la guerra, cuando los comunistas de Gheorghiu-Dej empezaban a consolidar su poder, se hicieron cargo de la fábrica, y el padre de Mihai siguió como contable.

—Los nuevos dueños eran de clase social baja —comentó Mihai—. No eran más que criminales, gente sin educación a la que sólo les importaba la fábrica para ver qué podían sacar de ella. La fueron hundiendo poco a poco, vendiendo la mejor pasta en el mercado negro. Mi padre, que llevaba los libros, sabía exactamente lo que estaba pasando pero, evidentemente, no podía hacer nada. Ustedes, en Occidente, ignoran lo que es estar a las órdenes de un paleto.

»Así fueron pasando los años, pero mi padre nunca se acostumbró. Era un hombre nervioso, tenía que controlarse. Hasta que un día estalló. Le dijo a gritos al director:

»—Sé lo que han estado haciendo. No me gustan ni ustedes ni su partido. Han destruido una buena fábrica que un hombre levantó con el esfuerzo de toda una vida.

La policía fue a casa de Mihai una noche a arrestar a su padre. Todo esto sucedió en 1964, el último año de Gheorghiu-Dej en el poder. Mihai tenía entonces cuatro años y medio y no recordaba nada porque estaba dormido. El recuerdo más vivo que guarda de su infancia tuvo lugar tres años más tarde, cuando la policía volvió para hacer inventario de las pertenencias de su padre.

—A mi padre le gustaba leer, tenía muchos libros. Recuerdo a los hombres llevándose los libros y papeles de su estudio. Se llevaron su reloj, su anillo. Escondía una alfombra persa en la funda de su almohada. La policía vino con un vecino que en una ocasión había dormido en nuestra casa y sabía lo de la alfombra. Les dijo dónde estaba, y se la llevaron.

»Pasó un año en prisión, trescientos sesenta y seis días porque era un año bisiesto. Se sentaba en su celda sin hacer nada. Los guardias no le permitían leer.

Después del arresto, Mihai y su madre fueron a vivir con su familia húngara, que la presionó para que se divorciara.

—Como mi padre era rumano, mi abuela siempre había querido romper el matrimonio. Aquélla era la oportunidad para lograrlo. Mi madre no sabía qué hacer. Acudió a un amigo, un abogado rumano que le dijo:

»—No hay ningún problema. Inicia los trámites de divorcio como te dice tu familia. Llevarán más de un año y antes de que finalicen, tu marido habrá salido de la cárcel. Entonces, tú te olvidas de todo esto.

»Y eso fue lo que hizo.

»Cuando soltaron a mi padre, mi madre y yo volvimos con él. Pero ninguno encontraba trabajo. Los amigos de mi padre tenían miedo de hablar con él. Eso debió romperle el corazón. Murió a los pocos años, en 1969, en la creencia de que Ceausescu era una buena persona que acabaría con el sistema porque había criticado la invasión soviética de Checoslovaquia de 1968.

»El verano de 1971 fue un momento crucial. Ceausescu realizó su primer viaje a China y Corea del Norte. Nunca lo olvidaré. En un cine estaban poniendo *Butch Cassidy and the Sundance Kid*. Ceausescu regresó a Bucarest un domingo o un lunes, no lo recuerdo exactamente. El miércoles quitaron *Butch Cassidy* y pusieron un documental soviético. Supimos que algo había cambiado. A los americanos os llevó diez años daros cuenta.

»Otros van a Asia y vuelven con ideas comerciales o electrónicas. Ceausescu volvió rindiendo culto a las personalidades de Mao y Kim il Sung.

La tragedia de su padre no afectó verdaderamente a Mihai hasta que llegó a la adolescencia.

—Estaba en un café con unos amigos cuando un borracho comenzó a insultarme porque mi padre era un criminal. Entonces comencé a odiar a mis padres. Ahora me odio a mí mismo por eso.

Mihai aprendió no sólo húngaro, con su familia materna, sino también alemán. Estudió inglés y francés en un instituto de filología de Suceava. Sin embargo, no era suficiente para conseguir trabajo en la oficina de Turismo local, cuyos empleados sólo hablaban rumano. Dirigía la oficina un íntimo amigo de Emil Bobu, uno de los consejeros de Ceausescu, natural de Suceava (y que fue sentenciado a cadena perpetua tras la revolución). Mihai tuvo que trabajar de traductor de folletos técnicos en una fábrica de herramientas.

»Con Ceausescu, alguien que supiera idiomas estaba en desventaja. Levantaba sospechas. Lo que menos interesaba al régimen era tener en la oficina de Turismo a alguien que pudiera comunicarse con los extranjeros. Después de todo, ¿quién sabe lo que podría contarles? Y ser hijo de un antiguo prisionero político me hacía doblemente sospechoso.

Cuando la Securitatae comenzó a disparar sobre los estudiantes que se manifestaron en Timisoara el 17 de diciembre de 1989, Mihai le dijo a su mujer:

—Todo ha terminado, créeme; en cuanto los rumanos vean la sangre de sus hijos, se volverán locos.

Al poco tiempo, la vida de Mihai comenzó a cambiar. Los aspectos negativos de su currículum de repente se convirtieron en ventajas. Los extranjeros comenzaban a llegar a Suceava —no muchos, sólo unos pocos periodistas franceses y oficiales de la Cruz Roja suiza—. Pero ¿quién podía entenderse con ellos? Los oficiales de la oficina de información estaban avergonzados. Entonces recurrieron a Mihai. Los extranjeros le pagaban en dinero contante y sonante que, gracias a una nueva ley aprobada pocas semanas después de la revolución, podía meter en una cuenta corriente abierta con toda legalidad. El responsable de la oficina de Turismo fue expulsado. Mihai se convirtió en director adjunto, pero pronto comenzó a pasar la mayor parte de su tiempo haciendo de guía particular. La afluencia de extranjeros no era muy numerosa, pero todos acudían a Mihai, que les cobraba cincuenta dólares por día.

Cuando se comprobó que la guerra de Ceausescu contra el control de la natalidad había ocasionado un elevado número de huérfanos, comenzaron a ponerse en contacto con Mihai otros extranjeros interesados en la adopción de un niño. Mihai arreglaba el papeleo a cambio de una cantidad de dinero.

Y además tenía ideas propias. Cuando lo conocí, estaba intentando abrir en Suceava una oficina del Rotary International, «para enseñar a la gente que no vale sólo con hacer dinero; debes dar parte a obras de caridad».

Mihai no dormía mucho.

—No puedo. Toda mi vida ha sido una larga preparación para este momento. —Y añadió—: No ves..., los bosques, los monasterios. Suceava está rodeada por el paisaje más bello de Rumania. Esto es un paraíso turístico, pero no hay una infraestructura turística. Yo voy a crearla.

Su meta inmediata era ahorrar suficientes divisas que le permitieran adquirir un microbús en Occidente para organizar viajes turísticos para grupos pequeños.

—En cuanto consiga la furgoneta, habré dado el primer paso para crear una verdadera empresa que luego podría comprar alguna firma europea que, por supuesto, me dejaría como director de zona.

Mihai también quería llevar a su familia a Estados Unidos.

—No me malinterprete. No quiero emigrar. ¿Por qué habría de ser un pobre emigrante rumano cuando hay tantas oportunidades de hacer dinero en Suceava? Lo que pasa es que necesito tocar el Álamo, tocar el Lincoln Memorial para darme cuenta de que son de verdad. Quiero que mi hijo vea Estados Unidos, que sepa cómo es una sociedad en la que los sueños se hacen realidad. ¿Cree que no estoy siendo sincero? Conozco mejor la historia norteamericana que ustedes, o por lo menos la valoro más.

Mihai era de estatura y complexión media. Como muchos rumanos, tenía pelo moreno y ojos negros. Sus ropas estaban raídas. Era la expresión de sus ojos y su forma de hablar lo que le hacía diferente. Él quería prosperar. Se dirigía a uno decididamente, sin vergüenza, con un producto que vender: en su caso, servicios de traducción y guía. Sus ojos, en los que ardía la ambición, calculaban en términos de carne y patatas, como los de un taxista ruso en Nueva York.

Aunque sus conocimientos de la historia moldava eran enciclopédicos, emocionalmente no parecía muy interesado en ella. Intenté provocarle metiéndome con Antonescu. No se inmutó. Ni siquiera Ceausescu le interesaba. ¿Por qué malgastar las emociones con el pasado cuando había tanto que hacer para mejorar el presente? Había encontrado la Tierra prometida en su propio país. Fue uno de los pocos rumanos que conocí que no malgastaban su energía en odio.

Mihai me contó cómo a finales del siglo XV, Stefan Cel Mare (Esteban el Grande) forjó un estado moldavo independiente y de lengua latina en mitad del Imperio turco. Para enseñar la religión cristiana y la historia moldava a sus súbditos campesinos e ignorantes, Esteban y sus nobles erigieron monasterios en lo más profundo del bosque, a salvo de los turcos musulmanes. Los decoraron con pinturas tradicionales, no sólo en el interior, sino también en el exterior de los muros. A la mañana siguiente, Mihai y yo nos subimos a su coche para visitar los «monasterios decorados».

Tras cuarenta y cinco minutos de viaje, llegamos al monasterio de Humor. Humor es el más pequeño de los monasterios decorados, y se encuentra rodeado de murallas de madera, en lugar de piedra. Fue construido entre 1532 y 1536 por los nobles de la corte de Petru Rares, el hijo ilegítimo de Esteban el Grande.

Inmediatamente me envolvió el embrujo de Humor. Vi sus artísticas escenas de sufrimiento y redención como si se tratase de un distante recuerdo en el que los kilómetros que habíamos recorrido hacían el efecto de túnel del tiempo. El mundo de pobreza industrial del resto de Rumania parecía estar a años luz de este reino de cobre brillante, maderas lacadas y agua mineral pura mezclada con tintes vegetales.

A pesar de la humedad del ambiente y del paso de casi quinientos años, las pinturas exteriores presentaban un magnífico estado de conservación. El tejado en forma de abanico, que se proyectaba fuera de los muros para proteger las pinturas de la lluvia, recordaba la intimidad protectora del hogar de un campesino. Lo mismo sucedía con el círculo de pinos que rodeaban la iglesia principal. Pero el factor más importante para la conservación de las pinturas fue el empleo de tintes naturales: rubias[1] para el rojo, cobalto y lapislázuli para el azul, azufre para el amarillo. Como escribió Sitwell tras visitar Humor en 1937, «estos frescos exteriores de Bucovina están ejecutados con todo el cariño y atención con que se pintaban las miniaturas en la Edad Media».

El color predominante era el rojizo de las rubias. El amarillo del azufre y el azul cobalto servían de contraste. En la parte inferior, se alineaban los profetas; en el medio, los padres de la Iglesia ortodoxa, y en la parte superior, los santos guerreros, especialmente san Jorge y san Miguel. Los artistas anónimos medievales representan las escenas de la Biblia en un decorado específicamente moldavo. Por ejemplo, el diablo que tienta a Abraham está vestido como una hurí turca. La escena del Juicio Final, en la pared posterior, representaba a los ángeles caídos como turcos y austriacos, mientras que el ángel que tocaba la trompeta del Señor era un pastor moldavo.

En un encantador valle a pocas millas de Humor,

1. Rubia, planta rubiácea de flores amarillas, de cuya raíz anaranjada-rojiza se extrae un pigmento amarillo rojizo utilizado para teñir. *(N. de los T.)*

Mihai y yo llegamos a un cementerio judío, cuyas pulcras tumbas y jardincillos debían su aspecto a los cuidados de una familia de gitanos que habitaba una casa próxima. No era un cementerio triste. Las fechas de las lápidas demostraban que aquellos muertos habían vivido muchos años, ahorrándose además el disgusto de ver lo que iba a suceder durante la Segunda Guerra Mundial, cuando sus compatriotas judíos fueran llevados de Bucovina a Transdniestria.

—Me resulta difícil creer que los rumanos pueden hacer daño a un judío —observó Mihai—. Quizá los comunistas como los que maltrataron a mi padre podrían hacer tal cosa, pero no la gente sencilla, ni nuestros soldados.

Me sentía demasiado relajado como para seguir con el tema.

Llegamos al monasterio de Voronets, oculto en un valle de descomunales hayas al otro lado del río Moldova. Voronets, fundado por el propio Esteban el Grande en 1488, es el más antiguo de los monasterios decorados. Los muros exteriores se parecían a los de Humor y el resto de los monasterios, salvo en el hecho de que el color predominante era un azul tan intenso que ha pasado a ser conocido como el «azul Voronets». El fresco del Juicio Final era todavía más impresionante que el de Humor. El infierno era un interminable túnel de sangre en el que se ahogaban cientos de espíritus. En la balanza de la Justicia, unas pocas obras buenas, representadas por ángeles, pesaban más que un montón de obras malas, representadas por monos y dragones.

En el interior de la iglesia, el pórtico de piedra que conducía a la cámara donde se encontraba el icono era bastante bajo. Tuve que agachar la cabeza para pasar.

—Tiene la altura justa para que pasase Esteban el Grande con corona y todo sin necesidad de encorvarse —observó Mihai—. ¡Hay que ver! Esteban el Grande no medía más de metro sesenta. *Nu mare de stat* [No es grande por su estatura] —dijo Mihai citando las palabras de un cronista moldavo del siglo XVI.

Humor y Voronets no estaban habitados, a diferencia de los monasterios que visitamos a continuación.

El monasterio de Moldovitsa fue construido en 1532, al igual que el de Humor. Levantado por el propio rey Petru Rares, y no por sus nobles, Moldovitsa es más grande que Humor, con largos muros de piedra que se elevan por encima de los árboles del bosque. El color predominante era el amarillo azufre, que brillaba con la misma fuerza que una hoja de oro bajo los rayos del sol.

—¿Comprendes ahora por qué la bandera nacional es roja, azul y amarilla? —preguntó Mihai—. Porque ésos son los colores de nuestros grandes monasterios: el rojo de Humor, el azul de Voronets y el amarillo de Moldovitsa.

El olor de los pinos y abetos se entremezclaba con el rocío produciendo un aroma próximo a la calidad etérea de la cera de abeja. En el patio saludamos a la madre Tatulici Georgeta Benedicta. Llevaba veintitrés años viviendo en el monasterio y tenía un color de ojos de un verde-anaranjado muy especial. La madre Benedicta señaló a un grupo de niños que visitaban el monasterio.

—Esto no estaba permitido durante el gobierno del tirano. En poco tiempo habrá monjas viviendo en Humor y Voronets. ¿Por qué han de estar vacíos si el gobierno del Señor ha vuelto a Rumania? Mire usted, Rumania se encuentra bajo la especial protección de la Virgen divina. Ésa es la razón por la que cuarenta y cuatro años de comunismo no han logrado destruirnos.

La madre Benedicta me contó que, la noche en que les llegaron las primeras noticias de las manifestaciones en Timisoara, ella y las demás hermanas se metieron en la iglesia y rezaron hasta el amanecer. Hicieron lo mismo cada noche hasta que «el Drac [diablo] huyó de Bucarest». El hecho de que ejecutaran al Drac «el mismo día del nacimiento de Nuestro Señor» probaba, en opinión de la madre Benedicta, que el Señor había escogido Rumania como lugar en el que sería anunciado el milenio. La madre Benedicta no negaba «los pecados del pasado». Defendía que, en «el Reino de Dios en la tierra», que estaría en tierra rumana, las obras buenas se realizarían con la misma pasión que las obras malas en el pasado.

—El pueblo debe purificar su alma. La fe tiene que renacer, y eso es lo que está sucediendo. En Semana Santa, la iglesia y el atrio estaban abarrotados. Nunca había visto semejante cantidad de personas. A medianoche, hicimos sonar las campanas. Todo el mundo encendió velas: había cientos; la gente sollozaba. Se quedaron hasta el amanecer. Era como si fuese la primera Pascua en la tierra. Antes, yo sólo creía que Él había resucitado. Ahora es un hecho que así fue.

Sucevitsa fue el último de los monasterios decorados que visité con Mihai. No se construyó hasta 1584, mucho más tarde que el resto, durante una tregua con los turcos. Fue esta estabilidad relativa lo que animó a sus fundadores —dos nobles moldavos, Iremia y Simeón Movila—. Con sus torres de tres pisos y sus murallas, Sucevitsa es con mucho el más grande de los monasterios.

«No hay duda de que la primera visión de Sucevitsa es la revelación de algo totalmente nuevo para la experiencia del visitante», escribe Sitwell. «Los bizantinos, en el cenit de su aventura espiritual, tenían la facultad de presentar una visión del estado divino...»

Oculto en medio de un bosque de hayas y abetos, el color predominante en los muros de Sucevitsa era el verde oscuro que, según Mihai, imitaba «el verde oscuro de los bosques de Bucovina». De nuevo, el Juicio Final, la gradación de las Virtudes, el árbol de Jesé, santos, padres de la

Iglesia y profetas estaban aquí como en los demás monasterios. Sólo que aquí la sucesión era más grandiosa.

Las estancias de las monjas estaban dentro de las murallas[2]. La superiora, Adriana Cojocariu, nos invitó a comer. Nos sentamos a una larga mesa en una estancia con paredes de piedra. Era bastante amplia y fría. Una hermana nos sirvió salami, queso de cabra, sopa de verduras y fideos, *sauerkraut* (col hervida), aguardiente de ciruela y vino rosado. Fue la mejor comida que tomé en Rumania: todo estaba hecho por ellas mismas. Para entrar en calor, me bebí varias copitas de aguardiente antes de atacar el rosado.

La superiora se sentó en el extremo opuesto. Era mayor; tenía una enorme verruga en la nariz y una boca grande. Había llegado al monasterio en 1948 y había pasado prácticamente todo el período de gobierno comunista dentro de los enormes muros de Sucevitsa.

—Siempre teníamos visitantes; la gente pasaba aquí uno o dos días. Venían a meditar, a renovar su mente para poder enfrentarse al mundo exterior.

Su interpretación de los acontecimientos de diciembre coincidía con la de la madre Benedicta.

—Dios lo hizo todo a través de las manos de los jóvenes y de los inocentes, repitiendo la escena de hace dos mil años, cuando Herodes mató a los niños de Palestina. Ahora, las leyes del Estado son innecesarias, porque tendremos un gobierno del Señor.

La superiora continuó hablando desde el otro extremo de la mesa; su voz resonaba en las desnudas paredes de piedra.

—La revolución fue un regalo del Señor al pueblo rumano. El pueblo rumano debe ahora devolver el regalo abriendo su corazón a la gente de cualquier fe, sobre todo a los que sufrieron aquí en el pasado.

2. Estos monasterios han estado siempre habitados por monjas.

»Rumania es una de las naciones cristianas más antiguas del mundo. Andrés, uno de los doce apóstoles del Señor, predicó en Constanta. Hace quinientos años, los monasterios moldavos eran un ejemplo de lo que podía hacer un pueblo pequeño; ahora podemos volver a hacer mucho por el mundo.

Probablemente inspirado por los efectos del aguardiente de ciruela y el vino, Mihai añadió:

—Hemos sido alguien. Volveremos a ser alguien otra vez.

Una hermana trajo café turco y unos dulces algo empalagosos.

—A partir de ahora, no tendremos problemas con el clima —dijo la superiora—. El tirano nos prohibía sacar los iconos y el resto de los tesoros del camarín. Ahora, cuando el clima es demasiado seco, los sacamos fuera para implorar que llueva. Y llueve.

»Las cigüeñas también han vuelto. Dejamos de verlas muchos años, hasta esta primavera.

Más tarde, Mihai me explicaría que, poco después de la revolución, las autoridades de Suceava cerraron una fábrica de fibra sintética causante en parte de la contaminación de la atmósfera en la región. Ése podía ser el motivo por el que habían vuelto las cigüeñas.

Quedaba por visitar un monasterio. No era un monasterio decorado —sus muros exteriores no tenían frescos—, pero no por ello era menos importante.

Al día siguiente, Mihai condujo un par de horas hacia el norte, hasta llegar a una carretera paralela a la frontera soviética que se extendía a sólo cuatro kilómetros al otro lado de un bosque de abetos. Siguió esta carretera hasta divisar las almenas del monasterio de Putna, levantado por Esteban el Grande en 1466. Era, por lo tanto, anterior a todos los demás. Los restos de Esteban yacían en el interior de la iglesia principal. Allí fue enterrado el 2 de julio de 1504.

Esteban el Grande estableció las fronteras norte y este de Moldavia en el río Dniéster, ahora a ochenta kilómetros en territorio soviético. En el Dniéster, Esteban levantó una serie de fuertes para proteger sus territorios latinos de los rusos y los turcos. Mihai enumeró rápidamente los nombres: «Catatea [*Fortaleza*] Alba, Tighina, Orhei, Soroca, Hotin.» Como Putna estaba en lo más profundo del bosque, lejos de las líneas enemigas, Esteban decidió que allí estaría su tumba, en un lugar protegido. Sin embargo, desde 1940, y a excepción del breve período durante el cual Antonescu ocupó el norte de Bucovina, la tumba de Esteban había estado situada prácticamente encima de la frontera soviética.

Entramos en la iglesia: el panteón de Moldavia. En la primera cámara, en tumbas de mármol, estaban los restos de los reyes Petru Rares y Bogdan el Tuerto; la esposa de Petru Rares, María, y la hija de Esteban el Grande, también llamada María[3].

Con la ayuda de una linterna, Mihai me condujo a la última cámara, próxima al altar. A la izquierda estaban las tumbas de la segunda esposa de Esteban y sus dos hijos, que enfermaron y murieron siendo niños. A la derecha, en una sencilla tumba de mármol de Carrara, se encontraban los restos de Esteban el Grande. La cubría la bandera rumana tricolor, sobre la que se veían flores frescas. En lo alto colgaba un candelabro apagado decorado con siete huevos de avestruz, todos ellos incubados en vida de Esteban.

El entorno frío y desnudo producía un efecto austero y solemne. Sobre el pórtico de la nave había un retrato al óleo de Esteban, que aparecía borroso y serio.

3. Bogdan perdió un ojo en una batalla contra los tártaros de Crimea.

—Ningún artista en Rumania se atrevería a pintar un retrato de Esteban sonriendo —me aclaró Mihai— hasta que toda Besaravia y el norte de Bucovina se unan al resto de Moldavia bajo la bandera rumana, de forma que estas tumbas vuelvan a estar en el corazón del territorio moldavo, protegidas de los eslavos.

El tono de Mihai permanecía inalterable: seco e informal, como diciendo: «Así es como lo siente la gente, guste o no guste.»

9

Voces transilvanas

Es evidente que el régimen clavó, realmente, sus colmillos en la población. Como en la Edad Media, las montañas eran una buena zona defensiva. Atravesando los Cárpatos hacia el oeste desde Bucovina, vi algunas señales de colectivización. El paisaje estaba formado por madera y piedra natural, en lugar de cemento y chatarra. Anduve por estrechos caminos colina abajo e incluso monté en la trasera de un carro durante unos minutos, antes de darme cuenta de que avanzaría más rápido a pie. Sólo de vez en cuando pasaba un coche por la carretera. Sabía que estaba captando un pedacito del paisaje rumano en un momento apasionante de la historia: una época posrevolucionaria, que me permitía viajar con total libertad, pero antes de que el proceso de modernización hubiese comenzado.

Tirgu Mures fue el primer pueblo de Transilvania en el que me detuve. Llegué por la mañana, cuando el sol disipaba la neblina que cubría las colinas de alrededor, dejando ver el contorno de escarpados tejados, agujas, cúpulas de plomo y estatuas rodeando una verde y extensa explanada llamada plaza de las Rosas, bordeada de fachadas barrocas y góticas. A diferencia de Jassy, este pueblo tenía iglesias católicas; y en las calles no sólo se hablaba rumano, sino también húngaro —una lengua que provenía de Europa central y no de los Balcanes—. Inspeccionando la plaza, me embargó una sensación de intimidad y familiaridad derivadas de un proceso de desarrollo cultural intenso e ininterrumpido, simbolizado por la verticalidad de la arquitectura. Aquí había una cultura de cafetín, aunque no había habido café desde hacía muchos años. Estaba de nuevo en Europa central, sólo que en su puerta trasera.

En Occidente, la propia palabra Transilvania suscita imágenes de lobos aullando, tormentas en medio de la noche, campesinos de aspecto demoníaco y el cortés y grave acento del conde Drácula, tal y como lo interpretaba Bela Lugosi. Aunque la figura histórica en la que se basa Drácula, Vlad el Empalador, tuvo su castillo en la llanura de Valaquia, la historia de Stoker cuadra más en el ámbito de Bucovina y Moldavia que en el de Transilvania.

No me las estoy dando de sabelotodo. Valaquia, Bucovina y Moldavia pertenecen a Oriente: el mundo del cristianismo ortodoxo, de supersticiones populares y de éxtasis místicos. Pero Transilvania forma parte del mundo que se mofa del Este: Occidente.

Según la apasionada visión del historiador John Lukacs, la identidad occidental de Transilvania es la «clave de su historia» y de su «fauna humana». Lukacs alega:

> Transilvania tuvo su alta Edad Media, sus catedrales, monasterios, un soplo de renacimiento, su barroco, su ilustración, es decir, los períodos históricos que configuraron Europa... pero que no existieron en Rusia, Rumania, Moldavia, Oltenia, Valaquia, Besarabia, Bulgaria, Serbia, Macedonia, Albania, Tracia, Grecia y Ucrania.

Como han señalado Lukacs y algunos más, los turcos conquistaron la totalidad de los Balcanes y la mitad de Hungría en la Edad Media, pero no conquistaron Transilvania.

Mientras la llanura de Atenas, con su Partenón —por

no mencionar a Moldavia y a Valaquia—, sesteaba bajo un sueño oriental y otomano, Transilvania proclamaba su Ilustración, con libertad e igualdad para católicos y protestantes. William Penn quedó tan impresionado que se planteó llamar Transilvania a su colonia americana de cuáqueros.

Pero la libertad religiosa era relativa. La mayoría de la población autóctona —los rumanos ortodoxos— no disfrutaron de los beneficios de esta Ilustración. Pertenecían a los niveles más bajos de un sistema medieval del feudalismo, los siervos, mientras que los húngaros y los alemanes sajones, protestantes o católicos, disfrutaban de todos los derechos de los señores. (El conde Drácula tenía un nombre rumano porque era de Moldavia. En Transilvania la elite húngara no habría permitido la formación de una nobleza rumana.) Los rumanos, por lo tanto, no se impresionan con el papel histórico desempeñado por Transilvania como faro oriental de Europa central y occidental; les importa tan poco como a los negros sudafricanos el papel que cumple la comunidad blanca como faro del progreso y la eficacia occidental en el continente africano.

El conflicto cultural se agravó después por la particular importancia de Transilvania en las tradiciones rumana y húngara. Para los rumanos, Transilvania (*Ardeal*, «la tierra más allá del bosque») es la cuna de su raza latina, pues Dacia, antigua colonia romana, se encuentra en Transilvania. Para los húngaros, Transilvania (*Erdely*) fue el lugar de sus más famosas victorias sobre los turcos y el de los alzamientos democráticos contra el gobierno austriaco que llevaron a la creación de la dualidad monárquica austrohúngara, en 1867. Janos Hunyadi, que defendió a Europa central contra los otomanos, Matías Corvino, el rey más grande de la historia húngara, que llevó el Renacimiento a Hungría, Janos Bolyai, uno de los inventores independientes de la geometría no euclidea, y Bela Bartok, el compositor, fueron todos húngaros de Transilvania.

En el Tratado de Trianón[1], que se acordó tras la Primera Guerra Mundial, además de Besarabia y el norte de Bucovina, Transilvania fue cedida a los rumanos. Los nombres rumanos de ciudades acompañaron a los húngaros: Kolozsvar fue conocida también como Cluj, y Marosvasarhely como Tirgu Mures. En estas ciudades, tras la Primera Guerra Mundial, los rumanos edificaron catedrales ortodoxas que dejaron pequeñas a las iglesias católicas y protestantes húngaras. La catedral ortodoxa de Tirgu Mures, asentada en la cabecera de la plaza, incluía un mural en el que Jesús, vistiendo el atuendo de un campesino rumano, era azotado por hombres vestidos como nobles y soldados húngaros. Además de velas de cera y tarjetas postales de pobre calidad, se vendían libros en la catedral que hablaban sobre la persecución de la Iglesia rumana ortodoxa durante la Segunda Guerra Mundial, cuando los húngaros recuperaron Transilvania.

Hungría, al igual que Rumania, estuvo gobernada, durante la Segunda Guerra Mundial, por una dictadura fascista aliada de Hitler. Las atrocidades que ésta perpetró en Transilvania contra la población local ortodoxa (y particularmente contra los judíos), se pudieron casi equiparar con las barbaridades cometidas por los rumanos en otros lugares. Los rumanos, por cambiar de bando cuando Hitler empezó a perder la guerra, pudieron recuperar Transilvania. Tras la guerra, los gobiernos comunistas rumanos que gobernaban Transilvania, en especial el de Ceausescu, lo llevaron de nuevo al sistema medieval de *apartheid*, sólo que esta vez con los rumanos ortodoxos a la cabeza.

Ceausescu prohibió el uso público del idioma húnga-

1. Trianón, palacio de Versalles.

ro y de los nombres húngaros de ciudades y pueblos. Cerró periódicos húngaros. Clausuró cientos de colegios húngaros y rumanizó completamente las facultades húngaras de la Universidad de Kolozsvar-Cluj, convertida por los húngaros, en el siglo XIX, en una de las mejores universidades del mundo. Ceausescu no sólo prohibió llamar Kolozsvar a Cluj, sino que cambió el nombre de Cluj por Cluj-Napoca, refiriéndose a un antiguo asentamiento dacio cercano; una conexión casi histórica que apelaba a su sentido visceral de nacionalismo criptofascista.

Para alterar el balance demográfico, Ceausescu prohibió el aborto y el uso de anticonceptivos a las mujeres rumanas y prohibió a los húngaros que bautizasen a sus hijos con nombres húngaros. Finalmente, trasladó cientos de miles de trabajadores de granjas y fábricas de Moldavia y Valaquia a Transilvania, mientras que se trasladaba a la fuerza a los húngaros desde sus territorios a otros lugares de Rumania.

La frontera entre Hungría y Rumania, dos aliados del Pacto de Varsovia, fue, durante décadas, la frontera más aterradora que atravesaba Europa, mucho peor que el muro de Berlín. Los viajeros podían ser detenidos durante horas, en mitad de la noche, sin importar la nacionalidad de su pasaporte, mientras que la suspicaz policía rumana buscaba en cada maleta publicaciones en magiar (idioma húngaro), entre otros elementos subversivos. En 1983 tuve que sobornar a un policía de frontera rumano para evitar que me confiscase mi máquina de escribir.

Los 2,1 millones de húngaros en Rumania constituyeron la minoría étnica, no soviética, más grande de Europa, y doblaban en número a los árabes de la franja occidental que viven bajo ocupación israelí. Pero mientras las etnias húngaras durante el gobierno de Ceausescu sufrieron una represión tan dura o peor incluso que la soportada por los palestinos en Gaza y Jericó (los 120.000 judíos asentados en la franja occidental eran pocos en comparación con el número de rumanos que Ceausescu instaló en Transilvania), me atrevería a decir que para la mayoría de los occidentales —que sí conocían el conflicto arabe-israelí— Transilvania, antes de la revolución rumana de 1989, sólo era la tierra natal del conde Drácula.

A medida que se desarrollaban los acontecimientos, la represión de Ceausescu sobre las minorías étnicas húngaras en Rumania fue la chispa que encendió el fuego revolucionario en diciembre de 1989.

El reverendo Laszlo Tokes, pastor húngaro de la Iglesia reformista de Calvino en Timisoara (en húngaro, *Temesvar*), condenó en público el régimen y sus políticas discriminatorias. Timisoara no está en Transilvania, sino en el Banat —región occidental fronteriza de Rumania, en la que la tensión intercomunal existente entre húngaros y rumanos no fue nunca tan grave como en Transilvania—. Así pues, cuando el gobierno de Ceausescu decretó el exilio interior para Tokes, húngaros y rumanos de Timisoara se unieron en una manifestación que fue el principio de una cadena de acontecimientos que acabarían, diez días después, con la ejecución de Ceausescu.

En Transilvania, no obstante, el peso de la historia, unido a las consecuencias sociológicas de la política de Ceausescu de traslados de población, muy pronto aplastó la naciente buena voluntad intercomunal entre rumanos y húngaros, engendrada en el levantamiento de Timisoara.

—Por favor, no hablemos de Tokes —me dijo un profesor rumano de inglés que conocí en Tirgu Mures—. Incluso para mí, que soy persona de mentalidad abierta, hay cosas que me sobrepasan. Ese hombre es un chovinista húngaro. ¿Leyó usted eso que dijo que para los húngaros, bajo el gobierno de Ceausescu, el rumano fue una lengua opresora? ¿Cómo puede ser el rumano una lengua opresora?

—La paradoja es que hemos sufrido juntos —reflexionaba Ion Pascu, neurólogo y rector del Instituto Médico de Tirgu Mures—. Pero ahora, de repente, todo está envenenado.

La misma atmósfera de Transilvania era una paradoja en sí misma: la gente estaba más occidentalizada que en Moldavia o Valaquia, pero prejuicios ancestrales envenenaron las charlas más superficiales de los cafés. En cierto sentido, Transilvania era, en 1990, como Viena o Berlín en los años treinta. Llegué a Tirgu Mures a finales de abril, unas semanas después de que la plaza de las Rosas fuera tomada por grupos de rumanos y húngaros que, con cuchillos y garrotes, habían venido de los pueblos de los alrededores para dejarse oír. El saldo fue de varios muertos y unos doscientos cincuenta heridos.

La tarde que yo llegué, los tanques patrullaban concienzudamente por la plaza de las Rosas en Tirgu Mures, a unos setenta y cinco kilómetros de Cluj (todavía Cluj-Napoca). Pero la plaza de la Libertad se llenó de estudiantes rumanos. Cubrieron el pedestal de la estatua del rey húngaro Matías Corvino con la bandera rumana, y quitaron los símbolos comunistas que había en el pedestal. Los estudiantes cantaban la marcha *Despierta Rumania*, escrita por Andrei Muresamu durante el levantamiento de 1848 contra los gobernadores húngaros de Transilvania. Los estudiantes pedían una segunda revolución para liberar Rumania del Frente Nacional de Salvación neocomunista.

Para mí, ninguna ciudad de los Balcanes es tan embriagadora como Cluj, con sus tejados escarpados y con gabletes, sus barrocas fachadas amarillas, alineadas en estrechas calzadas de adoquines, que, al atardecer, cuando el clima es cálido, huele a los campos cercanos. Este provincial puesto avanzado de Europa central posee la cualidad de tener un veranillo de san Martín.

Ebrios de amor y de charlas brillantes cuando Cluj se llamaba Kolozsvar, los románticos húngaros conversaban hasta altas horas de la noche en los cafés de la plaza principal. Para mí, sus espíritus aún permanecían tan palpables como el recuerdo de un buen café o el sabor de un beso especial.

Patrick Leigh Fermor, viajero británico de renombre y estudioso de los Balcanes, creía que *Don Giovanni* de Mozart se interpretó en Cluj antes que en Budapest y que Liszt dio aquí recitales. Me instalé en el hotel Continental, situado en la plaza principal, conocido en los días precomunistas como hotel Nueva York, un edificio barroco, amarillo y blanco, con cúpulas plateadas. Hasta su café neorrumano decorado con columnas corintias doradas llegó Fermor para beber y charlar con amigos húngaros en julio de 1935. En su libro de memorias sobre Hungría y Transilvania, *Between the Woods and the Water* (*Entre los bosques y el agua*), Fermor recordó haber oído el sonido amortiguado del vals de *Die Fledermaus* (*El murciélago*) entrando en la cafetería desde el comedor del hotel. En 1990, ningún vals, ni tampoco melodías gitanas, surgía del comedor; sólo el ensordecedor rugido metálico de lo que, para el grupo de hombres camorristas y borrachos que estaban en las mesas, simbolizaba la libertad y prosperidad occidental. A diferencia de los tiempos de Fermor, nadie había estado sentado con esmoquin bebiendo un cóctel. Los comensales vestían abrigos, y botellas vacías de un oscuro licor de ciruela y cerveza que chorreaban y que parecían ser resistentes al detergente cubrían los sucios y apestosos manteles. Los gitanos se acercaban a los viajeros en el vestíbulo, ofreciendo cigarrillos occidentales, globos de color rosa y prostitutas.

Pero a pesar de la destrucción social y cultural que los comunistas habían forjado trasladando campesinos rumanos hacia la ciudad y nativos húngaros fuera de ella, el espíritu de Cluj y Kolozsvar, de algún modo, sobrevivió. Starkie, en 1929, describió Cluj como «una ciudad ideal para el viajero contemplativo. Aquí puede estar el Oxford de Europa oriental, con sus estudiantes y sus edificios tradicionales». Aunque la que fue una gran universidad ya no era lo que hubo en los días de Starkie, sí que dio carácter a la ciudad, como comprobé por propia experiencia.

Durante una cena a la que asistí en mi primera noche en Cluj, conocí a Nigel Townson, un profesor inglés de la universidad quien, en 1990, era el único profesor en Rumania afiliado al British Council. El British Council mantiene bibliotecas y profesores británicos en todo el mundo. Aunque es, esencialmente, una organización cultural, sin vínculos oficiales con el Foreign Office británico, el uso de las instalaciones de las embajadas británicas de muchos países por el British Council le ha dado una imagen ambigua: la gente de los países hostiles a veces piensa que los profesores del British Council son espías. La novelista Olivia Manning estaba casada con un profesor del British Council, R. D. Smith, quien trabajó en Bucarest en 1940 y 1941. La idea absurda y peligrosa abrigada por los rumanos contemporáneos de que él y el resto de los «inútiles gusanos de libro» pertenecientes al British Council en Rumania eran espías, sentó las bases de la conspiración de *The Balkan Trilogy*.

Ceausescu también pensaba que los profesores del British Council eran espías. Bajo su gobierno, las condiciones para su contratación se volvieron tan rigurosas que en los años ochenta se produjo una reducción gradual del personal. Casualmente, Nigel, el profesor en Cluj, era la única conexión en activo con los personajes de *The Balkan Trilogy*.

Nigel era tal y como yo suponía. Igual que Guy Pringle, el personaje del British Council, Nigel era de constitución fuerte, llevaba gafas con montura metálica, y estaba totalmente inmerso en las vidas y problemas de sus estudiantes rumanos, preocupándose de si éste consigue su beca de estudios en Inglaterra o de si el otro sale de una depresión. Nigel leía un libro de literatura inglesa al día; hablaba rumano, portugués, alemán, además de otros idiomas. Él, su fogosa esposa serbia y su hija vivían en un típico bloque de apartamentos rumanos, en las afueras de Cluj, sobrellevando las habituales privaciones rumanas. La reaparición de huevos o cerveza en el supermercado local, por ejemplo, alegraba tanto a Nigel como al resto de sus vecinos. La vida no era fácil para Nigel, pero tenía una idea bastante clara de lo que eran los rumanos y su país mucho mejor de la que cualquier «mimado» diplomático extranjero pudiera desear tener.

Sin Nigel yo no habría conocido a la gente que conocí en Cluj; personas que, a pesar de sí mismos, me presentaron, cara a cara, una desagradable verdad: la ilustración occidental en Transilvania es aún un asunto húngaro y tuvo una mínima repercusión en la población local rumana.

Sandra Danciu había traducido los libros de Nikos Kazantzakis del griego al rumano. Durante mi primera mañana en Cluj, fui a su apartamento a tomar café.

—¿Ha leído *Zorba el griego*? —preguntó ella—. Entonces sabe que el mismo diablo estaba en el monasterio. Lo mismo sucede aquí. En Alba-Iulia, por ejemplo, el confesionario de la iglesia estaba «pinchado» (tenía micrófonos ocultos)... No recuerdo un solo gobernador honesto en toda la historia rumana. En Rumania, el mal siempre triunfa. Y ahora los húngaros están armando todo este lío. Son chovinistas recalcitrantes. Por el modo que tienen de hablar sobre su cultura magiar, pensaría que se trata de huesos de santos.

Le pregunté qué ocurrió en Cluj el 22 de diciembre de 1989, el día en que Ceausescu escapó de Bucarest.

—No me gusta recordar ese día, porque lo asocio

con la desesperación. Aunque Ceausescu esté muerto, no nos hemos liberado aún de nosotros mismos.

—¿Puede describir lo que vio y sintió?

—La noche del 21 de diciembre no podía dormir. Recé. Aquel día hubo una manifestación en la plaza, en la que el ejército mató a mucha gente. A las seis y media de la mañana siguiente, el 22 de diciembre, me levanté y llevé a mi hija a dar un paseo, para ver qué estaba ocurriendo. No sé por qué lo hice. Fue un impulso. Había traidores en todas partes; era peligroso. Los soldados y la Securitatae patrullaban por las calles. Pero me atreví a retarlos con la mirada. Sentía odio. Quería venganza por la tragedia de mi gente. Nunca los perdonaré, nunca. No son dignos de simpatía.

»Mi hija y yo no éramos las únicas en la calle tratando de averiguar lo que estaba pasando. Había más gente. Todo el mundo iba hacia la plaza en la que hay una estatua de Miguel el Valiente. Doina Cornea[2] estaba allí, hablando a la muchedumbre. Todos nosotros nos comprometimos con un juramento mortal, por el espíritu de Miguel el Valiente, a ir ante su estatua, cada mañana a la misma hora, hasta que Ceausescu cayera. Luego todos juntos nos fuimos a la catedral ortodoxa.

»Pasamos entre dos hileras de tanques. "Tal vez nos maten", dije a mi hija. Luego, recuerdo, salió un cura joven de la catedral. Estaba muy serio, con aspecto de intelectual... Sentí que sus palabras llegaban al cielo: *Tatal nostru carele esti in ceruri*... [Padre Nuestro que estás en los cielos...].

»Después, toda la multitud se fue a la plaza de la Libertad. Allí alguien gritó desde una ventana: *Tyrannul a fugit Bucaresti* [El tirano ha huido de Bucarest]. En aquel momento amé a cada mendigo, a cada alma de la calle...

»La ejecución de Ceausescu era como una purifica-

2. Doina Cornea fue un conocido disidente en Cluj.

ción del alma, un sacrificio humano, el primer ejercicio espiritual de nuestra nación... Tan sangrientas, tan puras, nuestras mentes oscilan entre Dios y Ceausescu. Pero no servía de nada, no era suficiente. Era como si quisiera devorar su carne. No, no nos habíamos liberado ese día.

—¿Quién era el cura joven que salió de la catedral? —pregunté.

—El padre Ion Bizau. Le puede encontrar en la catedral.

Hallé al padre Bizau en la nave de la catedral, con una rebanada de pan en la mano. Llevaba la sotana negra de los sacerdotes ortodoxos. Me presenté. Me sonrió y, por alguna razón que no pude imaginar, me puso la rebanada de pan en las manos, haciéndome gestos para que le siguiera.

—Venga, será usted mi invitado a comer.

El padre Bizau continuó sonriéndome. El pelo bajo su sombrero negro era oscuro y tenía una larga barba roja. Aparentaba tener mi edad, unos treinta y muchos. Tenía una mansa expresión, como la del que ha ayunado un día o dos. El padre Bizau era un hombre pequeño. Pero cuando me entregó la rebanada de pan, noté que tenía unas manos enormes, muy nervudas y con venas muy marcadas. En seguida pensé en la estatua del *David* de Miguel Ángel, en Florencia, en la que las manos están desproporcionadas comparadas con el resto del cuerpo. Recordé, vagamente, haber leído en alguna parte que Miguel Ángel exageraba deliberadamente las manos de sus héroes, como símbolo de virilidad y favor divino.

Dentro de la casa del padre Bizau había mucho ruido. El padre Bizau y su mujer tenían dos niños pequeños. (Los curas ortodoxos pueden casarse siempre que no profesen en un monasterio.)

—El pequeño Ion tiene seis años —me dijo el padre

Bizau—. Dumitru nació el pasado octubre. Durante doce años no pudimos tener hijos. Luego nació el pequeño Ion. Cuando nació Dumitru, en octubre, lo consideré una señal divina de algo bueno que iba a ocurrir aquí. Venga a mi estudio. Allí estaremos más tranquilos.

El estudio del padre Bizau estaba lleno de libros. Los vi de Shakespeare, Camus, Platón, O'Neill, Baudelaire y Joyce, además de libros religiosos y trabajos de escritores rumanos.

—¿Un cura lee a Camus, un existencialista, un ateo? —pregunté.

Luego supe que cuando el padre Bizau quería gritar, silbaba muy suave, elevando sus grandes manos hacia el cielo.

—Camus es más hombre de Dios que cualquiera de los que nos gobernaron desde los tiempos del rey Fernando y la reina María. ¡Sin Dios y sin Job no habría existencialismo! Vamos. Tomemos pan y *tuica* —dijo tomando la rebanada de mis manos y troceándola sobre una mesa—. Ve usted, la botella de *tuica* lleva etiqueta húngara. Eso es bueno. Los rumanos y los húngaros deben aprender a amarse unos a otros.

—La gente me comenta que fue usted una figura importante de la revolución, aquí, el pasado diciembre.

—No soy importante —contestó el padre Bizau—. Todos nosotros colaboramos con nuestro silencio. Todos fuimos responsables, no sólo de los crímenes cometidos aquí, sino incluso de los de los otros gobiernos comunistas en Cuba, Etiopía, Corea del Norte. Somos nosotros los responsables del hambre en Etiopía...

»Durante décadas, a nuestro rey Miguel Hohenzollern, un hombre que no es un pagano o un ladrón como nuestros gobernantes comunistas, no se le permitió poner el pie en suelo rumano. Pero ¡a un bandido como Yasser Arafat sí se le permitía venir! Dígame, ¿cómo es posible? ¿Cómo?

El padre Bizau abrió sus brazos extendiéndolos y arrugó su frente como una figura martirizada de un icono.

—Beba, beba —me ordenó—. Este licor de ciruela está hecho por la iglesia rumana y se conserva en una botella húngara. ¿Ve? —continuó—. La misión de un cura es decir lo que está bien y lo que está mal. Decir en qué lado está la luz y en cuál la oscuridad.

Su mujer nos sirvió la comida en el estudio: vino tinto, cerdo asado y huevos.

—¿Se une usted a mi oración cristiana? —preguntó.

—Naturalmente, aunque no soy cristiano.

—¿Qué es usted, un creyente, supongo?

—Soy judío.

—Entonces debe usted decir su propia oración. Y mi mujer debe llevarse el cerdo y traernos algo distinto.

—No, no —me sentí muy avergonzado—. Está bien así. No soy muy religioso. Quiero decir, por favor...

Su mirada era de desaprobación.

—Dígame —comencé, cambiando de tema cuando empecé a comer el cerdo y a beberme el vino—, ¿qué ocurrió cuando la multitud llegó a la catedral el 22 de diciembre de 1989?

—El cuartel general del partido comunista está al otro lado de la plaza, frente a la catedral. Bueno, pues cuando vi a la multitud de gente entre los tanques, acercándose a la iglesia desde el cuartel general, chillé y chillé. Porque yo sabía que esto no era obra de un hombre. La gente de Rumania estaba alejándose del camino pagano y volviendo de rodillas a la «Casa de Dios». Caí de rodillas y dije: *Tatal nostru carele esti in ceruri...* [Padre Nuestro que estás en los cielos...].

—¿Y ahora?

—Ahora hay tanto trabajo que hacer... La gente aún no tiene fe. Sospechan de Doina Cornea y de Laszlo Tokes —él porque es húngaro—. Tokes es un héroe, pero nadie dirá una sola palabra amable de él. La verdad está en nuestras almas. Pero tenemos miedo de decirla. Somos gente religiosa, pero nos hemos convertido en gente espiritualmente desfigurada.

El padre Bizau me despidió con una botella de licor de ciruela casero.

Me invitó a comer y a cenar en su casa cada día hasta que me fui de Cluj. Le había conocido hacía apenas dos horas y había llegado sin pedir una cita.

Caminando de vuelta, algo bebido, hacia el hotel Continental, pensé que Rumania era uno de aquellos lugares desbordantes de pasión, donde se conocía a las mejores y a las peores personas y que, tal vez, las monjas de Bucovina tuvieran razón: un Salvador sólo podría surgir de un lugar en el que se hubiese cometido tanto mal.

—Creo que es hora de que tengas una charla con Gheorghe —dijo Nigel, esbozando una pícara sonrisa—. Tengo la sensación de que haréis buenas migas.

Quedé con Gheorghe y Nigel para comer en un restaurante cerca de la universidad. Gheorghe era alto, de constitución muy atlética. Tenía el pelo muy corto, negro, salpicado de canas, y un pequeño bigote negro. Tenía un aire carismático y también cauteloso. Cuando saqué mi libro de notas, Gheorghe dijo:

—Preferiría que no utilizase usted mi verdadero nombre.

Por lo tanto, «Gheorghe» no es el verdadero nombre de este sujeto. Más tarde, cuando saqué mi monedero para pagar al camarero, Gheorghe señaló:

—Veo que cambió usted su dinero en el mercado negro, por la forma en la que están doblados los billetes.

Los camareros conocían todos a Gheorghe. Nos atendieron rápida y correctamente, asegurándose de cambiar el mantel y de darnos vasos bien limpios, algo poco frecuente en Rumania.

Pero aunque los camareros no hubieran conocido a Gheorghe, imagino que el servicio habría sido igualmente bueno. Gheorghe es ese tipo envidiable de personas que pueden entrar en un restaurante abarrotado de gente y ser atendido con rapidez. Gheorghe, más tarde, se jactaba ante mí, moviendo un dedo:

—Éste es un país de colas. Pero nunca, nunca en mi vida he tenido que hacer una.

Gheorghe tenía cuarenta y pocos años. En su semblante había siempre un aspecto de preocupación. Vivía con la idea de que en el minuto que dejas de preocuparte y de temer lo peor, lo peor ocurrirá. En Rumania es una buena estrategia para vivir.

Puedo explicar mejor la impresión que Gheorghe me causó —las vibraciones que emitía— comparándole con un personaje de *Doctor Zhivago*: Victor Kamarovsky, interpretado, en la versión cinematográfica, por Rod Steiger. En el comienzo de *Doctor Zhivago*, Kamarovsky es un miembro relevante de la aristocracia rica, conspirando para el zar y seduciendo a la hija de un amigo, una mujer con menos de la mitad de su edad, a la que deja embarazada. Kamarovsky aparece cerca del final de la película, después de la revolución de 1917. Ahora, trabajando para los bolcheviques, tiene la misma mirada de preocupación en su semblante. «¡Los bolcheviques confían en ti!», exclama Yuri Zhivago (Omar Sharif) inocentemente. Kamarovsky dice con aire burlón, como si hablase a un niño: «No confían en nadie. Me encuentran útil.»

Gheorghe había sido miembro del Partido Comunista Rumano. Ahora pertenecía al *Vatra Romaneasca* (Hogar Rumano), una organización nacionalista secreta que, según se decía, era una versión de los noventa de la legión del Arcángel Miguel, además de ser refugio, en la era pos-Ceausescu, para los miembros de la Securitatae, que todavía gobernaban Rumania con la máscara del

Frente Nacional de Salvación de Iliescu. Gheorghe también editaba dos periódicos en Cluj: un periódico apoyaba al Frente Nacional de Salvación; el otro, un periódico estudiantil, se oponía al Frente.

Gheorghe, no obstante, cometió sus errores. En Londres, cuando fue allí con una beca a mediados de los años setenta, hizo algunos trabajos *free-lance* ilegales: vendiendo coches usados a árabes, poniéndose de acuerdo con un diplomático rumano para vender vino de Moldavia de las bodegas de la embajada rumana al colectivo local. Cuando Gheorghe regresó a Rumania durante una corta visita, se le dijo que su pasaporte había sido invalidado.

—Tenía setecientas libras en el banco de Londres; eso es mucho dinero para un rumano. Los bastardos nunca me dejarán salir —dijo chasqueando la lengua y elevando las cejas, el modo oriental de demostrar desprecio.

Se rumoreaba en Cluj que Gheorghe era coronel de la Securitatae. Pero no creo que Gheorghe fuese más siniestro que un estafador o un arribista, rebosante de cinismo y pesimismo, que desprecia tanto al sistema como a los inocentes que se le enfrentan abiertamente. Gheorghe era de la clase de personas que no inician revoluciones, pero que siempre se las ingenian para beneficiarse del nuevo orden, sea cual sea.

Gheorghe hablaba inglés, además de alemán y otros idiomas, y era un experto autodidacto en las novelas de John Steinbeck.

—Steinbeck es el único escritor que es capaz de justificar lo que los comunistas hicieron a los campesinos. Lo que ocurrió en Rumania desde los años cincuenta era la historia para la que Steinbeck se había preparado toda su vida. *Las uvas de la ira*, ¡ja! —dijo Gheorghe con una carcajada irónica—, eso es un cuento de niños comparado con lo que ocurrió aquí.

Gheorghe intentaba ser el número uno: él, su preciosa y pelirroja esposa, Augusta, y su hijo. Pocas semanas después de la revolución comenzó a dar clases particulares de inglés, además de unirse al Vatra Romaneasca y de colaborar con el Frente Nacional de Liberación. Con el dinero, se compró una antena parabólica en el mercado negro, que instaló fuera de su cuarto de estar. La familia podía ver ahora *Satellite News* desde Londres, *Vacaciones en el mar* y otros programas, mientras que Gheorghe calculaba qué bando ganaría en la Rumania pos-Ceausescu o si él y su familia estarían mejor en Cluj o en algún lugar del extranjero.

Augusta intentaba convencer a Gheorghe para ir a América, a cualquier lugar en el que las familias pudieran vivir como seres humanos y no como salvajes.

—Ahora que podemos tener pasaportes, vámonos. Aquí nunca sabes lo que puede ocurrir —le insistía.

Pero Gheorghe no estaba seguro. Gesticulando con la mano, decía:

—Estoy ya en una edad madura. No quiero empezar de nuevo. —Arqueaba sus negras cejas y añadía—: ¿Qué seré en América? Un detestable inmigrante trabajando veinticuatro horas para que mi mujer pueda ir a los centros comerciales y tener un microondas. No. Esperaré y veré. Tal vez haya oportunidades aquí.

Nigel tenía razón: Gheorghe y yo hicimos muy buenas migas. Nigel se fue después de comer y Gheorghe me llevó a su apartamento para presentarme a su familia. Al día siguiente hablamos casi sin parar. Nuestra conversación se alimentaba de un suministro de licor de ciruela casero de Gheorghe. En muchas ocasiones fui incapaz de tomar notas. Pero recuerdo párrafos enteros de los monólogos de Gheorghe.

—¡Claro que fui miembro del partido comunista! ¿Cree que soy estúpido? —dijo avanzando la mandíbula y elevando las palmas de las manos hacia el cielo—. ¿Cómo cree que aprendí inglés y alemán? ¿Cómo cree que conseguí dinero y autorización para viajar a Inglaterra y América en los años setenta, donde supe de Steinbeck? ¿Siendo un disidente? Evidentemente participé en el juego. Las únicas personas que viajaban y tenían una buena educación en Rumania eran las que pertenecían al partido. Por eso no hay alternativa, por el momento, al Frente Nacional de Salvación. Rumania no es como Checoslovaquia o cualquier otro lugar de Europa central. Ésta es una nación de subcampesinos. Las únicas personas cualificadas son antiguos comunistas.

»Y créame, no hay nadie que odie el comunismo más que un antiguo comunista. Verá usted. Nosotros, los rumanos, tenemos una ventaja sobre los yugoslavos. Ellos, por su tradición guerrillera de la Segunda Guerra Mundial, creían en el comunismo de verdad. Nosotros —dijo elevando las cejas de un modo altivo— nunca creímos en nada. Fue una gran estafa. Por eso es por lo que se puede confiar en nosotros y por lo que los comunistas de Yugoslavia la jodieron.

»Bob, le diré algo de lo que puede estar seguro. Aquellas personas en la plaza, en Cluj, en Bucarest, esos estudiantes que se querían deshacer de Iliescu y de todos los comunistas: si tuvieran éxito —o mejor dicho, si hubiera la más mínima posibilidad de que pudieran tenerlo—, entonces habría un baño de sangre. Porque cada una de las personas de este país que no estaban en la plaza se sienten más seguros con Iliescu que con esos estudiantes.

Gheorghe me dijo esto a principios de mayo de 1990. Un mes después, una redada policial disolvió una manifestación estudiantil en la plaza de la Universidad de Bucarest. Pero los estudiantes pronto retomaron la plaza. Envalen-tonados, miles de estudiantes rodearon la sede gubernamental cercana. Ni la policía ni el ejército intervinieron esta vez, y se especuló con que Iliescu se vería forzado a renunciar. No obstante, en veinticuatro horas, miles de mineros llegaron a Bucarest procedentes del valle de Jiu, en Valaquia occidental. Los mineros, armados con garrotes y hachas, originaron una masacre. En el hospital local, las enfermeras se negaron a atender a los estudiantes. Muy pocos rumanos, ante el estupor de diplomáticos extranjeros y periodistas, mostraron simpatía alguna hacia los estudiantes heridos.

—Déjeme decirle lo que va a ocurrir —continuó Gheorghe—. Iliescu será elegido presidente con una victoria electoral abrumadora. [Lo fue.] Después, poco a poco, durante los dos años siguientes, el Frente Nacional de Salvación se irá disolviendo. Mientras éste se disuelve, surgirán nuevos partidos de oposición, que serán más maduros que los que tenemos ahora. Rumania tendrá, por fin, un verdadero gobierno no comunista. Pero no ocurrirá hasta mediados de los años noventa, y los políticos que levantarán este gobierno no comunista están aún en el banquillo. Ahora estoy con el Frente. En el minuto en que el Frente comience a derrumbarse, no tendré nada más que ver con él.

—¿Y qué pasa con Vatra, Gheorghe? —pregunté—. ¿Es Vatra la nueva legión del Arcángel Miguel?

—Vatra Romaneasca, quiere decir. Es interesante. Vatra se formó tras la revolución, cuando los rumanos despertaron de pronto y se dieron cuenta de que debían permanecer unidos contra la amenaza húngara. Pero aunque sea miembro, no sé exactamente qué es Vatra y cuáles son sus fines. Podría ser una avalancha. Recuerde que la legión del Arcángel Miguel comenzó del mismo modo que Vatra —como un movimiento nacional, idealista, que volvía a sus raíces, que estaba por encima de la política y, por lo tanto, era incorruptible—. Con respecto a Vatra, esperaré y veré.

Gheorghe habló durante horas sobre Ceausescu. Recuerdo sólo lo más importante:

—Ceausescu pertenecía a la peor clase de rumanos;

era un campesino de Valaquia, una mezcla de turco y gitano. Eso es fundamental para comprender cómo funcionaba su mente. ¿Cree que quería saldar la deuda externa por el bien de la responsabilidad nacional? ¿Quién, en su sano juicio, paga una deuda antes del plazo previsto? Él pensó: «Una vez que salde la deuda, el país será todo mío y podré hacer lo que quiera con él.» Igual que un campesino pagando a su arrendador: una vez pagada la hipoteca, la casa es suya. Puede añadir habitaciones o quemarla, lo que sea. Así es como funcionaba la cabeza de Ceausescu.

»Ceausescu tenía burros por mascotas. ¿Qué le parece? —Gheorghe se llevó el dedo a la frente y lo giró de un lado a otro—. Los burros dictaban la política. Cuando, en 1965, Ceausescu surgió como el nuevo líder, tras la muerte de Gheorghiu-Dej, nadie había oído hablar de él. Era un desconocido, lo que significa que su trabajo, hasta ese momento, se había desarrollado en el área de seguridad interna.

»Ceausescu era como Stalin, un ladrón de poca monta que controlaba la burocracia, astuto sin ser inteligente. Tenemos un dicho en Rumania: *Hirtia suporta maimult ca betonul* [El papel es más duro que la piedra]. Es únicamente con lápiz y papel como se puede torturar y asesinar a gran escala.

»Stalin, al menos, era instruido. Estudió en Georgia para ser sacerdote ortodoxo. Por eso los discursos de Stalin, que sentaron precedente para todos los discursos comunistas, sonaban a liturgia ortodoxa. Pero Ceausescu era un iletrado. Dejó el colegio a los quince años. Tenía un defecto de habla. Su padre le pegaba. La historia dice que una vez fue a la cárcel por robar, y allí lo metieron en una celda junto a unos comunistas. Le encontraron útil. Así es como Ceausescu se hizo comunista, otro timo. —Gheorghe arqueó los cejas y se encogió de hombros—. Ceausescu creció en Scornicesti, en Oltenia, la región más atrasada de Valaquia. Es uno de esos pueblos donde todo el mundo tiene un aspecto parecido, de retrasados —dijo, retorciendo su dedo en la dirección de la cabeza—, como en los montes Apalaches.

»Ustedes los norteamericanos lo fabricaron. Nixon le invitó en 1968. Está bien. He de admitir que entonces todos pensamos que, tal vez, sería mejor que Gheorghiu-Dej. Después de todo, Ceausescu criticó la invasión soviética de Checoslovaquia. Como ve, estábamos intrigados, buscándonos a nosotros mismos, y Ceausescu nos absorbió a todos. Era como arena movediza. Fui idiota al volver aquí en 1974. Me debí haber quedado en el extranjero. En Inglaterra o Estados Unidos ahora sería rico.

»Pero cuando Carter le invitó a Estados Unidos en 1976, fue imperdonable. Eso fue como restregarnos la cara con mierda. Por entonces todos sabíamos quién era Ceausescu. Recuerdo haber leído en el periódico durante la visita que, en alguna parte, no sé, en Maryland o en Pensilvania, se puso nombre a un supermercado en su honor. Los consejeros de Carter probablemente le dirían cualquier cosa para hacerle feliz y él se lo creyó, y quería que nosotros nos lo creyéramos también. Ustedes los americanos, cuando quieren humillar a una nación, realmente saben cómo hacerlo. —Gheorghe hizo ademán de escupir—. Y se pregunta usted por qué en los años setenta yo era comunista...

—¿Hicimos algo bien?

—Tuvieron un buen hombre, uno.

—¿Quién?

—El embajador Funderburk.

Miré a Gheorghe, desconcertado.

David B. Funderburk fue nombrado embajador de Estados Unidos en Rumania por Ronald Reagan en 1981, poco después de la elección de Reagan como presidente. El nombramiento de Funderburk fue político, uno de los más interesantes y controvertidos nombramientos hechos por Reagan. Funderburk era un protegido del senador Jesse Helms, el republicano de Carolina del Norte, cuyas ideas de extrema derecha sobre el aborto, oraciones en los colegios y otras cosas aplaudía Funderburk y compartía con orgullo. Pero Funderburk tenía otras cualidades que eran más importantes para el trabajo encomendado y que fueron las que menos atención recibieron de los medios. Hablaba rumano; había estudiado en Rumania como becado Fulbright; y escribió su tesis sobre cómo las políticas de paz británica y francesa en los años treinta ayudaron a poner a Rumania a merced de Hitler y Stalin, dejando a los rumanos poca elección salvo la de ser pro nazis al comenzar la guerra y pro soviéticos al finalizar. Funderburk no era un potentado que quisiera una embajada a cambio de una campaña de apoyo. Funderburk, joven, de aspecto serio, con el pelo negro y gafas de montura también negra, era un «erudito» en una cruzada y estaba interesado únicamente en una tarea: el puesto de embajador en Bucarest.

El Departamento de Estado de Estados Unidos detestaba a Funderburk, aunque el sentimiento era recíproco. En los años setenta y ochenta, Rumania era el único país de Europa oriental sobre cuya política esencial había una disputa en Washington, casi una miniguerra.

Rumania y Hungría eran las dos únicas naciones del Pacto de Varsovia a las que el gobierno de Estados Unidos otorgaba el estatus comercial de «Nación Más Favorecida». En el caso de Hungría, no suponía ningún problema, según los patrones de la Europa oriental. Hungría tenía una economía liberal y poseía un récord liberal respecto a los derechos humanos. Estados Unidos puso la etiqueta a Rumania de «Nación Más Favorecida» por distintas razones. Ceausescu, según el Departamento de Estado, seguía una política exterior independiente que no encajaba en la línea soviética. Por ejemplo, reconoció a Israel y mantenía relaciones estrechas con China. «Los del traje a rayas», como Funderburk llamaba a sus enemigos del Departamento de Estado, pensaban que, por muy poco valor que tuviese para Estados Unidos la «rebelde» política exterior, el cancelar la situación de favor hacia Rumania sólo eliminaría la pequeña influencia que Washington tenía sobre Ceausescu, empeorando más aún la situación de los derechos humanos en Rumania. Siguiendo esta línea de argumentación, la respuesta de Funderburk fue, efectivamente: «¿Peor? ¿Cómo puede empeorar más la situación en Rumania?»

Se extendió por Washington el rumor de que Funderburk era un aficionado que no sabía nada sobre diplomacia y que ni siquiera hablaba bien el rumano.

—Ha empeorado una mala situación; se necesita un nuevo embajador para encauzar las cosas en Bucarest —me dijo un experto de una «reunión de cerebros».

Pero ésa no era la opinión de algunos oficiales del Servicio de Exteriores de la embajada de Bucarest, uno de los cuales dijo rotundamente: «Funderburk habla muy bien rumano. Más aún, entiende realmente lo que es este lugar.» Otro oficial estadounidense en Bucarest dijo: «No me importa lo que digan de él; tras verle tratar con los rumanos, siento el más profundo respeto hacia el embajador Funderburk.»

Funderburk renunció en 1984 de un modo espectacular. Públicamente se refirió a Ceausescu como un *schmecher*, palabra de la jerga rumana para definir un trilero, porque engañaba con éxito al Departamento de Estado con una política menos independiente de lo que parecía. Aunque el arrebato de Funderburk sólo provocó suspiros y bufidos en el Departamento de Estado, a Gheorghe le pareció bien.

—Cuando el embajador Funderburk utilizó la palabra *schmecher*, no puedo expresarle lo bien que me sentí. Era la primera vez que supe que había esperanza, que alguien de fuera sabía lo que ocurría aquí. ¡Ah! —Gheorghe meneó su cabeza con admiración—, *schmecher*, eso es lo que era, exactamente, Ceausescu.

»Tal vez les gustara a ustedes porque mantenía relaciones con Israel —dijo Gheorghe con sarcasmo—. ¡Vaya mierda! Él tenía relaciones con Israel para poder vender judíos igual que vendía alemanes a Alemania Occidental: cuatro mil dólares por cada uno, para el visado de salida, una estafa. El dinero iba a parar al hermano de Ceausescu, Marin, para que lo depositara en Suiza. Y que, según dicen, se suicidó. Porque, como puede ver, el hermano era ¿cómo lo llamáis...?

—El tesorero.

Gheorghe sonrió.

—Sí, el tesorero. ¿Por qué cree que se pasó tantos años instalado en la embajada rumana de Viena? Se llevaba el dinero a Suiza. Dicen que se ahorcó en el sótano de la embajada. Primero le torturaron para que dijese el número de las cuentas bancarias y luego le colgaron.

—¿Quién le torturó, otros diplomáticos? —pregunté.

—Sí, otros diplomáticos, ¿por qué no?

—¿Así que el gobierno rumano tiene ahora los números de las cuentas bancarias suizas de Ceausescu? —Intentaba desesperadamente seguir la lógica de Gheorghe.

—No —cerró los ojos y subió los brazos. (Qué inocentes son estos americanos.)—. Después de asesinar a Marin, fueron a Suiza para sacar el dinero. En este momento estarán en Francia o en algún otro lugar. ¿Cree que un rumano, tras asesinar a otro rumano por dinero, va a entregar ese dinero al gobierno rumano? —Volviendo a elevar sus brazos, añadió—: ¡Se lo quedará!

Viajé en tren por las aterciopeladas colinas verdes de Muntenia, las montañas noroccidentales de Valaquia que rodean Transilvania, hasta el pueblo de Curtea de Arges, donde había un monasterio.

Una monja de rostro severo vigilaba la entrada de la iglesia. A la derecha, según se entraba, estaban las lápidas en mármol blanco del rey Carol I, su mujer Isabel de Wied (Carmen Sylva) y Neagoe Bessarab, cuya familia originó Besarabia. A la izquierda estaba la tumba del rey Fernando. Su tumba, como las de Carol I, Isabel y Neagoe Bessarab, estaba tallada y marcada con su nombre y su insignia real. Pero había otra tumba a la izquierda de la nave, junto a la de Fernando: sin marcar, con una sencilla cruz tallada. Ordenar que la tumba de su madre no se señalase ni marcase fue otro de los agravios que el rey Carol II hizo a su madre, la reina María.

Sobre esa sencilla losa de mármol, las monjas habían colocado un letrero: MARIA REGINA ROMANIEI 1914-1938.

Observé cómo un grupo de chicas estudiantes recogían unas flores del jardín. Cuando la hermana se volvía de espaldas, las chicas se deslizaban bajo la cuerda y, en un miedoso silencio —con miedo incluso de respirar— colocaban las flores sobre la tumba de Neagoe Bessarab, una figura sobre la que dudosamente habrían aprendido algo en el colegio.

Fuera de la iglesia me acerqué a las chicas y mencioné el nombre de María Regina. Las chicas se encogieron de hombros. No parecían saber de quién les hablaba. Continué preguntando, utilizando palabras distintas. Definitivamente, no sabían de quién se trataba.

¡Qué irónico!, pensé. La reina María, más que nadie, aseguró la anexión de Transilvania (además de Besarabia y Bucovina del norte) a Rumania tras la Primera Guerra Mundial. Había dormido en los campos de batalla de la Segunda Guerra de los Balcanes y en la Primera Guerra Mundial, junto a sus soldados, y se había vestido como la diosa dacia de la guerra. Por designios del destino, esta princesa nacida británica se había convertido en rumana y había enseñado a su súbditos el sentido de lo que significaba ser rumano, mejor que cualquier nativo fascista o comunista que llegó después que ella.

Arranqué una flor amarilla del jardín. Algo avergonzado, esperé, como las chicas, a que la hermana se distrajera. Entonces coloqué la flor amarilla sobre el mármol, bajo el cual yacía la última regidora buena y decente de Rumania, María Windsor Hohenzollern. Alejándome, volví la vista atrás y vi a la monja de rostro serio sonreír.

10

Cuento transilvano: Los niños del flautista vuelven a Hamelín

A una hora de distancia en autoestop, de vuelta a Transilvania, pasé de inmundas pensiones en Curtea de Arges a una impecable habitación, con muebles de artesanía, en el Imperatul Romanilor (Hotel Emperador Romano) en Sibiu, por el mismo precio.

Era como recibir una bocanada de aire fresco. Los baldosines de cerámica y los grifos metálicos del cuarto de baño brillaban de limpios. Había una pastilla nueva de jabón dentro de su envoltorio. La cafetería del hotel servía café con leche y nata montada. El restaurante, decorado con mármol y espejos dorados —el mismo en el que Liszt y Johann Strauss se habían ganado el sustento—, ofrecía sopa sin grasa y ensalada lavada. Los camareros rumanos, al igual que las doncellas rumanas que arreglaban mi habitación, trabajaban silenciosa y eficazmente y no me susurraban al oído nada sobre tarifas del cambio de divisas o prostitutas.

Me asomé por una ventana del hotel, igual que hiciera Walter Starkie hacía más de sesenta años, «me froté los ojos con asombro. El pueblo en el que me encontraba no parecía ser de Transilvania, porque no tenía características ni húngaras ni rumanas. Las calles estrechas y las casas con gabletes me recordaron a Nuremberg...». Caminé hasta la plaza de la República, junto al hotel, y contemplé una lonja circundada por coloridas fachadas barrocas, con símbolos heráldicos de madera y escarpados tejados de teja que estaban cubiertos de musgo y que tenían ventanas abuhardilladas. Miré hacia las calles laterales, sombreadas por sus bóvedas, y vi el esplendor de las cúpulas puntiagudas sobre las torres Stalwart con las que se maravilló Patrick Leigh Fermor en 1935. Con las fachadas de las casas recién pintadas y con unas tiendas con precios exorbitantes, esta plaza de Sibiu podría muy bien ser una plaza cualquiera de una ciudad alemana. Había llegado hasta el límite suroriental de los mundos alemán y austrohúngaro y ahora estaba, exactamente, en el centro de Rumania. Nunca hasta ahora durante mi viaje parecieron tan reales y mágicas las paradojas del viaje rumano. La verdad es que la historia sugerida por esta arquitectura roza lo fantástico.

Cuando los niños del Hamelín medieval, en la baja Sajonia, fueron conducidos bajo tierra por el flautista, emergieron a mucho más de mil kilómetros al sureste, en el interior de los Cárpatos, en las proximidades del mar Negro. El cuento de hadas, inmortalizado por Johann Wolfgang von Goethe, los hermanos Grimm y Robert Browning, se basa en la colonización alemana de Transilvania del siglo XII. Browning escribe:

Y no debo olvidar decir
que en Transilvania hay una tribu
de gente extraña que atribuye
sus chocantes costumbres y ropas
a que sus progenitores surgieron
de una mazmorra subterránea
a la que fueron llevados
en gran número, tiempo ha,
desde la ciudad de Hamelín
en la tierra de Brunswick,
sin que hoy día sepan
ni el cómo ni el porqué.

«La Tierra de Brunswick» es Sajonia, una zona de Alemania central. Aunque los primeros alemanes que se instalaron en Transilvania fueran, probablemente, flamencos procedentes de alguna zona cercana a la frontera holandesa, prevaleció el término de sajón. En el cuento de hadas, el flautista era un exterminador de ratas, cuya música era tan encantadora que el sonido de su flauta llevaba a todas las ratas de Hamelín a la orilla del río Weser, donde las ratas se ahogaron. Cuando el concejo del pueblo no pagó los servicios del flautista, éste se vengó tocando una melodía que embrujó a los niños. Entonces les condujo bajo tierra, para no volver a ver jamás ni a sus padres ni sus casas.

La creencia generalizada de que los gitanos roban niños (sin mencionar la fama que tienen de tocar música encantadora) indica que la figura del flautista se basó en un gitano, que llevó a los niños con su música hasta su hogar en Transilvania.

Realmente, fue el rey magiar Geza II el que reclutó a los sajones para que se instalaran en lo que entonces era el medieval flanco oriental de Hungría, contra el Imperio bizantino. Allí los sajones fundaron siete ciudades fortificadas, *Siebenburgen*, todas obras maestras de la arquitectura barroca urbana. Antes de que Cluj se llamara Cluj, Cluj-Napoca o Kolozsvar, se llamó Klausenburg por sus primeros habitantes sajones. Brasov fue fundada originalmente como Kronstadt; Sighisoara como Schassburg. La ciudad más importante de todas era Hermannstadt, que recibió el nombre de un barón sajón. Sólo más adelante Hermannstadt también se conoció con el nombre húngaro de Nagy-Szeben; y mucho más tarde, con el nombre rumano de Sibiu (como un río cercano).

A pesar de los nombres rumanos de los mapas, estos pueblos aún son conocidos por los alemanes y austriacos con el sonido teutónico grave y serio de sus nombres originales. Tal fue la influencia de estos sajones hoscos y trabajadores en los viajes de la región que, cuando Jonathan Harker, en la novela *Drácula*, de Stoker, viajó hacia el este cruzando Transilvania de camino al castillo del conde Drácula, naturalmente no se apeó en Cluj, sino en Klausenburg.

«Encontré aquí bastante útiles mis conocimientos básicos del alemán; verdaderamente no se cómo me las habría arreglado sin él», anotó Harker en su diario.

Los sajones no se fiaban de nadie; fundaron comunidades herméticas y eficientes tras los muros de sus fortalezas. Para los sajones, cuanto menor fuera el contacto con los rumanos, los húngaros o los judíos, mejor. Los rumanos y los húngaros llamaban a Transilvania con términos poéticos: Ardeal y Erdely, refiriéndose al bosque; pero para los sajones, Transilvania ha sido siempre Siebenburgen («Siete ciudades»).

La Reforma protestante reforzó a los sajones, conscientes de sus raíces germanas. Se convirtieron, según el historiador Lukacs, en «los más feroces luteranos de toda la cristiandad». El derrumbamiento del Imperio austrohúngaro en 1918, y la inmediata cesión de Siebenburgen a Rumania, acrecentó el sentido de aislamiento étnico de los sajones, haciendo que algunos miembros de su comunidad fuesen especialmente susceptibles a la propaganda nazi en los años treinta. Con Hitler, el estatus de los sajones se elevó al de *Volksdeutsche* —un término que no se puede traducir, que tiene implicaciones viscerales y raciales, significando algo así como «gente alemana»—. Muchos jóvenes sajones militaban en la Waffen SS mientras el ejército alemán arrasaba Europa oriental durante la Segunda Guerra Mundial. En concreto, se congregaban en la división Prinz Eugen[1] de la SS,

1. La división Prinz Eugen recibió el nombre del príncipe Eugenio de Saboya, un héroe militar Habsburgo de principios del siglo XVIII.

responsables de las más feroces atrocidades cometidas durante la guerra en Yugoslavia. Lukacs denomina a los sajones como «los más orgullosos seguidores del Führer». Aún en 1981, conduciendo por un pueblo sajón en Transilvania, Lukacs señaló: «Un niño de Lederhosen, viendo mi matrícula vienesa, hizo el saludo hitleriano.»

Considerada como fascista, pequeño-burguesa y no-rumana, la comunidad sajona, que ascendía a varios millones, se convirtió en la víctima principal del régimen comunista rumano de la posguerra de la Segunda Guerra Mundial. Tras la guerra, los rumanos conspiraron con los soviéticos para enviar a todos los hombres sajones de dieciocho a cincuenta años, y a todas las mujeres sajonas de dieciocho a cuarenta y cinco años, a trabajar en las minas de carbón del Donets Basin, en Ucrania oriental, y en Siberia. Sólo la cuarta parte fue directamente a Alemania Occidental tras su liberación. La otra mitad, sencillamente desapareció en la Unión Soviética, posiblemente muertos, a principios de los años cincuenta, por enfermedad, congelación o exceso de trabajo.

A partir de los años sesenta, Ceausescu se comportó con los sajones como con los húngaros, haciendo todo lo posible para destruir su vida cultural. Vendió, poco a poco, a los sajones, por dinero contante y sonante en concepto de pago de visados, a Alemania Occidental, igual que vendió judíos rumanos a Israel. Según Ion Mihai Pacepa, jefe de la Inteligencia de Ceausescu, quien después desertó al oeste, Ceausescu comentó una vez que «judíos y alemanes, junto con el petróleo, eran los mejores productos exportables de Rumania».

A finales de los años ochenta, permanecían en Transilvania sólo 200.000 sajones. Cuando se hizo más fácil conseguir un pasaporte y un visado de salida tras la revolución de 1989, estos sajones comenzaron a emigrar hacia Alemania en tropel.

En 1989, en la ciudad alemana de Munich, entrevisté a una anciana inmigrante sajona de Rumania, Dorothea Pastior.

—Puedo seguir la pista de la familia de mi madre hasta Kronstadt [Brasov], hasta el siglo XVII —comenzó la señora Pastior—, pero estoy segura de que nuestras raíces en el Siebenburgen se remontan muchos años atrás. Mi madre conoció a mi padre cuando éste estaba haciendo maniobras militares con el ejército austrohúngaro cerca de Kronstadt...

»Mi niñez fue perfecta. Nosotros, los alemanes, vivíamos en nuestro propio entorno protector. Teníamos muy poco que ver con los rumanos o con los demás, y ellos con nosotros. Es gracioso. Vivíamos juntos pero no teníamos ningún deseo de conocer su idioma u otras cosas sobre ellos. Nuestros colegios eran mucho mejores que los suyos. En los colegios sajones, la asistencia era obligatoria antes que en el resto del Imperio de los Habsburgo y, por supuesto, antes que en Rumania. La crisis económica de los años veinte no nos afectó, ya que nuestra comunidad se autoabastecía. De hecho, los alemanes de Alemania solían enviar a sus niños a campamentos de verano en Siebenburgen, porque había suficiente comida.

»En Kronstadt llevábamos una vida muy *burgerlicher* [burguesa]. Mi padre cantaba en el coro de la iglesia. Representábamos nuestras propias óperas de Wagner. Teníamos nuestro orgullo nacional... había una psicóloga popular que animaba a muchos de los jóvenes a alistarse en la Waffen SS. Cuando se recibía la mala noticia de que una compañera de colegio había perdido a un hermano en la guerra, ésta se quedaba en casa durante unos días y luego volvía vestida de negro. Por lo demás, la guerra estaba muy lejos. Los años de Hitler fueron bastante placenteros.

»El punto crucial de mi vida, cuando todo empezó a

ir de mal en peor, fue cuando, en 1945, el ejército alemán fue derrotado.

Los soldados soviéticos, con bayonetas caladas, asaltaron la casa de la señora Pastior, llevándose a su padre y a su hermano de quince años, para hacer trabajos forzados. Su hermano escapó. Su padre murió en 1946 mientras trabajaba en las minas del Donets Basin. Hasta 1973 no se notificó oficialmente su muerte a la familia. Los años que mediaron entre estos dos acontecimientos fueron un desfile desesperante de sufrimientos. Las autoridades rumanas la echaron de su casa a ella y a sus parientes. Fueron obligados a vivir en una única habitación durante catorce años.

—No he cometido ningún crimen de guerra —dijo la señora Pastior casi llorando—. Soy lo que soy, y eso es ser alemana. Y he sufrido mucho por ello.

«Hace setecientos años aquí no había más que un bosque salvaje. Llegamos desde el Rin, a petición del rey de los magiares. Aquí nos instalamos y convertimos este pueblo en lo que es hoy», dijo un viejo sajón en 1923 al viajero E. O. Hoppe, en Sibiu.

Entré en el museo Brukenthal, en la plaza de la República, fundado por un gobernador austriaco de Hermannstadt en el siglo XVIII. Caminando por las salas, tras varias semanas de viaje por Rumania, mis ojos contemplan con deleite los cuadros originales de Rubens y Van Dyck, los espejos dorados, el mobiliario Biedermeier, las vidrieras francesas y las paredes empapeladas de seda color pardo. Comprendí cómo para gente que había crecido en este entorno, como aquel viejo sajón y la señora Pastior, les tuvieron que resultar repulsivas y bárbaras las consecuencias materiales de la civilización rumana: iconos, cruces rojas de madera, huevos decorados con flores al estilo oriental.

Cerca de la plaza también encontré una vieja librería, tal vez la misma que encontrara Hoppe en 1923, cuando admitió que «había cruzado y vuelto a cruzar mil veces una calle viendo viejos edificios». Tras semanas de visitar librerías rumanas con estanterías medio vacías, en las que sólo había algunos libros técnicos de autores del bloque oriental, encontrar este lugar era otra delicia.

Aunque únicamente 7.000 de los 170.000 habitantes, en 1990, en Sibiu eran sajones, éstos parecían conferir no sólo una atmósfera especial al pueblo, sino también un modo de hacer las cosas. Observé que el hotel, además de muchas de las tiendas y casas de comida, funcionaban (para ser Rumania) con un alto grado de eficacia. Los sajones podían negar que su proximidad con los rumanos les hubiese ayudado de algún modo, pero estaba claro que esta proximidad sí benefició mucho a los rumanos.

Una noche conocí en el hotel a Beatrice Ungar, una joven de mirada intensa, periodista sajona del *Hermannstadter Zeitung*, el periódico semanal alemán fundado, como los periódicos rumanos, inmediatamente después de la revolución. No obstante, a diferencia de los periodistas rumanos, Ungar y sus colegas del *Hermannstadter Zeitung* aprovechaban su recién conseguida libertad para desenterrar el pasado de su comunidad.

—Tanto nosotros como ellos tenemos cosas de las que debemos arrepentirnos. Pero la diferencia es que, mientras que nosotros aceptamos abiertamente nuestra culpa, deseando enfrentarnos a ella, los rumanos lo niegan todo.

A la mañana siguiente estaba intentando enterarme, con un gitano, del precio de un periódico. Un hombre se acercó montado en una destartalada y oxidada bicicleta y me ayudó con la transacción. Iba sucio y sin afeitar y llevaba puesta una camisa blanca sucia y rota. Su pelo rubio y sus inteligentes ojos azules le delataron como sajón. Se llamaba Lorenz Loock y me invitó a su casa, aquella noche, para cenar.

Lorenz y su mujer, Katharine, vivían en una habitación de un patio de vecinos que estaba en una calle parcialmente destruida, cerca de la vía del tren. Había tanto polvo y basura en la vecindad que me parecía estar de nuevo en el norte de África. Los tres nos sentamos en banquetas rotas en el patio. Lorenz sirvió licor casero de ciruela en los vasos; luego cogió algunos trozos de madera que encontró en la calle y los puso en una tinaja metálica. Utilizando el alcohol del licor para encender una cerilla, Lorenz encendió el fuego, echando en él trozos de cerdo y pescado.

—Esto es todo lo que tengo tras once años de trabajo duro en este país de gitanos. Pago ochocientos lei al mes de alquiler, luz y agua [había un grifo en el patio]. Gano diez lei por hora como técnico. Después de comprar la comida, no podemos ahorrar nada.

Lorenz me enseñó una maleta grande, de plástico y cartón. Contenía toda la ropa suya y de su mujer: eso es todo lo que la pareja se llevaría a Alemania, cuando se marcharan, dentro de unos días.

—Aquí sólo se ha estado bien en los *Hitlerzeit* [los días de Hitler]. Los soldados nazis eran amables con los sajones, no como los *soldaten* rusos y rumanos. Cuando estuve en el ejército, los rumanos trataban a los sajones como si fuéramos cerdos. Llevaban las pistolas y nosotros hacíamos el trabajo duro. ¿Sabe que los nazis incluso daban chocolate a los *kindern* [niños sajones]?

—Pero ahora son todos gitanos. —Lorenz hizo una mueca. Por «gitanos» quería decir gitanos y rumanos—. Todas las manifestaciones en la plaza y tanto hablar de elecciones son cosas de gitanos. Antes de diciembre había un comunismo gitano; ahora habrá una democracia gitana. Es lo mismo. No se puede cambiar a los gitanos. Soy un hombre sajón. No me importa nada este lugar.

Lorenz bebía deprisa y rellenaba constantemente los vasos con más licor. Su mujer —también sajona— era poco habladora. Lorenz sacó una caja con fotografías familiares y me mostró su foto de bodas.

—Esto es para usted —insistió—, en honor a su amistad.

La foto, en blanco y negro y arrugada, se tomó en 1986. Parecía de cincuenta o setenta y cinco años atrás.

Lorenz me acompañó al hotel. Rayos de luna se reflejaban en los adoquines y en los edificios góticos y barrocos. La oscuridad ocultaba la pobreza rumana. Hablando alemán con Lorenz me resultaba fácil imaginar que no estaba en Rumania, sino en algún otro sitio de Alemania o Austria.

—Ahora sólo hay gitanos —seguía repitiendo Lorenz—. Pero ¿sabe lo más gracioso? En Alemania, los alemanes me llamarán gitano a mí porque soy de aquí. No me importa. Sólo quiero trabajar, ganar dinero, tener un coche, una lavadora, un vídeo, si...

Durante mi último día en Sibiu, fui con Lorenz a recoger su pasaporte. En el despacho de pasaportes, la gente se amontonaba alrededor de una pequeña ventanilla donde un funcionario iba llamando a la gente. Tras esperar unos minutos, el funcionario gritó el nombre de Lorenz. Éste se abrió paso entre la multitud, dio un recibo al funcionario y éste le entregó dos pasaportes rumanos (uno suyo; el otro, de su mujer). Para mí, todo el procedimiento me pareció rápido y normal.

Volviendo de nuevo a abrirse camino entre la gente para salir, los ojos de Lorenz brillaban.

—No sabe cuántos años he esperado este momento. —Lorenz inspeccionó, durante unos minutos, cada una de las páginas, sintiéndolas entre sus dedos—. Ahora sí estoy seguro de que me voy de aquí.

Anduvimos hacia un extremo de Sibiu, donde conseguimos transporte para ir al pueblo de los padres de Lorenz. El nombre oficial del pueblo era Rusi, me dijo Lorenz.

—Su nombre real es Reussen y fue fundado en la Edad Media por los sajones.

Reussen está al norte de Sibiu, en un camino local poco transitado que nos llevó por un paisaje verde y lleno de colinas. Un grupo de casas de los siglos XVIII y XIX, con tejados de teja roja, dominados por una iglesia barroca, en una colina, aparecieron a la derecha. Lorenz pidió al conductor que se detuviera. Le dije que mis bolsillos estaban llenos de lei que no me servían para nada, pero no me escuchó. Lorenz insistió en pagar al conductor. Mientras subíamos por un sendero, la fragancia de la manzanilla y la menta se mezclaba con los fuertes olores del estiércol y de los animales de granja. Lorenz y yo encontramos a sus padres trabajando en un sembrado de patatas. Mirándome, protegiéndose los ojos del sol con unas gruesas y bronceadas manos, me saludaron tímidamente. Lorenz empezó a hablar con ellos, pero yo apenas podía entender una palabra. Hablaban en un dialecto sajón —originario del siglo XIV, dos siglos después de que los primeros colonos alemanes vinieran a Transilvania—, en el que la pronunciación de las palabras alemanas había sufrido un giro irreconocible para todos excepto para los oídos más entrenados. Lorenz se sacó los pasaportes del bolsillo y los enseñó a sus padres. Todos sonrieron. Su madre y su padre tomaron cada uno un pasaporte y lo revisaron a conciencia, inspeccionando cada una de sus páginas.

Miré a mi alrededor. Parecía todo idílico. Los padres de Lorenz cultivaban sus propias patatas, maíz, ajos, cebollas, rábanos y apio, además de otras verduras y frutas. En un patio sombreado por manzanos, tenían algunas ovejas, cerdos, gallinas y conejos. Supe después que tenían en un sótano barriles de vino fermentado y licor de ciruela.

—Casi todo lo que comemos y bebemos lo hacemos nosotros. En las tiendas no hay nada —me dijo la madre de Lorenz.

Tenía el pelo gris y una cara rubicunda y curtida. Sus manos eran como las de un hombre. Aparentaba tener sesenta años, pero ¿quién lo podía asegurar? Lorenz tenía veintiséis, pero aparentaba cuarenta. Su padre debía de tener unos cincuenta y ocho y parecía tener setenta y cinco.

—Mi padre bebe mucho, por eso parece tan viejo —dijo Lorenz.

—¿Bebe más que tú? —pregunté con asombro.

—Oh, mucho más. Yo no bebo mucho. Eres tú el que no está acostumbrado a beber.

Los padres de Lorenz se rieron. Pero verdaderamente bebían demasiado. Durante el resto de la tarde intenté ponerme a la altura de los tres, tragando un licor detrás de otro, ayudándome con vino. Ellos, a pesar de todo, no se emborracharon y más tarde volvieron al campo a trabajar.

La casa se componía de dos habitaciones. El aseo estaba en una caseta junto al granero. Baldosines con letreros cristianos en alemán decoraban las paredes.

—Hemos sobrevivido todo este tiempo en Rumania; no hay razón para que nos vayamos —dijo la madre de Lorenz—. Pero para Lorenz no hay futuro en Rumania. Éste no es un país con futuro.

—Pero la vida en este pueblo parece muy agradable —dije.

—Sí —contestó Lorenz—. Tenemos algunos familiares en Alemania. Envían marcos a mis padres para que sobornen a los comunistas. Por eso no se llevaron nunca nuestra cosecha. Con los gitanos siempre hay que sobornar.

Sus padres hicieron un gesto de asentimiento. La madre de Lorenz comentó que votaría a Iliescu en las elecciones.

—Pero es comunista —dije—. El Frente Nacional de Salvación es el Partido Comunista Rumano, pero sin los seguidores de Ceausescu.

—Sí —dijo la madre de Lorenz—. Pero con Iliescu podemos saber lo que tenemos. Con los otros, no sabemos nada. No te puedes fiar de este país. A los rumanos no les gustan los sajones. Nosotros trabajamos. Ellos no. Cuando entraron los rusos, en 1945, corrimos y nos escondimos en el bosque durante semanas. Los rumanos ayudaron a los rusos a encontrarnos. A mi hermana la cogieron y se la llevaron a Rusia a trabajar. Murió allí.

La madre de Lorenz abrió una lata de chóped que le habían enviado de Alemania, para acompañar el licor de ciruela y el vino. Podía haberme quedado dormido en la silla de tanto comer y beber en aquella calurosa y polvorienta tarde. Pero Lorenz y su madre querían que viese la iglesia del pueblo.

La iglesia había sido construida en el siglo XVIII. Lorenz y yo subimos hasta lo alto del campanario barroco de madera, que estaba muy carcomida y necesitaba una mano de pintura. Bajo el gobierno comunista se habían prohibido las reparaciones y ahora quedaban muy pocos sajones en el pueblo. Lorenz me contó que en la torre solía haber un reloj, que robaron los turcos tras una batalla contra los Habsburgo. El interior de la iglesia era sobrio y estaba inmaculado —como cualquier iglesia en Alemania, pero con las vigas de madera podridas—. El viento soplaba a través de los agujeros del techo, sonando, misteriosamente, a notas procedentes de un órgano, haciéndome pensar en el paso del tiempo: en una época en la que los tubos de madera resonaban con las notas de las corales de Bach. Junto al altar vi una placa conmemorativa, en la que estaban escritos los nombres de dos docenas, aproximadamente, de miembros de la comunidad que habían luchado en el ejército austrohúngaro y que habían muerto en la Primera Guerra Mundial.

—¿Y por qué no una placa en honor de los sajones de Reussen que murieron luchando en la Segunda Guerra Mundial? —pregunté a Lorenz.

Lorenz me dijo que no sabía, y le preguntó a su madre. Ella simplemente se encogió de hombros, con una expresión difícil de descifrar. Su rostro parecía lleno de frustración. Instintivamente supe que necesitaría días y días de beber con ella para saber lo que sentía realmente al respecto. Susurró algo en sajón a Lorenz, quien me dijo:

—Los *Hitlerzeit* fueron buenos para nosotros, pero fue un error. Es mejor olvidar.

Lorenz y su madre me enseñaron las lápidas del cementerio del pueblo. Todas las tumbas tenían flores. Algunas tenían varios cientos de años; otras eran recientes, incluyendo a un primo joven de Lorenz que había muerto en una emboscada frustrada. Comprendí que, dentro de unos años, el «conocimiento elemental del alemán» que Jonathan Harker encontró tan útil en Transilvania sería valioso únicamente para poder leer estas inscripciones en cementerios sajones. Una vez que murieran los padres de Lorenz, este cementerio sería como el cementerio judío en Bucovina: vigilado y mantenido por gitanos pagados por alguna asociación de inmigrantes sajones de Alemania. Sí, un día incluso podrían los gitanos apropiarse de la casa de los padres de Lorenz. Me preguntaba si Lorenz se había dado cuenta de esto. Tal vez por eso siempre utilizaba el término «gitano» como un insulto: con amargura.

Durante el camino de vuelta a Sibiu, Lorenz continuó repitiendo que todo lo que quería hacer en Alemania era conseguir dinero.

—Cualquier trabajo que haya allí, lo haré, en tanto que gane marcos, no lei —se rió, triunfante.

Las pérdidas de Rumania serían las ganancias de Alemania: otro caso del rico volviéndose más rico y del pobre, más pobre. Los sajones, junto con los judíos, eran las únicas personas en Rumania con una tradición de costumbres burguesas: manteniéndose, económicamente, entre los nobles ricos y la masa de campesinos oprimidos. Pero, justo cuando Rumania empezaba a salir del comunismo, justo cuando necesitaba a los sajones para que fuesen el motor que impulsase a la sociedad rumana hacia un capitalismo de clase media, los últimos sajones con edad de trabajar se iban a Alemania.

Y no sólo se iban los sajones rumanos a Alemania. También lo hacían millones de otras etnias alemanas —de Silesia y Pomerania en Polonia occidental, y del este de Prusia, la región del Volga, y del Asia central soviética—. Todos eran como Lorenz, deseosos de trabajar, trabajar, trabajar: de hacer los trabajos que los prósperos alemanes no querían, y así convertirse en el proceso en una clase media.

Pensé en la enorme cantidad de irlandeses, italianos, polacos y judíos inmigrantes de América durante la primera década del siglo XX, y lo que hicieron para fortalecer y hacer prosperar a su reciente país adoptivo. Alemania se iba a convertir en una nación mucho más importante de lo que sería incluso con la inclusión de Alemania Oriental. La era de dominación soviética en los Balcanes estaba a punto de ceder ante la era de dominación alemana. El imperialismo económico alemán, comprendí, ofrecía los medios más prácticos y eficaces para establecer la libre empresa, democracia y las tradiciones occidentales en Rumania. La única esperanza de Rumania parecía ser Alemania. La historia de Europa, a finales del siglo XX, la hacían los Lorenz, y estaba llena de ironías.

11

Últimos paisajes: Timisoara y Bucarest

El tren me llevó hacia el oeste, fuera de los montes bajos de Transilvania, hacia una plana y monótona llanura: el Banat[1], la tierra cercana a las fronteras de Hungría y Yugoslavia, donde habían vivido rumanos, húngaros, serbios, judíos y etnias germanas[2].

Las montañas han determinado la historia y el carácter rumano. La sangre marca la vida en la montaña. Los Cárpatos no sólo separan Moldavia de Transilvania, y Transilvania de Valaquia, sino un grupo de otro. En los Cárpatos, este pueblo es rumano, el otro es húngaro, el otro alemán, y así sucesivamente. Pero en una llanura, en una zona fronteriza en la que las fronteras nacionales cambiaron a menudo durante siglos, los distintos grupos se entremezclan. Como en Europa central, resulta un elemento de cohesión social. Por lo tanto, los puños destructivos del comunismo toparon aquí con una sociedad muy fortalecida.

Además, por la proximidad del Banat a Hungría y Yugoslavia, sus habitantes podían ver la televisión de esos países y tener una idea de cómo era la vida en las sociedades no gobernadas por un Ceausescu.

Como ciudad principal del Banat, a Timisoara se la

1. Banat es originalmente el nombre persa de un gobernador militar turco que gobernó sobre un *banat* (territorio).

2. Al proceder la etnia germana del Banat de Suabia, se les llama germanos del Banat, en lugar de sajones.

conocía como la «frente» de Rumania. Los rumanos de Jassy, Cluj e incluso Bucarest vieron, durante años, a Timisoara como la puerta de salida de Rumania hacia el mundo exterior, como la ciudad rumana más lejana del este y la más cercana al oeste. Timisoara era la ciudad menos rumana de todas las ciudades rumanas.

Cuando estalló la revolución en diciembre de 1989, la gente de toda Rumania estaba, obviamente, sorprendida. Siglos de cinismo los habían obligado a creer que la situación sólo podría empeorar, no mejorar. Pero hubo una cosa que no los sorprendió: que la revolución empezara en Timisoara. «Sólo podía haber empezado en Timisoara», fue una frase que oí una y otra vez (aunque los estudiantes de Jassy hubieran deseado que la revolución empezara allí).

Este hecho tan simple y obvio de historia y geografía se les pasó por alto a los periodistas que informaban sobre la revolución rumana, que vieron el levantamiento sólo en términos personalistas.

Ninguna persona de las que entrevisté en Timisoara era de raza pura. Todo el mundo decía tener como pariente un miembro de otro grupo étnico. Casi toda la gente con la que hablé tenía tantos parentescos distintos que sería casi imposible definir lo que eran. Un periodista que conocí en el periódico alemán *Neue Banater Zeitung* (*Nuevo periódico de Banat*) tenía un padre que era un «comunista serbio» y una madre que era una «alemana nazi».

—¿Y se llevaban bien? —pregunté.

—Discutían sobre política —me dijo.

—Vaya usted a saber qué otra sangre corre por mis venas —añadió, indicando que antecesores rumanos, húngaros, búlgaros y judíos eran todos posibles—. La vida aquí es más cosmopolita y hay menos odio. Todo el odio se dirigía hacia el gobierno. El racionamiento de comida durante las dos guerras mundiales fue mejor que el racionamiento bajo el gobierno de Ceausescu. Con el káiser y con Hitler había pan fresco y, a veces, hasta naranjas. Con Ceausescu, esas cosas no existían.

Llegué a Timisoara sin tener contactos —ningún nombre y ningún número de teléfono en mi agenda—. Pero una mañana, después de preguntar en el mostrador de recepción del hotel por el número de teléfono de varios periódicos locales, entrevisté a varias personas. Las oficinas en las que realizaba estos encuentros estaban limpias, tenían secretarias, ceniceros que se habían vaciado recientemente y arte moderno en lugar de iconos o carteles de estrellas del rock en las paredes. Más aún, ninguna de las personas a las que entrevisté se enfadó o dijo algo realmente ofensivo.

Me aburrí pronto en Timisoara. Aunque era tan pobre como otros lugares del país —con gente mal vestida, fachadas desconchadas de los edificios y restaurantes con un menú de sólo dos platos—, en Timisoara no parecía sentirme en Rumania. Rumania era un eco del mundo de Dostoievski: el interior de un macabro icono bizantino, personificado por el sufrimiento y figuras coléricas cuyas mentes estaban distorsionadas por su propia furia y creencias en salvajes medias verdades y conspiraciones. En Timisoara, Rumania era menos real que un recuerdo vívido.

Después de ir a Timisoara, volví a Bucarest. El salón de diplomáticos del Athenee Palace se abría por las tardes. Había que reservar mesa con antelación, o sobornar a alguien, ya que el que pusiera más leis en las manos del jefe de camareros conseguía el sitio. A diferencia del resto del hotel, el salón de diplomáticos era un perfecto regreso al pasado: al de *Athenee Palace Bucharest* o a *The Balkan Trilogy*.

Ocho candelabros de cristal colgaban del techo alrededor de una claraboya abovedada pintada de amarillo y verde. La luz de los candelabros se reflejaba en los espejos de cristal. Las columnas barrocas se habían cubierto de panes de oro, y las cortinas estaban ribeteadas con cinta dorada. Un gitano tocaba una suave música en un violín. Los camareros servían caviar del mar Negro y champán francés que en el mercado negro del lev estaba a un precio razonable. Los periodistas de Bucarest, aquel mayo de 1990, que habían ido a cubrir las primeras elecciones libres en cincuenta y tres años (desde que Carol II había proclamado una dictadura monárquica), ocupaban la mayoría de las mesas. Había también unas cuantas parejas jóvenes de Inglaterra y Estados Unidos que habían venido a Rumania con la esperanza de adoptar un niño. Según los informes, unos 40.000 niños abandonados languidecían en los orfanatos rumanos —asilos de estilo medieval, donde se internaba a los niños para morir de hambre y enfermedades—. El problema para los padres adoptivos no era el encontrar niños que adoptar, sino el superar los obstáculos de la burocracia corrupta para poder sacar a los niños del país. Todo el mundo hablaba con excitación, intercambiando nombres de abogados y agentes locales, junto con los recientes rumores políticos. Las prostitutas se concentraban alrededor de la entrada del salón, presionando a los hombres extranjeros para que las invitasen a comer.

Ignoré las elecciones: la victoria de Iliescu y del Frente Nacional de Salvación se daba por descontado. Dando una vuelta por Bucarest dos días antes de dejar Rumania, comprendí que, a pesar de los intentos más locos por borrar el pasado, los fantasmas de la historia local me golpeaban de lleno en la cara.

Los últimos cinco años de Ceausescu en el poder habían sido una orgía demoníaca de destrucción. La mayor parte del sur de Bucarest, más allá del río Dimbovitsa, incluyendo dieciséis iglesias y tres sinagogas —obras maestras de la arquitectura— habían sido arrasadas. En las ruinas, se elevó el Centro Cívico, la Ciudad Prohibida del estalinismo de Ceausescu, edificado con tanta prisa que los habitantes de los barrios de los siglos XVIII y XIX tuvieron sólo unas horas para empaquetar y marcharse con todas sus pertenencias antes de que sus casas fuesen enviadas, con una explosión, al olvido.

Un bulevar más ancho que los Campos Elíseos, con edificios de apartamentos en mármol blanco alineados a sus lados, con fachadas neoclásicas, casi fascistas, conducía a la Casa de la República: una tarta nupcial en mármol barato, con sesenta y cuatro salones y cien habitaciones. Era más grande que el Pentágono, y se había usado tanto mármol que ahora había mercado negro de lápidas en Bucarest. En muchos kilómetros a la redonda, no había más que tierras en barbecho con algunas casas abandonadas: algunos campesinos vengativos habían visto cumplidos sus sueños.

Lo peor de todo no era lo que se había destruido, sino lo que había sobrevivido al ataque de las excavadoras.

En un extremo del Centro Cívico, en el límite de la línea de destrucción, estaba el *abator* —el matadero de Bucarest—, tapiado con maderos y en desuso, pero aún (casi milagrosamente) en pie: un conjunto de ladrillo rojo, con edificios de estilo barroco, con tuberías oxidadas, chimeneas oxidadas, donde los legionarios habían cometido, posiblemente, el acto más terrible del holocausto, en enero de 1941.

En el otro extremo del Centro Cívico, a unos cien metros de la línea de destrucción, estaba la iglesia de Ilie Gorgani. En la entrada había una lápida enmarcada con todos los hechos importantes de la historia de la iglesia en sus trescientos años, excepto que en esta iglesia, en 1940, Codreanu y los otros trece legionarios ejecutados habían sido declarados «santos nacionales». Junto al altar, en 1990, rodeado de tulipanes, estaba el retrato de Teoctist, el patriarca de la Iglesia rumana ortodoxa. Eliminado inmediatamente después de la revolución anti-Ceausescu, se le había reinstaurado recientemente. Más que cualquier otra figura, Teoctist fue un símbolo de la colaboración de la iglesia con el régimen de Ceausescu.

Me pasé el día de las elecciones con dos periodistas de Islandia, Thorir y Atta Gudmundsson, buscando la tumba de Ceausescu. En mitad de nuestra búsqueda, en la parte sur de Bucarest, cerca del Centro Cívico, se me acercó un anciano que llevaba una boina negra.

—Es usted periodista, ¿verdad? —preguntó en alemán, inspeccionándome descaradamente, como si le sonase mi cara de algo.

—Sí —le contesté.

Los ojos de aquel hombre eran pequeños y su mirada penetrante: no me iba a dejar marchar. Le miré de cerca.

Su trenca estaba rota por muchos sitios y tan desgastada que tardé unos segundos en averiguar que su color original fue el blanco. Debajo del abrigo llevaba un jersey roto, de un color oscuro indeterminado, y bajo el jersey, una camisa, cuyo cuello estaba casi completamente deshilachado. Su cuello estaba por eso bastante irritado.

Pero lo que me dejó atónito fue el modo en que apestaba. Tenía un olor putrefacto que denotaba humillación y muerte cercana. Era el hedor de la carroña, de ancianos que vivían en unas condiciones en las que no es fácil lavarse o cambiarse de ropa.

Sus pequeños ojos brillaban irónicamente. Él sabía que olía mal, y parecía gustarle el hecho de que a mí me molestara.

—Usted es un judío, de Estados Unidos —gruñó. No era una pregunta, sino una constatación.

Me quedé sin habla.

—Yo también soy judío. Los judíos deben permanecer unidos. ¿Son sus amigos? —dijo señalando a Thorir y a Atta—. *Goyim*, ¿eh?, pero agradables. Pienso que son buenas personas. Quiero decir, que les gustan los judíos.

A estas alturas, Thorir y Atta nos habían alcanzado. Hablaban alemán y podían, por lo tanto, entenderlo todo. Le preguntamos —merecía la pena intentarlo— si sabía algo sobre el rumor que decía que el cuerpo de Ceausescu yacía bajo una tumba sin identificar en el cementerio de Ghensea.

—Tal vez —dijo el anciano—. Ustedes quieren ver tumbas, yo les llevaré a ver tumbas.

Thorir, Atta y yo nos miramos. «¿Por qué no?», pensamos. Él era interesante, me dije a mí mismo. Desconcertado por su vehemencia, me estaba dejando llevar por el cinismo propio de los periodistas.

Le ayudamos a montarse en el coche de Thorir. Tenía una terrible cojera, pero no usaba bastón.

Nos condujo hacia uno de los cementerios de héroes, donde enterraron a los estudiantes asesinados por las tropas de la Securitatae de Ceausescu en 1989.

—Ustedes vayan. Hagan sus fotos. Yo esperaré en el coche —dijo.

El día de las elecciones, el 20 de mayo de 1990, era domingo, y el cementerio de los héroes estaba abarrotado.

Vi escenas que partían a uno el corazón. Los padres de los muertos amontonaban flores sobre montículos de barro. Una anciana golpeaba con los puños una cruz de madera. Un anciano estaba sentado en un bloque de cemento junto a la tumba de su hijo, sin expresión en el rostro. Sería una foto impresionante, pensé. Le pregunté al señor si podía hacerle una fotografía.

Me miró con la vista perdida, encerrado completamente en su propia desgracia. Me marché. Las tumbas de tantos jóvenes reunidas en un mismo lugar eran algo irritante. Parecía contranatura.

Volví hacia el coche.

—Es terrible —dije. Nuestro guía misterioso únicamente movió la cabeza. Su expresión era distante. Sospeché que sentía poca simpatía o sentimiento hacia esas personas.

—¿Ha votado ya? —le pregunté.

—Voté a Iliescu, a los comunistas.

—¿Por qué?

—Iliescu tiene colaboradores judíos. Petru Roman es judío. Sylviu Brucan también lo es. En un país como éste, no se tienta a la suerte. ¿Satisfecho? —dijo bruscamente, viendo a Thorir y a Atta caminando hacia el coche volviendo del cementerio.

—¿Hicieron buenas fotos? —nos preguntó a todos.

—Sí, le dije.

—¿Tal vez tengan ustedes *voluta* [dinero] para mí? Digamos, ¿diez dólares?

Me llevé la mano al bolsillo.

—No. —Hizo un gesto negativo con las manos—. Más tarde, quizá, me haga usted un regalo. Nosotros, los judíos, debemos ayudarnos.

Cuando estuvimos todos en el coche, dijo:

—Ahora vamos a ver tumbas —como si las que acabásemos de ver no contaran o fueran sólo una antesala—. Siga de frente —le dijo a Thorir, que conducía—. Hay un mercado de flores justo enfrente. Debo comprar flores para la tumba de mis padres.

Atta y yo nos miramos.

Pensando en la cojera del hombre, Atta se ofreció para bajarse del coche a comprarle las flores. Pero él insistió en bajar porque siempre le compraba flores al mismo hombre. Tardó siglos en cruzar la estrecha calle.

Luego, en el coche, con las flores en su regazo, nos

dirigió hacia el extremo de un basurero, junto a una sección en desuso del ferrocarril, donde Thorir aparcó.

—¿Está usted seguro de que el cementerio está por aquí? —pregunté.

—Sí —me dijo sonriendo por primera vez—. Vengo aquí cada semana.

Nos condujo a pie por las vías, arrastrando un pie detrás del otro, a un paso exageradamente lento. El dolor físico que parecía sentir al caminar parecía disminuir por el placer de llevar a alguien hasta allí. A lo lejos se veía el Centro Cívico.

—¿Siempre viene usted por aquí? —le dije.

—Sí, siempre. Normalmente vengo solo.

Las vías, casi enterradas por matojos de múltiples especies, parecían transportar su mente al pasado. Cojeando, nos dijo que había nacido en el norte de Bucovina y que se había trasladado con sus padres a Bucarest un poco antes de que los rumanos empezaran a llevar judíos desde el norte de Bucovina a los campos de muerte de Transdniestria. En Bucarest, sus padres y él habían vivido en el viejo barrio judío (derruido por Ceausescu para edificar el Centro Cívico). Tal y como ocurrió, poco antes de la matanza de los legionarios en enero de 1941, él y sus padres se mudaron fuera del barrio judío y cogieron un apartamento cerca de una iglesia ortodoxa. Cuando los legionarios rodearon a los judíos para llevarlos al bosque y al matadero, revisaron a fondo la casa de sus padres.

Tanto su madre como su padre habían vivido hasta muy mayores. Él era el único hijo. Cuando se levantó la boina para colocársela bien, vi que tenía sólo unos pocos cabellos blancos en su magullada y huesuda cabeza. Con su viejo abrigo llegándole casi hasta los tobillos, parecía la quintaesencia de un superviviente de un campo de concentración, aunque, según me dijo, nunca estuvo en un campo de concentración.

—Su familia tuvo mucha suerte. Se libraron de los desastres por los pelos —dije.

Se encogió de hombros y sonrió.

—*Das ist das* [Esto es lo que hay]. —No se reflejaba nada en su rostro. Luego señaló hacia la verja del cementerio judío, que apareció, de pronto, a la izquierda; un oasis de limpieza y orden en medio de un basurero.

Sacó un sucio y negro *yarmulke*[3] de su bolsillo y me lo puso en las manos.

—Necesitará esto, pero no tengo otro para su amigo.

Thorir se puso la chaqueta sobre la cabeza. El anciano miró a Thorir con satisfacción.

—Aquí —señaló—. Miren.

A la izquierda, dentro del cementerio, había un bosque de piedra. Cada monumento estaba tallado con la forma de un tronco de árbol, con sus ramas cortadas desde su base, como un torso sin brazos ni piernas. Los monumentos tenían todos distintos tamaños, cada uno con una forma diferente. El efecto que causaba era macabro. Miré las inscripciones, conmemorando los 185.000 judíos del norte de Bucovina y Besarabia masacrados en Transdniestria. Cada monumento se había erigido para un pueblo o ciudad particular.

El anciano sonreía mientras tomábamos algunas fotos.

—Vengan —dijo.

Nos llevó hacia dos largas hileras de tumbas, cada hilera con la longitud de un campo de fútbol. Todas las lápidas tenían las mismas medidas y formas: su uniformidad y proximidad las unas de las otras sugerían una aterradora visión de lo infinito. Algunas de las lápidas tenían una pequeña fotografía en blanco y negro enmarcada del fallecido. Vi una foto de un hombre mayor, otra de

3. *Yarmulke*, especie de casquete con el que los judíos se cubren la cabeza en lugares sagrados.

una joven. La fecha del fallecimiento era la misma en todas las lápidas: 21-23 de enero de 1941.

—No pueden negar lo del *abator* [matadero] —dijo, moviendo su cabeza y sonriendo triunfante, al modo de Juan sin Tierra—. Podrán decir lo que quieran, pero aquí está la prueba.

Entonces dijo bruscamente:

—Adiós. Veré a mis padres a solas.

Le devolví su yarmulke.

—No. Quédeselo. Es para usted.

El yarmulke, igual que él, olía a muerte: un recuerdo negro y circular.

TERCERA PARTE

BULGARIA: HISTORIAS DE UN BIZANCIO COMUNISTA

Cuando hago comparaciones involuntarias entre la vida de un ciudadano normal de Occidente y la vida de un búlgaro corriente, la diferencia parece tan grande que la vida del occidental podría representarse mediante un simple dibujo infantil, mientras que la vida real del búlgaro está inseparablemente mezclada con lo simbólico y lo abstracto. Estamos sujetos al impacto de muchos más factores y fuerzas que el ciudadano occidental pueda imaginar. Mientras que el ciudadano occidental está constantemente luchando para conseguir algo más, nuestro instinto básico es preservar lo que tenemos.

GEORGI MARKOV,
The Truth That Killed
(*La verdad que mató*)

12

«La calidez de los otros cuerpos»

«Alejándose de Bucarest en un tren sucio y pequeño, uno se arrastra lentamente hacia el sur, sobre la cálida llanura, pasando por pequeños pueblos pobres hechos de barro y paja, como las cabañas de una tribu inferior de África central... Te paras en cada estación, como si el gobierno rumano fuera desdeñosamente indiferente ante cualquiera que viajara a Bulgaria, y en Giurgiu hay un innecesario y rígido control por oficiales de aduanas cicateros y despóticos...

»Pero al otro lado del amarillo Danubio hay otro mundo... Soldados patosos y amables aparentan revisar el equipaje y te dan la bienvenida con una sonrisa... Es maravilloso volver a ver las caras sencillas, chatas y francas de los montañeses y de los hombres libres.»

Eso escribió John Reed en 1916. La sensación que se experimentaba al final del siglo era la misma que a comienzos. En varias ocasiones durante los años ochenta, tomé el tren que atravesaba el Danubio desde Rumania hasta Bulgaria. Los momentos que mejor recuerdo son los de los inviernos, por la noche. No había calefacción en los vagones y no había ningún lugar en el que comprar comida durante el trayecto por Rumania. La inspección de aduanas en Giurgiu era desagradable. Pero en Ruse, en el lado búlgaro del Danubio, llegaba el calor a los vagones. Se podía conseguir comida. Y el amistoso oficial de aduanas ponía más interés en practicar su inglés que en inspeccionar mi equipaje. El resto de la noche era «una noche fría de elevadas altitudes». Por la mañana me encontraba viajando a través de un desfiladero rocoso, cubierto de hayas, abetos, pinos y la más oscura maleza, en un tren que recorría millas y millas junto a un rugiente torrente de montaña.

La primera vez que vi Sofía, en noviembre de 1981, estaba nevando. Nieve blanca. Sólo después de unas horas el humo de las chimeneas de lignito la volvían marrón. Pero el olor dulce y mortecino del lignito me recordó los viejos trenes de vapor y la quema de hojas en otoño. Y mientras la neblina de lignito cubría la red de líneas de tranvía y las ramas de los álamos y de los castaños podados, junto a calles de adoquines amarillos, en un silencio tan opresivo que incluso las voces de los niños en el colegio parecían emitidas en susurros, recordé mis más tempranas memorias, cuando visitaba a mis abuelos en Brooklyn, en la avenida Este, a mediados de los años cincuenta, un mundo de tapetes y tapicerías estampadas, mermelada y tarros de conservas en vinagre. A una corta distancia, tras una explanada de adoquines, se perfilaba el Gran Hotel Bulgaria, con su marquesina y su nombre inscrito sobre vigas, en el tejado escarpado y con gabletes: un hotel habitado por los fantasmas de corresponsales de prensa desaparecidos.

Aquí estuvo Reed en 1915, y C. L. Sulzberger y Robert St. John a principios de la Segunda Guerra Mundial. En 1949, el gran corresponsal extranjero australiano y agente confirmado del KGB Wilfred Burchett se casó en el restaurante del hotel. En la habitación 29 del Gran Hotel Bulgaria, el corresponsal del *Times* de Londres en los Balcanes durante un cuarto de siglo, James David Bourchier (cubrió la guerra de los Balcanes y la Primera Guerra Mundial), murió de neumonía en 1920. Bourchier había llegado a ser tan conocido y querido en Bulgaria —apoyó a Bulgaria en sus reclamaciones sobre Macedonia— que, cuando se dio la noticia de su fallecimiento, se reunió una multitud de personas fuera del hotel. Su cuerpo fue velado durante unos días en la iglesia Aleksandar Nevski. Unos años después de su entierro, Bourchier recibió un honor que habría enardecido los corazones de muchos periodistas duros: una marca de cigarrillos locales llevó su nombre.

El Gran Hotel Bulgaria era lo más parecido a una casa que había tenido Bourchier, un solterón sordo que guardaba todas sus pertenencias en un maletín. Él lo llamaba «el viejo hostal familiar». Bourchier, Reed, Sulzberger y todos los demás periodistas preferían el Gran Hotel porque estaba al otro lado de la calle del Palacio Real, hoy museo: una humilde ostentación, comparada con la cantidad de monumentos de piedra en honor de la realeza de Viena y Bucarest.

Como Bourchier, me instalé en el hotel Bulgaria (en 1981) sólo porque era céntrico y barato, diecinueve dólares por una habitación sencilla. Como escritor primerizo que era, no podía permitirme nada más caro. En 1981, no obstante, la gloria del hotel había ya pasado. Funcionaba como un hostal, con poca calefacción, para grupos de turistas del bloque oriental o para ocasionales hombres de negocios venidos a menos, turcos, indios o de cualquier otro lugar. El comedor era marrón oscuro con friso rojo. A las habitaciones les faltaba calor y había muchas narices acatarradas. Los huéspedes se acurrucaban en sus abrigos. Las doncellas usaban un delantal azul y calcetines largos blancos, sobre unas piernas peludas y sin medias. El desayuno, aquella primera mañana, consistió en un espeso zumo de ciruela, yogur fresco, queso de cabra, salami, manzanas y pepinos, todo frío y delicioso. Había té en un samovar pero no había café. No me importaba. La vista del parque desde la ventana y del antiguo Palacio Real no había cambiado desde la Segunda Guerra Mundial. «Bourchier», escribió su biógrafa, lady Grogan, «sintió el encanto del paisaje de los Balcanes incluso antes de caer ante el hechizo de la política de los Balcanes». Con respecto a Bulgaria, pasé por el mismo proceso de enamoramiento.

Siempre pensé que cuando, en el siguiente año, 1982, empezaron a llegar a Sofía numerosos periodistas occidentales por primera vez desde la Segunda Guerra Mundial, para investigar los hechos que indicaban que la *Darzhavna Sigurnost* búlgara (Policía de Seguridad del Estado) era responsable del intento de asesinato del papa Juan Pablo II, el 13 de mayo de 1981, en la plaza de San Pedro, se perdieron algo crucial no alojándose en el Gran Hotel Bulgaria. La mayoría prefirió alojarse en el Vitosha Otani, hotel sin pasado, de diseño japonés, situado en un barrio aburrido, porque fue allí donde se alojó Mehmet Ali Agca (el asesino turco contratado por la Sigurnost), antes de partir hacia su mortífera misión en Roma.

Formando un triángulo con el viejo Palacio Real y el Gran Hotel Bulgaria, estaba el blanco mausoleo neoclásico de Georgi Dimitrov, custodiado por soldados que desfilaban al paso de la oca con gorros de plumas y otros adornos ruritanos. Dimitrov fue el héroe del juicio de 1933 sobre el incendio del Reichstag, haciendo una atrevida defensa de sí mismo y de otros comunistas en una corte de Berlín que más parecía un circo, controlada por bandidos nazis. Más adelante, Dimitrov fue a Moscú para liderar el *Comintern* (Organización Internacional de Partidos Comunistas), antes de ser enviado a su casa en Bulgaria por Stalin, para ayudar al nacimiento de un estado comunista tras la Segunda Guerra Mundial. Entonces, cuando consideró que ya no les era de utilidad, Stalin fue envenenando a Dimitrov poco a poco —un hecho omitido en la biografía oficial de Dimitrov—. Según el autor disidente búlgaro Georgi Markov, Dimitrov «era el único que llevaba limusinas negras y corría las gruesas cortinillas entre la gente corriente y él...; era quien permitió que su país fuese descaradamente saqueado y arruinado por aquellos que le habían enviado a colonizarlo». Tras su muerte en 1949, Dimitrov permaneció cuatro décadas en una urna de cristal, conservado en formol, con el rostro bigotudo y las manos iluminadas espectralmente, en un mausoleo construido exactamente igual que la tumba de Lenin en Moscú, en la plaza Roja. Bulgaria era un país pequeño, pero, en mi primera visita, me pareció tener grandes ambiciones y, por lo tanto, requería una fachada grande e impresionante.

Y por cuestionarse esta fachada (es decir, por preguntar por qué el último sucesor de Dimitrov, Todor Zhivkov, necesitaba una red de grandes mansiones, a cual más lujosa, y no se contentaba con el pequeño palacio de juguete, con tejados llenos de goteras, en el que habían vivido los reyes Ferdinando y Borís), el autor disidente Markov tuvo un macabro final.

Caminando sobre el puente de Waterloo de Londres, el 7 de septiembre de 1978, Markov, viviendo en el exilio y trabajando en el servicio búlgaro de la BBC, sintió un pinchazo doloroso en la pierna. Cuando se dio la vuelta, Markov vio a un hombre detrás de él con un paraguas, que murmuró «Lo siento». A la mañana siguiente, Markov se puso enfermo. Tres días después murió, lentamente y con sufrimientos, igual que Dimitrov. La punta del paraguas llevaba una diminuta bolita llena de ricina, un veneno mortal; exactamente la misma arma que se había utilizado en el otro intento de asesinato de un búlgaro en París.

Pero cuando llegué por primera vez a Sofía, en aquella mañana nevada de invierno a finales de 1981, no sabía casi nada sobre Bulgaria y nada sobre Markov, excepto los hechos extraños que rodearon su muerte: hechos que, ignorando cualquier otra cosa sobre el país, eran engañosos y distorsionantes.

En la oscura y alfombrada escalera del Gran Hotel Bulgaria (el ascensor normalmente está averiado), en mi primera noche en Sofía, tras un día agotador tratando de organizar entrevistas a través de la agencia oficial de Sofía Press (había dormido muy poco la noche anterior en el tren desde Bucarest), oí los pasos firmes de alguien que me seguía de cerca.

—Discúlpeme, ¿es usted el señor Robert Kaplan, el importante corresponsal extranjero de Estados Unidos?

Me reí por dentro. Durante décadas, los periodistas extranjeros habían sido tan escasos en este lejano y pequeño país que, cuando asomaba uno, era todo un acontecimiento y, por lo tanto, se le consideraba importante.

—Sí. ¿Cómo lo supo? —contesté, más cansado que curioso.

—Verá, represento a la agencia Sofía Press y me dijeron que estaba usted aquí. Me llamo Guillermo, Guillermo Angelov. Me gustaría invitarle a cenar en el club de periodistas.

Acababa de comer y sólo quería dormir.

—No, gracias. ¿Qué tal mañana por la noche?

—¿Por qué? —dijo en tono acusador—. ¡Eh! —Estaba a unos cuantos centímetros de mí, siguiéndome aún por las escaleras—. ¿Piensa usted que como soy comunista voy a lavarle el cerebro? ¿Se ha formado ya una opinión sobre nuestro país al día siguiente de su llegada? Es verdad, soy comunista, un internacionalista. Y quiero invitarle a cenar para escuchar lo que tenga usted que decir. Y no quiere aceptar. ¿Tiene usted miedo? ¿Miedo de otro punto de vista, tal vez?

Me di la vuelta. Estábamos en el vestíbulo, bajo una triste bombilla. Frente a mi cara, respirando agitadamente, había un hombre de unos cincuenta y muchos años, con patillas largas, grises y blancas, cejas grises y tez morena. Estaba cargado de hombros. En el extremo de un brazo portaba un maletín viejo. Llevaba una boina negra, un abrigo recto y zapatos de goma. Recuerdo cómo sudaba alrededor de sus labios y ojos. Estaba en una edad madura, pero tenía la mirada hambrienta y ambiciosa de un hombre joven.

—Venga. Sólo quiero invitarle a cenar. ¿Sabía usted que 1981 es nuestro decimotercer centenario como nación? Durante trece siglos hemos sido gente con raíces, con identidad. ¿Cuántos años tiene Estados Unidos? Ah, son ustedes bebés. Hay tanto que ustedes ignoran. Por favor. Hágale el honor a un hombre mayor; no me insulte.

Entonces se quitó la boina (era calvo) y se la puso en el lugar del corazón mientras saludaba galantemente.

¿Cómo iba a negarme?

Guillermo me cogió del brazo, con su boca cerca de mi oído, hablándome sin parar, mientras me conducía por calles oscuras hasta la esquina de Alabin con Graf Ignatiev, en la que convergían dos líneas de tranvía[1]. Vi las luces de un tranvía que venía traqueteando y aparté a Guillermo de un empujón. Se había enfrascado tanto en la conversación que se había detenido, con su brazo enganchado al mío, en medio de las vías.

—Somos una gran nación, querido amigo. Nuestros vinos son los mejores, mejor que los franceses. Nuestras mujeres son las más guapas (no hay más que mirar sus facciones nobles tracias, ¡como estatuas! La civilización del mundo tiene tres raíces principales: francesa, china y búlgara). Robby —me hablaba como si fuera hijo suyo—, mira lo que hemos perdido: Dobruja para los rumanos, Tracia para los turcos, el Egeo para los griegos y,

1. Graf Ignatiev se refiere al conde ruso («Graf») que aceptó la rendición de las tropas turcas al final de la guerra ruso-turca de 1878. Véase el capítulo sobre Macedonia.

lo peor de todo, Macedonia para los serbios —dijo la palabra «serbios» con un desprecio absoluto—. Pero no soy nacionalista... —Guillermo caminaba dando vueltas en la fría y nevada calle, frente al club de periodistas: no había terminado aún su explicación.

En 1981 el club de periodistas era como una bacanal. El aire impregnado de caldo de pollo, licor de ciruela y uva, humo de tabaco y sudor ácido. Montañas de salchichas y queso de cabra y botellas vacías de cerveza y vino cubrían los sucios manteles. Los hombres pasaban los brazos por las grasientas espaldas de las mujeres. Había gritos y risas y casi todas las sillas de terciopelo rojo estaban ocupadas. Un enorme espejo que iba de pared a pared reflejaba una nube de humo de tabaco. Sentí una gran agitación, una intimidad carnal, que parecía provenir del confinamiento y, por lo tanto, nunca podría darse en Occidente. Mientras que las relaciones extramatrimoniales en el oeste eran sobre todo el resultado del aburrimiento de la clase media, aquí pensé que tenían razones más serias. Con la vida política y pública tan circunscrita, había un pozo enorme de auténtico arrebato que ni siquiera el más ideal de los matrimonios consumaría jamás. Y tal vez porque nunca podías escaparte del frío, ni siquiera de puertas adentro, un cuerpo caliente por las noches no era suficiente; necesitabas uno también durante el día.

Un camarero gordo y colorado, con esmoquin negro y cabello gris metalizado abrazó a Guillermo.

—Éste es Lupcho —me dijo Guillermo—. Lee las manos.

—Se parece mucho a Brezhnev —dije.

Guillermo le tradujo a Lupcho lo que yo había dicho, quien se alegró, agradeciéndome el cumplido.

Lupcho nos llevó a una mesa.

—*Slivova* [licor de ciruela] es malo para el hígado —advirtió Guillermo. Así que pidió *grozdova* [licor de uva] para los dos. Una anciana regordeta se acercó y pegó su mejilla a la de Guillermo.

—Ves, Robby, ¿no te he dicho lo bonitas que son nuestras mujeres? —dijo Guillermo, y luego lo tradujo al búlgaro. La mujer apretó a Guillermo contra su pecho. Guillermo me sonrió. Sus ojos eran siempre muy expresivos y parecían cambiar de color constantemente, dependiendo de sus pensamientos. Ahora parecían decir: «¿Por qué no dar a la vieja un poco de placer?»

Lupcho se echó sobre nosotros.

—Quiere leerte las manos —dijo Guillermo. Extendí la palma de la mano y Lupcho pasó sus dedos por ella.

—Lupcho dice que encontrarás a tu verdadero amor dentro de muy poco. [Así ocurrió: quince meses después, conocí a mi futura esposa.]

—Estoy casado por tercera vez —señaló Guillermo—. Gustamos a las mujeres por nuestros fallos, y si nosotros, los hombres, tenemos suficientes, ellas nos perdonarán cualquier cosa.

»Mira a tu alrededor, mira lo felices que somos, y todo el tiempo, por la noche, mientras vosotros en Estados Unidos dormís, nosotros trabajamos, ganando terreno, ganando terreno. Bulgaria es el primer país de los Balcanes en electrónica —dijo, como si me estuviese confiando un secreto de Estado.

Lupcho regresó con sopas, ensaladas, más licor de uva y una botella de vino tinto seco de la región de Melnik, cerca de la frontera griega.

—Yo ya he cenado —le dije a Guillermo.

—Oh, vamos, chico —dijo señalando la mesa.

Luego, recuerdo haber defendido acaloradamente a Reagan contra el primero de los muchos ataques que Guillermo lanzó contra el presidente americano.

—Vamos, Robby, ¡no me diga que es usted uno de esos *cowboys*! ¡Uno de esos reaccionarios de las Montañas Rocosas!

—*¿Cowboys?* ¡Mejor un *cowboy* que un esclavo de los rusos! ¡Este país no es independiente! —Yo empezaba a estar borracho. Guillermo interpretó mis reacciones (el hecho de que gritara, de que discutiera, de que bebiera con él) como un cumplido. Pienso que éste fue el momento en que comenzó nuestra larga y actual amistad, y el momento en que realmente empecé a entender Bulgaria.

—Nos llamas esclavos. Sí, en Occidente se utiliza esa estúpida palabra: *satélite*, como si nosotros, los búlgaros, estuviéramos en el espacio dando vueltas. Tonterías. No sabéis nada sobre lo que nos hicieron los turcos, sobre cómo se vivía bajo el yugo de los sultanes. Los rusos nos liberaron, pero somos orgullosos.

»Luchamos contra los rusos en la Primera Guerra Mundial. De acuerdo, ahora somos débiles y estamos rodeados por enemigos. Así pues utilizamos a los rusos como "protección", mientras comerciamos —Guillermo frotaba su pulgar con la yema de los demás dedos— con los turcos, los griegos y otros. Los rusos nos dieron muchas oportunidades, estimado amigo, para nuestros negocios con los turcos, los griegos y los serbios. ¿Cómo puedes decir que no tenemos libertad? Los rusos nos venden petróleo barato y otras materias primas. Nosotros sangramos a los rusos. Pero vosotros, los occidentales, no sabéis nada de lo que pasa en este rincón del mundo. ¿Podéis vosotros, los *cowboys*, localizar Bulgaria en el mapa? Sólo os importa la lucha entre Estados Unidos y Rusia. Para nosotros, la lucha entre las dos superpotencias es sólo un fenómeno pasajero de nuestra larga historia. Somos los campesinos más inteligentes y, por lo tanto, sabemos mejor que vosotros cómo sobrevivir.

Estos argumentos causaron un gran efecto en mí, porque acababa de llegar de Rumania, país que en 1981 tenía la mejor reputación en Estados Unidos como estado del bloque oriental, debido a la llamada por Ceausescu «política exterior independiente», mientras que Bulgaria era el caso opuesto. Pero aun así, para mí era obvio que los búlgaros, aun siendo tan pobres, marchaban económicamente mejor que los rumanos y además gozaban de mayores libertades personales. Una discusión tan simple, bañada en alcohol, habría sido impensable al otro lado del Danubio, bajo el mandato de Ceausescu, a quien los fabricantes norteamericanos de política habían recompensado dándole el estatus de nación más favorecida económicamente.

—Pero soy el más pro americano de todos los búlgaros —continuó Guillermo—. Me gradué en el último curso de la Academia Americana de Sofía en 1942. Fui el primer corresponsal de la BTA [Agencia Telegráfica Búlgara, la agencia oficial de prensa del régimen comunista] en China, en 1957. Cómo te diría, nuestros periodistas no son como los vuestros. Yo era algo así como el representante de Bulgaria en China. Era amigo de Mao, de Chu Enlai. ¿Y sabes cómo conseguí este trabajo, estimado amigo? Gracias a la educación que recibí en la Academia Americana.

—¿Cerraron los nazis la academia? —pregunté.

—No —contestó Guillermo mirándome un poco desconcertado—. Debido a la guerra, después de 1942, la academia no pudo continuar, aunque seguía oficialmente abierta. Se cerró en 1946...

—... por los comunistas —dije terminando la frase por él.

Guillermo levantó las cejas y se encogió de hombros, era el modo oriental de decir: «Sí, qué le vamos a hacer.»

—Guillermo no es un nombre búlgaro —dije.

Dejó de sonreír.

—Mi padre, en los primeros años del siglo, marchó a Alejandría, en Egipto, para hacer fortuna como comerciante de tejidos. Su mejor amigo allí era un español,

Guillermo. Me llamaron como él. ¿Sabes que mi padre estuvo en la guerra de los Balcanes? En la Segunda Guerra Mundial, me escondí en el bosque para no tener que ir a filas. Bulgaria estaba a favor de los fascistas, ¿sabes? Nunca olvidaré cuando los rusos entraron en septiembre de 1944. Yo estaba a salvo; podía respirar de nuevo.

—¿Puedes aún respirar?

Guillermo sonrió alegremente y elevó los ojos hacia el techo.

—Vamos, hombre. Es un crimen lo que han hecho contigo esos reaccionarios, Robby. Eres muy inteligente, pero tienes una mente retorcida.

Se nos acercó un hombre de pelo blanco, que parecía bastante viejo y cansado, y abrazó a Guillermo. Los dos prolongaron el abrazo durante unos segundos.

—Robby, déjame que te presente al mejor corresponsal extranjero de todo el siglo veinte: Wilfred Burchett.

Burchett y yo nos dimos la mano.

—Este hombre —dijo Guillermo, mirando a Burchett y sujetándole un brazo con fuerza, lleno de orgullo—, cómo te diría, es el autor más grande; ha escrito una cuarentena de libros. Fue el primero en ir a Hiroshima después de que Truman (ese asesino) ¡dejara caer la bomba! ¡El único periodista occidental que cubrió la guerra de Corea, desde el norte! ¡Fue el primero, el primero en el juicio de Ho Chi Minh! Has visto mi boina. Wilfred me la compró en España cuando cubría la caída del fascismo, en los años setenta.

Guillermo había exagerado muy poco. Burchett había sido testigo visual de casi todas las guerras y revoluciones del mundo entero desde la Segunda Guerra Mundial, y había publicado libros sobre casi todas. Hablaba varios idiomas asiáticos y había tenido una relación estrecha con Mao, Ho Chi Minh, Kim il Sung y otros muchos a los que muy pocos periodistas occidentales tenían acceso. Nacido en la zona rural de Australia en 1911, Burchett se había hecho comunista debido a la pobreza de su propia familia, la depresión mundial de los años treinta y los terrores del fascismo alemán y japonés. Se dejó ver en las conversaciones de paz de la guerra de Corea, en 1953, como una especie de portavoz oficioso de la delegación norcoreana. Durante años hubo rumores y evidencias circunstanciales, nunca totalmente confirmadas, pero tampoco descartadas convincentemente, de que Burchett era un agente del KGB. En los años cincuenta, el gobierno australiano le retiró su pasaporte, así que Burchett recorrió el mundo con un *laissez passer* que le entregó el régimen comunista norvietnamita.

Si Burchett estaba en la nómina del KGB, tampoco ganaba mucho, ya que tanto él como su familia vivían rozando la pobreza. Burchett redondeaba su economía como autor errante de libro tras libro que muy poca gente compraba. Pobre a perpetuidad, políglota, muy sentimental y rezumando conocimientos eruditos, Burchett hacía amigos con facilidad. Gustaba a todos los que le conocían, incluyendo a Henry Kissinger. Durante las conversaciones de paz en París, en 1972, Kissinger utilizó a Burchett como correo con los norvietnamitas.

Burchett me habló excitado sobre un proyecto que llevaba entre manos:

—Estoy escribiendo un libro sobre Bulgaria, con notas que he ido recogiendo durante años.

Me dijo que se había mudado con su mujer búlgara y su familia a Bulgaria en 1980, aproximadamente cuando Reagan fue elegido presidente de Estados Unidos, lo que, según su opinión, auguraba una nueva guerra fría y un nuevo ataque a la democracia del pueblo. Burchett moriría en Sofía dos años después de que le conociera, en 1983.

—No seas vulgar, Robby —exclamó Guillermo—, ¡como todos esos fulanos corrompidos que nos llaman satélite! ¡Profundiza en la historia y averigua, por ti mismo, quiénes somos los búlgaros!

Burchett y Guillermo aún se estaban rodeando con el brazo.

Los tres nos fuimos a la calle. El alcohol, la discusión acalorada y la excitación de tener nuevos conocidos en un país nuevo me habían dado una nueva visión. La despedida de Burchett fue larga. En la nieve, Guillermo le estaba dando una lista de libros que me iba a dar para leer.

—Robby —susurró Guillermo—, igual que yo te suministro información, tú también me la facilitarás a mí.

—¿Como qué?

—Ha habido una edición reciente de una revista americana, *Current History*, dedicada a China. ¿Puedes conseguírmela? Como viejo amigo de China me gustaría estar al tanto de los acontecimientos.

—Pero la puedes encontrar en la biblioteca americana de Sofía.

—Robby —dijo extendiendo las manos—, no es tan fácil entrar allí. Alguien en la calle podría verme.

—¿No sois tan libres aquí?

—¿Por qué tienes siempre que juzgarnos por vuestro rasero? Tú no sabes lo que era esto durante la guerra.

Por primera vez los ojos de Guillermo parecían tener una expresión incomprensible. Me pregunté cosas sobre él. ¿Qué hacía un hombre brillante como él, que hablaba perfectamente inglés, que de joven fue el primer corresponsal búlgaro en la China comunista, escoltando a un pobre reportero libre como yo? Merecería ser ya embajador, no un trabajador de la agencia Sofía Press. Tras prometer que le vería a la mañana siguiente, nos alejamos por la nieve.

En mi primera noche en Sofía, decidí dar una vuelta antes de volver al hotel. Ésta era una ciudad pequeña de fuertes imágenes. Las formas doradas y plomizas de las verdes cúpulas de la iglesia Aleksandar Nevski, iluminada por focos, parecían ser una imagen del Imperio bizantino medieval, produciéndome un efecto desconcertante, por la proximidad de la iglesia con el cuartel general del partido comunista, con sus numerosas columnas y arcadas, y el mausoleo de Dimitrov, con el cuerpo macabro conservado en su interior. Aquí conspiraciones medievales y modernas, así como susurros y silencios, parecían entremezclarse y flotar en el aire.

«Bulgaria: un país pequeño, acompasado fácilmente por el corazón humano, pero lleno de prodigios, como un continente en miniatura... Una mano llena de cielo, poseída por demonios», escribe Mercia Mac-Dermott en *El Apóstol de la libertad*, una biografía de Vasil Levsky, el hombre que condujo a la guerrilla búlgara del siglo XIX contra los turcos.

Los búlgaros, al igual que los magiares y los turcos que llegaron más tarde a Europa, eran una tribu tártara de Asia central. En torno al año 680 d.C., unos 250.000 miembros de la tribu, liderados por Kan Asparuh, atravesaron el Danubio hacia lo que más tarde se convertiría en Bulgaria. Los búlgaros se mezclaron con los eslavos, que habían llegado a la península de los Balcanes ciento cincuenta años antes. «Así solían actuar los mongoles», escribe el historiador Nevill Forbes. «Esta nueva raza hacía alarde de una gran virilidad, cohesión interna y poder de liderazgo.»

En la temprana Edad Media, Bulgaria se encontraba entre los reinos más poderosos y adelantados de Europa, una mini-Bizancio que a menudo atemorizaba a los emperadores de Constantinopla. En los siglos IX y X, mucho antes del nacimiento de Serbia, los reyes búlgaros Borís I y Simeón crearon un imperio que se extendía desde Albania, en el oeste, hasta el mar Negro en el este, y desde los montes Cárpatos por el norte hasta las cálidas aguas del Egeo en el sur. En el año 865, los búlgaros fueron los primeros de todos los eslavos y de otros pueblos eslavizados en abrazar la religión cristiano-ortodoxa. Desde Bulgaria, los monjes Cirilo y Metodio y sus discípulos extendieron el alfabeto cirílico por Rusia y otros lugares, convirtiendo a Bulgaria en la cuna de la cultura y lengua eslavas.

Este orgullo lingüístico está en la base de su nacionalismo que, para los cánones balcánicos, es muy liberal. Debido a que los judíos búlgaros hablaban búlgaro, como todos los demás, no se los consideró especialmente distintos. Tanto el régimen pro nazi del rey Borís III como los partisanos búlgaros que luchaban contra él, se pusieron de acuerdo en salvar a los judíos de la deportación. Por eso, Bulgaria, junto con Dinamarca, se apuntó el récord más limpio del holocausto de todas las naciones europeas ocupadas por los nazis —por lo menos dentro de su frontera[2]—. Guillermo solía decirme a menudo que los búlgaros (búlgaros judíos) eran la «facción más poderosa» en la política israelí y siempre estaban mirando por los intereses búlgaros. Le costaba trabajo entender cómo alguien nacido en Bulgaria, hablando búlgaro desde niño, podía considerarse otra cosa que búlgaro. Decía conocer a un israelí de origen búlgaro que, en cuanto volvió al país, entendió el búlgaro perfectamente aunque este hombre jamás había oído ese idioma.

—Nuestra lengua se lleva en los genes —dijo Guillermo.

A principios del siglo XI, el emperador bizantino, Basil II, venció al rey Samuel en Strumnitsa y ordenó ce-

2. Fuera de sus fronteras, desgraciadamente, las tropas búlgaras fueron en exceso crueles: ayudaron a los alemanes a capturar judíos en Macedonia y judíos grecoparlantes de todas partes, para deportarlos a campos de exterminio.

gar a 14.000 prisioneros —el momento más horripilante de la historia búlgara—; así fue como Bulgaria cayó bajo el poder del Imperio bizantino[3]. Pero en los siglos XII y XIII, bajo los reinados de Kaloyan y Assen II, Bulgaria recuperó todos los territorios perdidos y alcanzó un enorme desarrollo económico y cultural.

Pero a diferencia de otros países, cuyos imperios llegaron a la cima y poco a poco fueron cayendo en el olvido, Bulgaria se quebró bruscamente en pleno crecimiento, por una serie de invasiones que culminaron con la ocupación turco-otomana, que duró quinientos años. Los turcos utilizaron Bulgaria como su base militar principal para extenderse por Europa; por lo tanto, el gobierno turco fue mucho más sangriento y represivo en Bulgaria que en cualquier otro sitio. Se expulsó a poblaciones enteras de los centros urbanos; los campesinos fueron sometidos a trabajos forzados; y el sistema feudal relativamente avanzado fue sustituido por uno más primitivo. Serbia y Bulgaria fueron las primeras naciones de los Balcanes conquistadas por los turcos, y las últimas en liberarse de ellos. «Puede decirse que, desde 1393 hasta 1877, Bulgaria no tuvo historia», escribe Forbes. Y continúa, diciendo:

> De todos los pueblos de los Balcanes, los búlgaros fueron los que quedaron completamente aplastados y aniquilados. Los griegos, por su ubicación, su cultura y su riqueza, pronto consiguieron que «el vendaval turco moviese sus propios molinos»; a los rumanos, en parte, los protegía el Danubio y su distancia con Constantinopla; los serbios tampoco estuvieron en el centro de mira de la conquista turca, y además, la orografía montañosa de su territorio hizo

3. Strumnitsa está cerca de las fronteras actuales de Bulgaria, Grecia y la antigua Macedonia yugoslava.

inaccesibles muchos de sus pueblos. Bulgaria fue simplemente, aniquilada...

Lo que surgió en la segunda mitad del siglo XIX fue el fantasma latente y desmembrado de una nación.

—La esclavitud bajo los turcos es, todavía, una de nuestras mayores preocupaciones nacionales —me comentó Guillermo.

Es significativo el hecho de que el día más solemne del calendario búlgaro no sea ni una fecha cristiana ni una fecha oficial del comunismo, sino el día en que se recuerda la ejecución de Levsky, líder de la guerrilla, de treinta y seis años, por los turcos, en 1873. Desde el amanecer del día 19 de febrero, una numerosa cantidad de personas caminan por las calles de Sofía, con flores en las manos, hasta la plaza en la que los turcos ahorcaron a Levsky. Durante todo el día, el obelisco conmemorativo se adorna con una montaña de flores. Levsky fue el más grande *yunak* de Bulgaria —*yunak* significa un joven héroe rubio, de proporciones casi míticas—. Levsky, un monje ortodoxo, organizó la resistencia nacional. Su guarida era la *Stara Planina* —la Vieja Montaña—, una larga cadena montañosa que se extiende por Bulgaria, y que se la conocía como los Balcanes, la palabra turca para decir «montaña». Esta cadena da nombre a toda la península balcánica.

La ejecución de Levsky fue la chispa que encendió el levantamiento de las guerrillas, en abril de 1876, pero que los turcos sofocaron salvajemente. Fue el prólogo de un cuarto de siglo de luchas de guerrillas y de operaciones contrarrevolucionarias, durante las cuales los turcos quemaron cientos de pueblos búlgaros con sus habitantes, la mayoría civiles. Por estas fechas, hace un siglo, la lucha búlgara contra un decrépito sultanato ocupó la conciencia de los liberales occidentales (y orientales) igual que lo hiciera después Vietnam. Los escritores Oscar Wilde, Victor Hugo e Iván Turguéniev alzaron la voz en apoyo a la guerrilla de la resistencia. Lo mismo hizo el estadista británico William Gladstone, y el héroe de la unificación italiana, Giuseppe Garibaldi. Las frases apasionadas sobre la libertad escritas por Walt Whitman en su libro *Hojas de hierba* se referían a Bulgaria, en los años en los que Whitman estaba revisando su poema épico. Bulgaria fue el primer conflicto de moda del mundo moderno. Los occidentales se olvidaron pronto de este asunto; los búlgaros nunca.

En esta tardía y crítica coyuntura de la historia búlgara, llegaron los rusos. El ejército ruso barrió a los turcos de Bulgaria en 1877 y 1878, liberándola de la dominación otomana y creando un estado amortiguador búlgaro pro soviético contra los turcos. Aunque el Tratado de Berlín de 1878 obligaba a la liberada Bulgaria a devolver Tracia y Macedonia a Turquía —lo que originó una nueva guerra de guerrillas—, la gratitud de Bulgaria hacia los rusos nunca se enfrió. La liberación por los rusos fue uno de los momentos felices de la historia búlgara desde la Edad Media. La construcción de la iglesia Aleksandar Nevski comenzó en 1882, en honor de los 200.000 soldados rusos que murieron durante esa guerra. Pero este reconocimiento hacia el «Abuelo Iván», como llamaban a veces los búlgaros a Rusia, tenía sus matices que no siempre los comentaristas occidentales fueron capaces de ver por sus prejuicios estereotipados durante el período de la guerra fría. Como mencionó Guillermo, la gratitud hacia la Rusia zarista no impidió que Bulgaria luchase contra Rusia en la Primera Guerra Mundial.

La ambición territorial, especialmente respecto de Macedonia, llevó a Bulgaria a una derrota en la Segunda Guerra de los Balcanes en 1913, y a alianzas desastrosas con Alemania en las dos guerras mundiales. La pérdida de Macedonia, de una franja de tierra en las costas del

Egeo y de otros territorios, convirtió a Bulgaria en una nación amarga e irracional durante la primera mitad del siglo XX. Los búlgaros odiaban a todo el mundo: serbios, griegos, rumanos, turcos. Entre las dos guerras mundiales, el terrorismo de Macedonia hizo que la política de Sofía fuese permanentemente violenta e inestable. Durante este intervalo, Bulgaria se pareció a Siria en los golpes fallidos de los años cincuenta y los sesenta. Así que cuando el ejército ruso llegó por segunda vez a tierra búlgara, en septiembre de 1944, Bulgaria era una nación espiritualmente rota y con un profundo sentimiento de que le habían robado su destino, lo cual fue aprovechado por los soviéticos.

Con respecto a la ocupación militar y pérdida de territorio, la dominación soviética no fue costosa para los búlgaros. Como su país no lindaba con la Unión Soviética, ésta no tenía ninguna reclamación territorial que hacer —al contrario que en los casos de Rumania, Hungría, Checoslovaquia y Polonia, a los que los soviéticos obligaron a cederles terreno cuando la frontera soviética se movió hacia el oeste tras la Segunda Guerra Mundial—. Situada bastante lejos de la línea de confrontación entre el Este y el Oeste en Europa central, Bulgaria era el país menos importante, estratégicamente, de todos los del Pacto de Varsovia. Así pues, cuando los comunistas de la región consolidaron el control bajo el mandato de Dimitrov en diciembre de 1947, el ejército soviético se retiró de Bulgaria para no volver excepto en maniobras anuales. A los búlgaros les molestaba que les llamaran vasallos de los soviéticos, señalando que mientras Hungría (que en los años setenta y ochenta disfrutó de buena reputación en Occidente) tenía como huéspedes a 60.000 soldados soviéticos en su suelo, Bulgaria no tenía ninguno.

Además de no ocuparla militarmente, no anexionarse territorio y no suscitar recuerdos históricos negativos, los rusos ofrecieron a Bulgaria una poderosa poción psicológica: protección garantizada contra Turquía, y numerosas oportunidades para lidiar con aquel odiado antiguo amo colonial desde una posición de fuerza, no de debilidad. Como me dijo un diplomático búlgaro una vez:

—Es el oso el que nos protege del perro ladrador.

En septiembre de 1982, tras mi primera visita a Sofía, la revista *Reader's Digest* publicó un artículo de Claire Sterling, una escritora especializada en terrorismo internacional, titulado *Conspiración para matar al Papa*. La tesis de Sterling era que el pistolero turco Mehmet Ali Agca, que disparó e hirió al papa Juan Pablo II en 1981, no era un lunático imprudente que actuaba por su cuenta, como se pensó en un principio.

Según Sterling, Agca había sido contratado por la Darzhavna Sigurnost, la búlgara Policía de Seguridad del Estado. Unas semanas después de la publicación del artículo, la policía italiana detuvo al director de las Líneas Aéreas de los Balcanes en Roma (la compañía nacional búlgara), Sergei Ivanov Antonov, acusándolo de complicidad en el ataque al Papa.

La historia que salió a la luz fue la siguiente:

En los años setenta, como parte de un intento por desestabilizar el frágil sistema parlamentario de Turquía —bastión oriental de la OTAN—, el KGB animó a los búlgaros, que compartían parte de su frontera con los turcos, para que pasaran armas de contrabando a casi todos los grupos turcos separatistas o extremistas, tanto de izquierdas como de derechas. Al mismo tiempo, los búlgaros permitieron que Bekir Celenk, un dirigente de los bajos fondos turcos, que controlaba las redes criminales en comunidades de inmigrantes turcas por toda Europa, utilizara Sofía como base para sus operaciones. Los búlgaros, a través de su compañía estatal de camiones, Kintex, estaban introduciendo armas en Turquía y colaborando en el contrabando de heroína y otras drogas fuera del país. Agca era un asesino a sueldo suficientemente conocido por los grupos *Lobos Grises*, neonazis turcos, y *El ejército para la liberación de los turcos*, marxista, y también por los cazatalentos de los bajos fondos turcos y de la Sigurnost de Sofía.

En 1978, el cardenal de Cracovia, Carol Wojtyla, se convirtió en el papa Juan Pablo II. La elección del primer Papa polaco ayudó a encender el movimiento de solidaridad anticomunista en Polonia, en 1980. La existencia de un Papa polaco estaba pues corroyendo la estabilidad del satélite de Europa oriental más grande y popular del Kremlin. Nadie mejor para eliminar al Papa que los búlgaros, cuya Sigurnost —más que cualquier otro servicio secreto del Este de Europa— estaba dominada por el KGB y tenía, cortesía de las conexiones con los contrabandistas, acceso a una red de oscuros asesinos ultraderechistas, a los que sería imposible seguir hasta Moscú.

«Desde el principio estuvimos absolutamente convencidos de que el KGB estaba detrás de la conspiración», comentó a *Newsweek* un oficial superior del Vaticano[4].

Según Sterling y autoridades judiciales italianas, Agca llegó al hotel Vitosha Otani de Sofía en 1980, donde se le entregó un pasaporte falso antes de presentarle a Bekir Celenk, el jefe de los bajos fondos turcos, quien ofreció 1,7 millones de dólares a Agca para que asesinase al Papa. Entonces Agca se pasó dos meses en el lujoso Vitosha Otani: un lugar revisado de arriba abajo y pinchado por la policía secreta búlgara.

4. *Newsweek*: edición del 3 de enero de 1983.

Después, Agca, que había crecido en un poblacho en Turquía central, se gastó 50.000 dólares en una gran gira por Europa, alejándose lo más posible de Italia y Bulgaria, antes de llegar a Roma, donde Antonov y otros dos búlgaros arreglaron la estancia de Agca y le condujeron hasta la plaza de San Pedro el día en que disparó al Papa. Agca fue detenido en el acto, inmediatamente después de disparar el arma. La policía encontró entre sus cosas cinco números de teléfono: dos de la embajada búlgara en Roma, otro del consulado búlgaro, otro de las oficinas de las Líneas Aéreas de los Balcanes, y el último —un número no registrado—, el del apartamento de Todor Ayvazov, un conserje de la embajada búlgara.

Volví a Sofía a finales de 1982, de nuevo en tren desde Rumania. Llevaba una copia de la obra maestra de Eric Ambler, *La máscara de Dimitrios*, la historia de un tipo de los bajos fondos de los Balcanes llamado Dimitrios, que pasó cruzando Bulgaria de camino a Europa y se vio envuelto en una oscura red de intrigas que mezclaba contrabando de drogas con asesinatos políticos. El libro se publicó primero en 1939. Al final, Ambler escribe: «Deben existir condiciones especiales para la creación del tipo especial de criminal que él [Dimitrios] tipificaba... Mientras el caos y la anarquía se disfracen de orden e ilustración, se obtendrán estas condiciones.»

—Los rusos nos dan todo tipo de apoyo en nuestras luchas con los turcos... ¿Cómo puedes decir que no somos libres? —me había dicho Guillermo un año antes. Y ahora se me ocurría que, si aquellas palabras fuesen ciertas, el saber que controlaban al criminal turco Agca era algo tentador para los búlgaros. Ésa fue la última venganza búlgara: determinar las acciones y el destino de Agca, igual que había sido determinada la suya por los antepasados turco-otomanos de Agca. El objeto de estas acciones, el asesinato de un Papa católico, era secundario. Los Balcanes es una región de ideas fijas y, al haber padecido casi siempre opresión turca, la visión de los búlgaros sobre el mundo era todavía más limitada.

Me cité con Guillermo en la puerta del Gran Hotel Bulgaria. Le había adelantado por télex la hora de mi llegada.

—Vamos, Robby, tenemos que irnos. Has llegado en el momento justo. Deshaz luego tu equipaje. ¡Vaya si vas a conseguir noticias! El jefe de la BTA va a dar una conferencia de prensa en el club de periodistas sobre la provocación criminal occidental.

¿Qué había dicho Wilfred sobre una «guerra fría»? Guillermo estaba muy excitado.

Eran las once de la mañana del 1 de diciembre de 1982. El club de periodistas en Graf Ignatiev era ya un muro de humo de tabaco y vapores etílicos. De pie, al fondo de la habitación, había un hombre delgado, con escaso pelo negro, que interrumpía su discurso de vez en cuando para encender un cigarrillo y dar una calada. Boyan Traikov, el director de la Agencia Telegráfica Búlgara, era lo más parecido que tenía el régimen comunista a un portavoz oficial. Por primera vez desde que la intervención internacional comenzara a especular sobre una «conexión búlgara» en el disparo al Papa, un alto oficial búlgaro hablaba públicamente al respecto. Aparte de unos cuantos diplomáticos occidentales, yo era el único extranjero en la habitación. Guillermo me traducía lo que se decía.

—¡Tienes aquí una bomba periodística, querido amigo! Ahora vas a saber lo que verdaderamente ocurrió.

Traikov dijo que el artículo de Sterling y el arresto de Antonov por la policía italiana eran «parte de una conspiración planeada por las agencias de inteligencia occidentales para acabar con la *détente* y para inculcar sentimientos antibúlgaros en los polacos, ahora que la situación en Polonia estaba volviendo a la normalidad». Traikov tenía en mente el aplastamiento de Solidaridad y el encarcelamiento de su líder, Lech Walesa, el año antes, considerando esto como «volver a la normalidad». Aunque la aparición de Traikov se vendió como «rueda de prensa», nadie hizo preguntas. Tampoco corrieron los periodistas búlgaros a escribir sus crónicas. Cuando Traikov acabó su discurso, todo el mundo se quedó allí y siguió bebiendo.

Guillermo lo arregló todo para que pudiera entrevistar a Traikov en un despacho cercano. Traikov me dijo que Sterling, como todos los periodistas que escribían con desprecio sobre Bulgaria, o bien era una agente de la CIA o una inocente, manipulada por la CIA. Porque las acusaciones contra Bulgaria eran, indudablemente, una provocación contra la Unión Soviética y su nuevo dirigente, Yuri Andrópov —que era el jefe del KGB cuando Agca disparó al Papa—, y si «toda esa tontería» sobre las conexiones búlgaras no paraba, la *détente* fracasaría. ¿Eso es lo que quiere Occidente? Cuando yo intentaba llevar la conversación por asuntos concretos, tales como si figuras conocidas de los bajos fondos turco vivían o habían vivido en Bulgaria, Traikov cambiaba rápidamente de tema. Ni una sola vez tuvo Traikov la intención de ofrecerme noticias verdaderas, ni tan siquiera una pista.

No obstante, más interesante que la actitud de Traikov era cómo se comportaba Guillermo en presencia del superior. La BTA ocupaba un enorme edificio en la avenida de Lenin, en Sofía. El despacho de Traikov era largo, oscuro, con peste a tabaco y de unas dimensiones que, de entrada, intimidaba. Para llegar a él había que atravesar una sucesión de pequeños despachos ocupados por secretarias y conserjes. La atmósfera allí era más parecida a la de la policía o a la del ministerio del Interior que a una agencia de prensa. Traikov tenía una sonrisa extremadamente viril y lasciva. Sus ojos, inyectados en sangre, eran engañosos y absorbentes. Si yo hubiese sido una mujer, no me habría sentido segura con él. Al contrario de Guillermo, llevaba un traje occidental, y me ofreció un cigarrillo con filtro occidental —un lujo en Bulgaria—. Guillermo, extremadamente nervioso, se excedió en adulaciones al presentarme a Traikov, como si quisiera decir: «Importante, deja que te presente a otro Importante», ya que si yo no fuera importante —bajo una óptica búlgara— Traikov no habría perdido su tiempo conmigo. Traikov miraba a Guillermo igual que los jefes de la mafia miran a sus subordinados. Cuando recuerdo a Guillermo alabando a Traikov, pienso en lo que había dicho el asesinado escritor disidente Markov sobre la glorificación de Stalin: «Era igual que escupirse uno mismo.»

Después de ver a Traikov, Guillermo me llevó a su piso de Sofía, en un edificio destartalado y sin calefacción. Su mujer, Margarita, había preparado un festín en mi honor. Los tres nos sentamos juntos sobre un antiguo baúl que hacía las veces de banco, ante la mesa de la cocina. «Todos están contra todos y todos están a favor de todos, porque eso es lo que dicta la ley de supervivencia. En esta increíble proximidad, sentimos el calor del cuerpo de los demás, nuestros más ligeros temblores... podemos conversar durante horas sin articular palabra», escribe Markov.

El pequeño cuarto de estar de Guillermo estaba lleno de recuerdos de sus días como corresponsal en China, desde 1957 hasta 1961: jarrones, estatuas, pantallas de seda, y en un lugar principal de la pared, la piel de un tigre que él decía haber cazado. Me describió la cacería con detalle: los campamentos, dormir en el bosque y despertar antes del amanecer para matar al tigre junto con sus amigos chinos.

—Tuve acceso a cosas y vi cosas, Robby, durante esos años, que no podrías creer. ¿Sabes lo que era recorrer China en los años cincuenta? Ah, aquéllos fueron (como decís vosotros) mis buenos tiempos. —Cogiéndome del brazo añadió—: Un hombre, Robby, un hombre no es un hombre hasta que sale a conocer mundo.

Guillermo exclamó:

—¡Escribe libros, Robby! Profundiza, llega lejos. Sé como Wilfred Burchett. ¡No seas escritorzuelo! Robby, ¿has tocado alguna vez un instrumento?

—Una guitarra. No tenía talento.

—Yo estudié violín. Lo odiaba. Vendí el violín.

Se me hizo un nudo en la garganta. Lo mismo hizo mi padre, llevando su violín a una casa de empeños.

Privado de un presente, que existía en un mundo de sombras, Guillermo sólo tenía un pasado lejano al que aferrarse.

—¿Qué me dices de Traikov, Guillermo?

Guillermo hizo una mueca y se inclinó hacia mí, como si me fuese a decir un secreto:

—Su mujer es una conocida bailarina de ballet. Son parientes de Zhivkov. La nomenclatura, Robby —dijo chasqueando los dedos en el aire y haciendo otra mueca. Después se calló por un momento.

A la mañana siguiente visité la cripta de la iglesia Aleksandar Nevski, que alberga una de las colecciones de iconos bizantinos más grande del mundo.

El icono más preciado databa de finales del siglo XIV, a las puertas de una invasión turca. Aunque estos iconos tenían seiscientos años, estaban restaurados a la perfección.

Los panes de oro, los rojos granate y rubí, los ocres, los azules marinos e incluso los grises brillaban tras los adornos de piedras preciosas. Los ojos de san Jorge, de la

Virgen María, de san Juan Evangelista y de san Juan de Rila podían haber sido los de los emperadores bizantinos, emperatrices y cortesanos de la Edad Media: todas las exaltaciones del espíritu estaban contenidas en ellos; pero, sobre todo, tenían un aire de retraimiento, de guardar un secreto. Éste era el símbolo de las masas búlgaro; pensé: el icono bizantino, un mundo de oleadas de pasión que guardaba un gran secreto.

13

El precio de la amistad

Era el otoño del año 1985, mi quinta visita a Sofía. Como en los viajes anteriores, llegué en tren desde Rumania. Había quedado como siempre con Guillermo en la entrada del Gran Hotel.

—Debemos darnos prisa, Robby. Nikolái Todorov, el vicepresidente de la Academia de las Ciencias búlgara y director del Instituto de Estudios sobre los Balcanes, te está esperando.

Yo regresé a Sofía al enterarme de ciertos disturbios que estaban ocurriendo. Las autoridades comunistas obligaban a 900.000 personas, un 10 % de la población, a cambiar de nombre. Los afectados eran de etnias turcas, restos de la dominación turca sobre Bulgaria que duró quinientos años. Todos los *Mehmet* tenían que convertirse en *Mijail*, y lo mismo con los demás nombres turcos.

Solía hacerse en mitad de la noche. El rugido de las tanquetas militares y el resplandor cegador de los focos interrumpían el sueño de alguna aldea turca. Los militares irrumpían en las casas y mostraban un impreso al cabeza de familia, en el que debía anotar los nuevos nombres búlgaros de cada miembro de su familia. Aquellos que se negaban o que dudaban contemplaban cómo los militares violaban a sus mujeres o hijas.

Según Amnistía Internacional y diplomáticos occidentales, los militares azotaron a miles de ellos y ejecutaron a cientos.

Sólo recuerdo que Nikolái Todorov era un hombre

gris, con un traje gris en una fría y oscura habitación; me senté sin quitarme el abrigo, cerca de la ventana, para poder ver en mi cuaderno de notas. Todorov hablaba con un tono monótono. No había sentimiento en su voz. Guillermo traducía.

—El Estado tiene que proteger los intereses de la nación, y en los Balcanes nación significa un grupo étnico en particular. Mantener la paz en esta región significa que todas las minorías deben asimilarse a la mayoría.

Guillermo me llevó después a otro oficial búlgaro, que era más franco:

—Si no fuera por la invasión turca en el siglo XIV, ahora seríamos ochenta millones (en lugar de nueve millones). Nos asimilaron; ahora nosotros los asimilaremos. Los turcos todavía tienen una cuenta que saldar por el asesinato de [Vasil] Levsky.

»Cuando Bayezit entró aquí en el siglo XIV, llegó como un trueno, y cientos de búlgaros tuvieron que cambiar de nombre[1]. ¿Dónde se hallaba entonces su prensa occidental? Estamos contra la pared; no tenemos un lugar para retirarnos —dijo refiriéndose al 2,5 % de nacimientos anuales entre los turcos musulmanes, comparado con el incremento cero de la tasa de natalidad entre los búlgaros cristianos.

Cuando le mencioné a Guillermo que iba a ir a la embajada de Estados Unidos a una reunión sobre este asunto, pareció preocupado.

—¿Qué te pueden decir allí? ¡Vamos, chico! —dijo, frunciendo el ceño—. Prométeme que no te creerás automáticamente todo lo que te digan esos diplomáticos. Recuerda que eres un periodista. Se supone que debes ser escéptico.

Lo que los diplomáticos me dijeron fue que «en Bul-

1. Bayezit, el sultán turco de los años comprendidos entre 1389 y 1403, era llamado *Yildirim* en turco, que significa «El Rayo».

garia se habían cometido numerosas violaciones de los derechos humanos».

Pero, después, Guillermo no me preguntó sobre la reunión. Había cumplido con su deber —intentando convencerme para que no fuera a la embajada— y hasta ahí era todo cuanto le concernía.

En la calle, aquella tarde de 1985, recuerdo que hacía un frío terrible. Según nos dirigíamos, Guillermo y yo, hacia el restaurante ruso al que solíamos ir, tuvimos que detenernos, nosotros y muchas personas más que volvían de sus trabajos, para dejar pasar a una caravana oficial de limusinas Chaica.

Nadie saludó a los dignatarios, ni tan siquiera parecían curiosos. La gente simplemente mantenía la cabeza baja. Dentro de las limusinas negras todas las cortinillas de las ventanillas permanecían cerradas. El abismo existente entre el gobernador y el gobernado en la Bulgaria comunista parecía tremendo.

—Necesitamos un cambio, Robby —comentó Guillermo, hablando rápidamente, mientras caminábamos.

Lo miré desconcertado. No había expresión en el rostro de Guillermo. Nunca había sido tan directo. Pensé que había llegado el momento.

—¿Qué pasó cuando volviste de China, Guillermo?

—Querido amigo, lo que te voy a contar no se lo he contado nunca a ningún extranjero, excepto a Wilfred.

Cuando llegamos al restaurante, Guillermo había terminado la historia. Sólo unas horas después, cuando volví a mi habitación del Gran Hotel Bulgaria, algo borracho, tuve ocasión de escribir lo que me contó. Pero las palabras de Guillermo, zumbando en mis oídos en la oscuridad de la fría calle bordeada de castaños, me embrujaron. Supe que las recordaría con exactitud.

—Cuando volví de China, a finales de 1961, me hicieron editor en la división de comunicación extranjera de la BTA. Yo tenía treinta y siete años, Robby. Era un puesto de trabajo que me permitía ver un montón de material reservado de uso estrictamente confidencial en el interior del partido. Esperaba que después de unos años obtendría un puesto mejor, tal vez como corresponsal de la BTA en Moscú.

»Entonces yo tenía un amigo; era mi mejor amigo, Borís Temkov. Cuando estuve en China, Borís Temkov estaba en la embajada búlgara del Reino Unido. Temkov estaba muy bien relacionado en el partido. Era un gran tipo. ¡Éramos tan amigos, no te lo podrías imaginar!

»Había un oficial del partido llamado Iván Todorov-Garudya. Este tal Garudya fue acusado de ser pro chino. Esto sucedió cuando empezaron los problemas entre China y la Unión Soviética: podrías decir que algo grande estaba pasando. Se podía oler. La BTA sacó a la luz un texto que decía que Garudya se había suicidado. Yo le pasé a Temkov el otro texto, el que era para circulación interna entre la elite del partido, que contenía más detalles sobre el caso Garudya.

»Era finales de abril de 1964. Temkov y yo habíamos quedado para cenar con nuestras esposas en el club de los periodistas. Como ves, nos habíamos hecho tan buenos amigos que queríamos que nuestras mujeres se conocieran.

—¿Era ésa tu primera mujer, Guillermo? —le interrumpí.

—No, la segunda. Con la primera, mis problemas empezaron en China y nos separamos en cuanto volvimos a Bulgaria. ¡Oh, China, Robby! ¡Tuve tantas aventuras allí!

»Borís y yo llegamos al club antes que nuestras mujeres. Entonces recordé que se me había olvidado un comunicado de prensa en la oficina. Le pedí a Borís que esperase y volví a la BTA para recogerlo. Cuando regresé al club, después de media hora, Borís no estaba. Mi mujer se me acercó. Estaba con la mujer de Borís, ya se habían presentado. "¿Habéis visto a Borís?", les pregunté. "No", me contestó su mujer, "todavía no ha venido". "Sí, estaba aquí hace media hora", dije. Hicimos algunas llamadas. Nada. Esperamos. Entonces un conocido mío se nos acercó y me dijo: "A Borís le han arrestado." "¿Por qué?", pregunté sorprendido. Estábamos asombrados. El hombre no hacía más que repetir que Temkov había sido detenido. No pudimos averiguar nada, ni siquiera adónde le habían llevado.

»Robby, para expulsar a alguien del partido, hay que celebrar una reunión previa para decidirlo. Una noche de julio de 1964 estaba en el club de periodistas cuando un hombre al que conozco del partido se me acercó y me dijo que en noventa minutos iba a haber una reunión sobre Temkov. Dijo:

»—Debe usted ir, Guillermo. Era usted su mejor amigo. ¿Qué pensarán si usted no encabeza la denuncia?

»Fue el peor momento de mi vida. Nunca olvidaré cómo me sentí. ¿Qué iba a hacer? No me habían dado tiempo.

»En la reunión, vi a Temkov por primera vez desde que le detuvieron. Tenía muy mal aspecto, Robby, no puedes ni imaginártelo. Uno tras otro, los miembros del Comité Central se levantaban y denunciaban. Dijeron cosas que no podrías creer —que Temkov era pro chino, y esto y lo otro—. No lo conocían. Ni uno solo había intercambiado con él más de dos palabras en la cantina. Me senté allí, callado. Esperaba que se olvidasen de mí. Entonces, de pronto, alguien dijo: "¿Y usted qué, Guillermo?" Era peor que una pesadilla. Cuando me levanté lo vi todo como en una nube. No podía respirar. El aire era muy pesado. Es imposible describir cómo me sentía. ¿Qué podía decir? Les dije que tal vez fuesen ciertas algunas de las cosas que se habían dicho. "No lo sé. Conozco a Borís Temkov muy bien y nunca me dijo ninguna de las cosas que ustedes dicen que dijo. Sé que a mí, Borís Temkov nunca me dijo nada contra el partido. Sé que siempre estuvo a favor de Zhivkov[2]. En cuanto al problema entre China y la Unión Soviética, es una desgracia, pero Borís Temkov nunca me dijo nada que fuese antisoviético. Si ha dicho alguna de esas cosas, no ha sido delante de mí. Camaradas, sólo puedo decir lo que yo, Guillermo, sé."

»Hubo silencio cuando acabé de hablar. Cuando todo el mundo salió de la sala, Borís se me acercó y me estrechó las manos. Estaban secas. Yo no podía hablar.

Primero le enviaron a Belene[3]. Ahora está en Pirdop, un pueblo al este de Sofía. Tiene trabajo allí.

—¿Quieres decir que está en el exilio interno?

—Sí. Después de veinte años aún no tiene permiso para vivir en Sofía. Solía llevar a su mujer a Pirdop en coche. La presionaron para que se divorciara de él, pero ella no quiso. Es una mujer adorable.

»Y a mí me pusieron en el congelador, Robby. Durante diez años después del juicio estuve, como si dijéramos, en el congelador, en una mesa, moviendo papeles. Podía haber sido director de la BTA. En cambio, tuve que dejar la BTA y ponerme a trabajar en la agencia Sofía Press. Y después de diez años alguien vino y me dijo: "¿Sabes, Guillermo?, todo está ya en orden. Estás perdonado." Empecé de nuevo, desde abajo. Tenía casi cincuenta años. Siempre había querido ser periodista, Robby, un verdadero corresponsal, recorriendo el mundo, vagabundeando, como Wilfred Burchett.

»Como ves, todo ocurrió por China. Cuando volví

2. Todor Zhivkov fue el jefe de la facción más dura del comunismo de Bulgaria desde 1954 hasta 1989.

3. La isla Belene, en el Danubio, albergó un importante campo de prisioneros.

de China, a finales del año sesenta y uno, la ruptura con la Unión Soviética había comenzado. Yo había sido corresponsal de la BTA en Pekín, así que era sospechoso. Y como le había dado a Temkov el texto sobre Garudya, tenían algo para utilizar contra mí.

Ya no le seguía. Pedí a Guillermo que me lo explicase. Pero su explicación era confusa y yo estaba aterido. Guillermo me tenía cogido del brazo, conduciéndome en círculos fuera del restaurante ruso.

Dentro, bebiendo licor de uva bajo un tapiz marrón que representaba a soldados rusos luchando en Crimea, Guillermo frunció el ceño:

—Odio a Zhivkov. Odio a Traikov. Siempre creí en la democracia socialista, en el internacionalismo; no en la nomenclatura ni en los privilegios.

»Y Robby —dijo inclinándose sobre la mesa—, lo que está pasando ahora con los turcos es su peor crimen, el peor.

Después, durante la cena, Guillermo me dijo la verdad sobre la piel del tigre.

No había matado al tigre solo. Todos dispararon a la vez. Era difícil decir qué bala lo mató. Pero como Guillermo era el invitado extranjero, los chinos decidieron darle a él la piel del tigre.

—Como ves, Robby, tu Guillermo no es un héroe.

14

Lo bueno y lo malo

Volví a Sofía en octubre de 1990, otra vez en tren desde Rumania, pero hallé una ciudad distinta de la que había conocido anteriormente. El cadáver de Dimitrov había sido incinerado y el blanco mausoleo neoclásico frente al Gran Hotel Bulgaria estaba cubierto de pintadas anticomunistas. En lugar de susurrar, la gente reía y charlaba abiertamente por las calles. Los iconos y otros objetos de arte religiosos se vendían en los parques de la ciudad. En lugar de un solo periódico, el *Rabotnichesko Delo* (*La tarea de los trabajadores*), que nadie leía, había otros muchos periódicos que leía todo el mundo. Las iglesias bizantinas y neobizantinas, en lugar de parecer situadas a una distancia terrible y estatuaria, como en el pasado, formaban un elemento orgánico del presente, sin distorsionar la vida pública, más bien ayudándola a sanar. Antes de la caída de Zhikov, en noviembre de 1989, a estas iglesias siempre habían acudido algunos penitentes, sobre todo ancianos. Pero ahora bullían de actividad. Jóvenes y viejos formaban colas para comprar velas. Recuerdo a una bonita mujer de pelo oscuro, con pantalones morados y los labios pintados a tono, arrodillada en el suelo de mármol, bañada por una luz amarilla que entraba por las vidrieras, besando un icono.

Guillermo me encontró en el vestíbulo. Llevaba puesto un traje marrón de muy buen gusto, con una camisa de mil rayas azul, una corbata roja y un pañuelo a juego. Tenía sesenta y seis años, pero me pareció más joven que nunca.

—Querido amigo, siento llegar tarde, pero estoy muy ocupado últimamente. Ahora trabajo para la UPI y, chico, ocurren muchas cosas en Sofía. Tenemos una profunda crisis económica. La situación es peor que durante las guerras de los Balcanes. Por lo menos entonces estábamos unidos para luchar contra los serbios, y contra los demás. Pero ahora los búlgaros estamos divididos. Y todo lo que hacen en el Parlamento es hablar, hablar y hablar. ¿Cuándo veremos acciones? ¿Es que no son capaces de darse cuenta de que la población está esperando nuevas leyes? Tenemos demasiada democracia en Bulgaria...

Conduje a Guillermo, cruzando la plaza, hasta el café vienés del hotel Sheraton, abierto después de mi última visita a Sofía, donde Guillermo se tomó un café con leche y un pastel de fresa con mucha nata montada.

Guillermo empezó a sacar papeles de su maletín. Era imparable, insistiendo en leerme, palabra por palabra, los dos últimos artículos que había escrito para la UPI, sobre la reducción de gasolina y la relación de fuerzas entre los comunistas, que ahora se hacían llamar socialistas, y la oposición, la UDF (Unión de Fuerzas Democráticas).

—¿Puedo decirte algo, Robby? La gente de la UDF, no vayas a pensar que son unos héroes. ¿Crees que son antiguos disidentes? No, de ninguna de las maneras, no. Casi todos son hijos de la nomenclatura. Pero, de pronto, se han hecho todos demócratas. Son unos oportunistas. Hablan todo el tiempo de los crímenes de Zhivkov. Es de lo único que saben hablar. Sabes que en mi corazón he sido siempre un disidente. Pero debemos dejar de pensar en el pasado. ¿Y sabes quién puede ayudarnos? El rey, Simeón[1]. Vive en Madrid, pero tal vez regrese.

1. Simeón era el hijo de Borís III, el rey búlgaro que murió en 1943.

Aquella noche fuimos al club de periodistas. Allí también había cambiado su atmósfera. La gente era mucho más joven de lo que yo recordaba: hombres con pantalones vaqueros ajustados y mujeres muy guapas, luciendo copias locales de la última moda italiana. Aunque las conversaciones en las mesas eran acaloradas, la sensación de intimismo había desaparecido. La política, y no intrigas personales, dominaba las conversaciones. Sentí una leve nostalgia del pasado. Dentro de unos años, el club se remodelaría: la gente sería no-fumadora, y la atmósfera, en conjunto, no sería distinta de la de un club de *gourmets* de Washington. También comprendí que éste era un punto de vista falso y egoísta; puesto que los búlgaros agradecerían, en todos los terrenos, dicha transformación.

Guillermo dijo que tras cuarenta y cinco años dejaba el comunismo —ahora socialismo—. La razón era que el hombre elegido por el partido para ser su líder, Aleksandar Lilov, estaba entre los miembros del Comité Central que había denunciado a Borís Temkov aquel día de 1964, sin conocerle siquiera. Al comenzar la caída de Zhivkov, me contó Guillermo, Temkov había sido liberado de su exilio y, por primera vez en veintisiete años, tuvo autorización para volver a Sofía. En la BTA, todo el personal había exigido y se habían asegurado del despido de Boyan Traikov como su director.

—Y la cosa más maravillosa, Robby, es que, tras cuarenta y cuatro años, se va a reabrir la Academia Americana, mi vieja *alma mater*.

Aunque sólo era octubre, hacía un frío helador y el cielo estaba encapotado. Las nubes de tormenta enturbiaban el cielo como el humo de una vela sobre un icono. La cafetería en la que quedé a la mañana siguiente con Guillermo, como todas las casas del centro excepto el hotel Sheraton, no tenía calefacción. La noche antes había dormido hecho un ovillo, bajo muchas mantas, en el Gran Hotel de Bulgaria, y podía ver el vaho de mi respiración en la oscuridad. Aún tenía frío: no el frío agradable de esta estación en el oeste, donde te calientas en cuanto entras en algún lugar, sino el frío agudo y continuo de Europa oriental, que hace que te duela el estómago y las costillas por estar doblado durante horas intentando permanecer caliente. Éste era el frío que los búlgaros estaban intentando encajar, mientras le plantaban cara a las consecuencias económicas de la crisis del Golfo —que había comenzado el agosto anterior cuando Saddam Hussein invadió Kuwait— y la caída del comunismo. Aquí, al igual que en otros lugares de los Balcanes, tenías que sufrir con los demás para entenderlos.

—Es el momento más excitante de nuestra historia, pero también el más difícil —me dijo Guillermo—. Los archivos de la Seguridad del Estado tal vez no se abran, por lo menos mientras la mayoría de nosotros estemos vivos. Sí. La gente quiere saber sobre el asesinato de Markov, sobre el Papa, pero hay mucho más que eso. Durante cuarenta y cinco años hemos estado bajo este sistema. Todo el mundo está en el archivo. Todos, alguna vez que otra, hemos dicho esto o aquello. Debes creerme, Robby, debes creer que yo no era como los otros, nunca trabajé para la DZ [Seguridad del Estado]. Pero, quizá, si se abrieran esos archivos, estaría escrito que, en tal y tal ocasión, tu amigo Guillermo dijo tal y tal cosa, que se utilizó contra esta o esta persona.

Guillermo estaba elevando las cejas y encogiendo los hombros bajo el abrigo con una expresión que tenía infinitas interpretaciones.

—¿Querrías enfrentar a unos vecinos contra otros? Nadie quiere abrir esos archivos. Y si los abren, ¿qué encontrarán? Vale, tal vez haya algo sobre el asesinato de Markov, pero también algo sobre cómo este o aquel pez gordo de la UDF fue una vez un soplón de la DZ. Ya veremos. Pero, Robby, hay algo que debes saber —me cogió del brazo—: yo, Guillermo Angelov, fui siempre socialdemócrata, un internacionalista. Nunca trabajé para la DZ.

Guillermo parecía preocupado, obsesionado con que yo pudiera acusarle de algo.

El aire golpeaba las ventanas de la cafetería. Observé el cielo gris y las onduladas cúpulas doradas de las iglesias que se perfilaban en el cielo de Sofía. Yo sabía que lo que Guillermo pudiera haber hecho, si es que había hecho algo, estaba perdonado por mí hacía mucho tiempo.

Durante el oscuro anochecer, anduve por el bulevar General Zaimov. Los globos de las farolas se acababan de encender hacía unos minutos. Ahora se apagaban: otro apagón. Debido a las restricciones de gasóleo, una hora de cada tres no había electricidad. Abrí de un empujón una puerta de hierro que chirriaba y entré en un pasillo oscuro, cuyas paredes grises estaban llenas de pintadas. Subí las escaleras y llamé a la puerta del segundo piso. Se abrió la puerta. En la penumbra de una vela estaba una mujer bajita, con el pelo liso y gris y un rostro que una vez fue alegre e inteligente. Con una vela en la mano, me condujo hacia el cuarto de estar, a través de cuyas ventanas se podían ver los fantasmagóricos castaños del parque del otro lado de la calle.

—Soy Vessa. Éstas son mi hija Anna y mi nieta Vanessa.

Estreché la mano a una mujer guapa, de pelo oscuro, y contemplé al bebé de dieciocho meses que estaba armando jaleo. La habitación era fría. Con la poca luz que había se podían ver unas alfombras orientales, unas estanterías de libros y adornos asiáticos, principalmente chinos. Para ser autor de cuarenta libros, Wilfred Burchett no había coleccionado mucho. Pensé en las repletas librerías que tenían algunas personas que no habían tenido ni una mínima parte de la actividad literaria de Burchett. Al igual que Reed o Bourchier, Burchett llevó una vida gitana, con todas sus cosas en un maletín, coleccionando amigos, no cosas. Al contrario que Reed, cuyos libros se vendieron bien durante su vida, o Bourchier, que tuvo un sueldo y una pensión de *The Times* (de Londres) al final de su vida, Burchett lo pasó mal realmente, retirándose a la Bulgaria comunista cuando tenía sesenta y seis años, para poder escribir un libro y trabajar como colaborador en algunos periódicos búlgaros.

Burchett murió en 1983, dos años después de mi primera visita a Sofía. Vessa conoció a su marido durante el primer viaje de Burchett a Bulgaria, en 1949, cuando éste fue a cubrir la rehabilitación de Traicho Kostov, un héroe de la resistencia comunista durante la guerra, que fue ejecutado aquel año por espía de Tito, siendo sólo rehabilitado tras su muerte.

—Yo trabajaba en la BTA por aquel entonces y se me asignó la tarea de ser la traductora de búlgaro de Wilfred. Me enamoré de él. Me expulsaron del partido por casarme con un periodista extranjero. Era difícil convencer a la gente del partido de que Wilfred no era una amenaza como los otros occidentales, sino un simpatizante nuestro.

—¿Cómo cree que hubiera reaccionado su marido ante la revolución de Europa oriental?

—Habría quedado fascinado. No es verdad que Wilfred fuera comunista. No era un espía. En lo más profundo de su corazón Wilfred era un hombre de la *perestroika* antes de que llegara ésta. Una vez me dijo: «Vessa, debemos admitir que la democracia del pueblo no funciona...»

—Dígame —interrumpió Anna—, ¿qué tal está Guillermo? ¿Todavía es comunista? —Tenía un tono burlón.

—Yo no creo que Guillermo sea comunista —dije.

—Bien. Así que ha aprendido.

Anna comentó que el problema de Bulgaria era que los comunistas intentaban mantener el poder, y que lo que el país necesitaba era un capitalismo y el regreso del rey exiliado Simeón.

La madre lanzó a la hija una dura mirada.

—La monarquía es la nueva moda —dijo Vessa.

En su opinión, la oposición, al negarse a cooperar con los comunistas gobernantes, era responsable de la inestabilidad del país. La familia de Burchett no era muy distinta de las demás familias: los hijos se habían rebelado contra los valores políticos de los padres.

La luz volvió cuando me preparaba para marchar.

—Mi padre no era comunista —me dijo Anna en tono suplicante.

—¿Se publicó alguna vez su libro en Bulgaria?

—Sólo en portugués, por un editor brasileño.

En aquel último viaje a Bulgaria, en 1990, salí de Sofía con mi mochila a cuestas, para dar una vuelta por el país. Al contrario que en Rumania, aquí era imposible hacer autoestop; circulaban poquísimos coches por la carretera debido a las restricciones de gasolina. Así que cogí varios autobuses.

En Kurdzhali, un pueblo cercano a la frontera con Turquía, en una región de Bulgaria en la que el 80 % eran etnias turcas, una estatua de Georgi Dimitrov, el padre de la Bulgaria comunista de la posguerra, dominaba el parque. Dimitrov, ojeroso e inclinado, con el abrigo echado por los hombros, estaba representado como un afable servidor del pueblo. Detrás de Dimitrov, formando parte del monumento, había numerosos bloques de granito negro, uno encima del otro, queriendo representar el moderno estado industrial que surgió como resultado del trabajo de Dimitrov. Pero lo que realmente decían aquellos bloques, con un absoluto y profano desprecio, era: «Podemos aplastarte y no hay nada que puedas hacer para evitarlo.»

La diferencia entre Burchett y Dimitrov era, según mi opinión, la siguiente:

Burchett fue un hombre con un alma rica y profunda, pero se dejó llevar tanto por su búsqueda del cielo que terminó sirviendo al infierno, sin ser consciente de ello. Lo que hubiera de maldad en Burchett —o en Guillermo— era sólo malo por accidente. Pero con Dimitrov (también con Stalin, claro), lo que era bueno lo era sólo por accidente. La defensa que hizo Dimitrov del comunismo en el juicio sobre el incendio del Reichstag fue decir que lo que los nazis estaban haciendo era mucho peor[2]. Pero durante el resto de su vida, sobre todo en lo referente al sometimiento de Bulgaria, Dimitrov sirvió a Stalin en cada uno de sus deseos y caprichos. Si Hitler no hubiese roto su pacto de no agresión con Stalin, entonces Stalin (y sus lugartenientes, como Dimitrov) se habría repartido Europa con Hitler, tal como hizo con los aliados continentales.

—Por aquel entonces yo iba al colegio en Varna[3] —comenzó a decirme una mujer búlgara que conocí en mi visita a Kurdzhali—. A finales de 1984, volví a Kurdzhali por las vacaciones de Navidad. Nadie me había dicho nada. La estación del tren estaba llena de soldados y militares, en grupos de cuatro. Había soldados por todas partes. La zona turca del pueblo había sido aislada por completo. Pensamos que debían de estar pasando cosas terribles. Nos mantuvimos en silencio. Teníamos miedo. Era problema de los turcos. Fue terrible lo que pasó. Pero, salvo cambiar sus nombres, que ahora pueden volver a recuperar, ¿qué hicimos de malo los búlgaros?

2. En febrero de 1933, un incendio destruyó el Reichstag alemán (Parlamento) de Berlín. Dimitrov y otros comunistas fueron falsamente acusados por los nazis de haber causado el fuego y se les juzgó. La defensa de Dimitrov hizo que el juicio terminase siendo una confusión.

3. Varna es una ciudad de la costa búlgara del mar Negro.

—¿Y los asesinatos y violaciones? —dije.

—Sí, hubo asesinatos y violaciones. Eso fue tremendo. Pero ahora los turcos tienen más derechos que los que tenemos los búlgaros. Ustedes los extranjeros sólo se preocupan de los turcos. Es la única razón por la que vienen. Ahora tenemos miedo de que los turcos nos dominen. Son más que nosotros y tienen una economía más poderosa.

Ella tenía razón. Turquía, con cincuenta y cinco millones de habitantes, sextuplica la población búlgara. Desde el punto de vista occidental, Turquía tiene una débil economía, con una tasa muy elevada de inflación y produce bienes de muy baja calidad. Pero, a diferencia de Bulgaria, Turquía tiene una economía de mercado libre desde hace décadas. Teniendo en cuenta a lo que están acostumbrados los consumidores búlgaros bajo el régimen comunista, lo que ahora pueden adquirir son los productos turcos que esperan al otro lado de la frontera. Al comienzo de la última década del siglo XX, los hombres de negocios turcos están preparados para tomar Bulgaria, y la economía turca, dispuesta a engullirse a la de Bulgaria, más débil y subdesarrollada. La dominación turca, que el gobierno comunista trataba de evitar, iba a producirse como resultado del comunismo. Durante décadas, los comunistas búlgaros jugaron con el odio y las obsesiones del pasado tramando los planes y las conspiraciones más disparatadas, con el fin de evitar lo que, de hecho, estaban preparando.

Aquel octubre de 1990 viajé por una tierra montañosa con sauces, álamos y cipreses, pinos de los Balcanes y manzanos. Vi escena tras escena de rústica belleza popular. El atractivo particular de Bulgaria era que estaba entre el frío y oscuro clima de Europa y el cálido clima mediterráneo de Grecia. Su flora era una lujosa combinación de ambos.

Llegué a Batak: un nombre que resonó alrededor del mundo, como luego lo hiciera My Lai. Hacía tiempo que le había prometido a Guillermo que iría a Batak. Pero no lo hice hasta finales de 1990, durante mi séptima visita a Bulgaria.

Batak estaba situada entre niebla, pinos, piceas, hayas y abetos, con una colección de casas con tejados de teja roja, en lo alto de los pastos de los montes Rhodope, al sur de Bulgaria, no muy lejos de Grecia. En abril de 1876, los turcos decidieron dar un ejemplo de su poder aquí. Liberaron a los *bashibazuques* —bandas asesinas de búlgaros convertidos al islam—, que quemaron, saquearon y mataron a más de cinco mil cristianos ortodoxos, casi toda la población de Batak. La mayor parte de los crímenes se cometieron en el interior de la iglesia de San Nedelya, donde J. A. MacGahan, del periódico londinense *Daily News*, uno de los primeros observadores que llegaron al lugar, encontró montones de cadáveres, desnudos y ensangrentados, de un metro de altura.

En el museo de Batak vi un recorte de prensa de un periódico inglés. Por el modo en que estaba recortada la página, era difícil averiguar la identidad del periódico o del autor. Fechado el 30 de agosto de 1876, este artículo atacaba al primer ministro británico, Benjamin Disraeli, por decir que los informes sobre las atrocidades turcas en Bulgaria habían sido «tremendamente exagerados». Adoptando un tono cínico, el autor del artículo decía que, desde el punto de vista de Disraeli, no era un gran crimen «matar a unos miles», sino que era un crimen peor el que un corresponsal de prensa dijera «treinta mil fueron asesinados, cuando en realidad sólo fueron veinticinco mil, o decir que se transportaban sacos llenos de cabezas humanas y se echaban a rodar por las calles de Phillipopoulis (Plovdiv), cuando en realidad las cabezas se tiraron frente a la puerta del cónsul italiano en Burgas». Suspiré pensando en una infinidad de argumentos similares lanzados durante años en las páginas de los editoriales, sobre asesinatos y violaciones de los derechos humanos en el Próximo Oriente y en otros lugares del Tercer Mundo. Pensar que, en los tiempos modernos, todo empezó aquí.

Seguí el silencioso fluir de visitantes hasta la fría nave de luz invernal de San Nedelya, con su techo hundido y sus paredes blancas ensuciadas por el humo, paredes que tenían aún las manchas de sangre desde hacía 114 años. En vitrinas de cristal, en la cripta de mármol, con candelabros iluminando el lugar, yacían una gran cantidad de calaveras y esqueletos. La gente seguía entrando; búlgaros de todas las edades y clases sociales; campesinas que llevaban pañoletas y gente de la capital con ropa moderna. Nadie decía una palabra.

Mi última parada en Bulgaria fue el monasterio de Rila[4]. Desde el lugar en el que estaba enterrado J. D. Bourchier, el último periodista británico, el monasterio parecía la visión de un arquetipo de Shangrila: una rapsodia de colores cálidos y sensuales, coronada por cúpulas, tejados y una torre medieval, encajando perfectamente con los tonos austeros y selváticos del paisaje. La luz del sol brillaba entre las ramas oscuras de los pinos mientras Nadia me conducía colina arriba. Bancos de niebla, que me hacían pensar en grandes ideales, se movían sobre las copas. Por todas partes se oía el rugido de los torrentes de montaña.

Fue Nadia la que me habló por primera vez de Bourchier. La conocí en el monasterio de Rila. Era una becada en historia medieval búlgara, viviendo e investigando en el monasterio, mientras hacía de guía.

4. Juan de Rila, un santo búlgaro, fundó el monasterio de Rila. Véase el prólogo.

—Yo no soy religiosa —me dijo—. Para mí, Cristo o Mahoma no encierran diferencia. Pero llegué aquí buscando una autoridad moral más elevada (una visión) que los comunistas nunca nos ofrecieron en Bulgaria.

La tumba de Bourchier era una lápida enorme de granito, solitaria, vigilando la entrada principal del monasterio.

—Vengo aquí todos los días —dijo Nadia—. Es el lugar más hermoso y tranquilo de la zona. Durante una visita que hizo a este lugar Bourchier, acompañando al rey Ferdinando, se enamoró de este sitio. Dijo que aquí era donde quería ser enterrado. Cuando Bourchier murió en 1920, el rey Borís, que era el nuevo rey, cumplió el deseo de Bourchier. Esto se llama El Valle de Bourchier.

Las flores de la tumba eran de Nadia. Percatándose de mi interés, Nadia me condujo a su habitación en el recinto del monasterio, donde tenía un libro sobre la vida de Bourchier.

Me condujo por unas empinadas escaleras de madera y por una larga galería, con los tablones del suelo crujiendo debajo de mí. Luego giró una gran llave que abrió la entrada hacia una celda fría y encalada: aquí, pensé, podría pasar felizmente mi vejez, y morir.

La luz del sol entraba por la polvorienta ventana hasta una mesa de madera que tenía una vieja máquina de escribir con caracteres cirílicos. En el suelo había una alfombra de rayas oriental. Una colcha de colorines artesana cubría la cama de Nadia. Las dos estanterías que había en la habitación tenían un montón de libros ilustrados sobre iconografía y la Iglesia ortodoxa. El gatito de dos meses de Nadia se acurrucaba en el rayo de sol.

Era finales de otoño, a una altitud de 1.800 m. La habitación estaba helada. Nadia me trajo una taza de té de hierbas ardiendo y me pasó un libro con una bonita portada negra. El interior de la portada tenía un sello que decía «Propiedad del Colegio americano de Sofía».

Miré las fechas de devoluciones del libro. La última vez que habían sacado el libro fue el 10 de junio de 1941. Nadia me explicó que muchos de los libros de la biblioteca del colegio se trajeron al monasterio para que los protegieran los monjes.

El libro era la *Vida de J. D. Bourchier*, escrito por lady Grogan, publicado en Londres en 1932.

—Bourchier [Nadia lo pronunciaba Bowcher] era un gran amigo de Bulgaria. Amaba a nuestro país casi como una segunda casa. No puedo creer que no sepa nada sobre él. —Nadia sonrió y dejó la pesada y gran llave sobre la mesa de madera—. Ahora tengo que volver al patio de entrada, por si hay turistas. Puede quedarse aquí y leer tanto tiempo como quiera.

Cerró la puerta tras ella. Eché un vistazo por fuera de la ventana a las líneas de abetos y olmos en la pendiente de la montaña. Luego empecé a leer.

James David Bourchier nació en 1850, con raíces anglo-normando-irlandesas. Estudió en Eton, donde después fue profesor. Allí enfermó y se dio cuenta de que se estaba quedando sordo. Su sordera, anotó el biógrafo, es lo único que salvó a Bourchier de una vida mediocre como un catedrático de éxito. A la edad de treinta y ocho años, soltero y con pocos amigos, se marchó a Europa con la intención de ser escritor. Una serie de coincidencias le hicieron ir a Bucarest, en 1888, para escribir un informe para *The Times* sobre una rebelión de campesinos amenazando al rey Carol I. Entonces Bourchier se convirtió en el corresponsal para *The Times* en los Balcanes. En este punto de su vida, su personalidad pareció sufrir una transformación. Con un decorado nuevo y exótico, donde nadie le conocía como Bourchier, y con un nuevo trabajo que le llevaba a establecer contacto con gente importante e interesante, la timidez de Bourchier dio un giro de ciento ochenta grados: desarrolló una sociabilidad y un entusiasmo por los diversos grupos étnicos sobre los que había escrito. «Se identificaba a veces con los griegos o con los búlgaros de Macedonia, o con los campesinos griegos de Rumania», escribe lady Grogan. El primer ministro griego, Eleftherios Venizelos, se referiría después a Bourchier como «el amigo de los griegos», y el rey Ferdinando le llamaría «el amigo de Bulgaria». En 1892, *The Times* nombró a Bourchier su jefe corresponsal en los Balcanes, un trabajo que desarrolló durante más de dos décadas, cubriendo las dos guerras de los Balcanes y la Primera Guerra Mundial. Durante ese tiempo, Bourchier también llevó las secciones de Grecia, Bulgaria y Rumania para distintas ediciones de la *Encyclopedia Britannica*. A finales de la Primera Guerra Mundial, Bourchier se dejó ver en varias conferencias de paz como el paladín británico en las reclamaciones de Bulgaria sobre Macedonia —el mismo papel que representó Lawrence de Arabia para los árabes—, pero era una tarea inútil porque Bulgaria se había puesto del lado alemán y éstos habían perdido la guerra.

Como alguien que opina de sí mismo que ha madurado tarde me reconfortó la recopilación de Bourchier sobre sus primeros viajes por los Balcanes, cuando tenía casi cuarenta años: «¡Ah! La frescura de la juventud», escribió. A Bourchier también le gustaba quedarse en monasterios, como a mí. En Atenas, donde Bourchier fue una vez el decano de los periodistas, seguro que ninguno de los periodistas actuales ha oído jamás hablar de él. Pasó hace tanto tiempo: las luchas de la guerrilla macedonia, las guerras de los Balcanes. Pero aquí, en este bosque, una mujer atractiva e inteligente, que podía estar haciendo otras cosas, estaba manteniendo viva la llama de Bourchier. Si hay tal cosa como la comunicación con los muertos, yo sentía entonces algo así tras cerrar las páginas finales sobre la vida de Bourchier. Si alguien hubiese podido comprender mis sentimientos hacia este hermoso y pequeño país, seguro que habría sido él.

CUARTA PARTE

GRECIA: AMANTE OCCIDENTAL, NOVIA ORIENTAL

Siguiendo la tradición de la razón y de la investigación empírica, Occidente se lanza a la conquista del mundo; Oriente, estimulado por terribles fuerzas subconscientes, se lanza igualmente hacia la conquista del mundo. Grecia está justo en medio; es el cruce geográfico y espiritual del mundo.

NIKOS KAZANTZAKIS,
Report to Greco
(*Informe para Greco*)

15

Adiós a Salónica

En octubre de 1990 partí del monasterio de Rila hacia la frontera sur de Bulgaria. A unos setenta y cinco kilómetros se encuentra el puerto de la segunda ciudad más grande de Grecia, Salónica. En cuanto llegué, me senté en la mesa de una cafetería mirando las aguas cálidas del Egeo. Rodeando la suave y extensa bahía en forma de hoz de muchos kilómetros, había enormes edificios de cemento con balcones oxidados y luces de neón anunciando restaurantes *fast-food* (comida rápida) y salas de video-juegos. La bandera azul y blanca griega ondeaba sobre el crepúsculo desde la torre Blanca edificada en el siglo XV, lo único que permanece de las décadas y siglos anteriores a la Segunda Guerra Mundial, según creo. Para la mujer que se sentó a mi lado, aquella bandera ondeando sobre la ciudad no representaba la pureza liberadora de las ruinas de mármol sobre el azul litoral, sino la feroz e inflexible realidad oriental.

Los griegos son muy gesticulantes: el delicioso chisporroteo de las sílabas griegas ha de ser pronunciado elevando las mandíbulas y moviendo los brazos extendidos. Los griegos pasan mucho tiempo hablando en las mesas de los cafés.

—Nosotros, los griegos, somos gente de talento: es todo un arte emplear cuatro horas en tomarse una pequeña taza de café —me dijo una vez un escritor amigo con irónica seriedad.

Pero la mujer que estaba enfrente era parca en sus

expresiones y, como indicó, sólo disponía de cuarenta y cinco minutos. Tenía el pelo oscuro igual que sus ojos y una mirada dura e hiriente.

—Saque su libreta —me dijo.

Salónica —en griego *Thessaloniki* —lleva el nombre de la hermanastra de Alejandro Magno. Cuando John Reed llegó aquí, en la primavera de 1915, resumió así su historia:

> Aquí botó Alejandro su flota. Salónica ha sido... una ciudad bizantina más pequeña que Constantinopla, y el último eslabón de aquel romántico reino latino, donde los últimos cruzados se empeñaban desesperadamente en retener el Oriente que habían ganado y perdido. Sarracenos, francos, griegos, albaneses, romanos, normandos, lombardos, venecianos, fenicios y turcos se sucedieron como gobernantes, y san Pablo la abrumó con sus visitas y sus epístolas. Austria casi conquistó Salónica en plena Segunda Guerra de los Balcanes; Serbia y Grecia rompieron la alianza de los Balcanes para retenerla, y Bulgaria se lanzó a una guerra desastrosa para conseguirla. Salónica es una ciudad de ninguna nación y de todas las naciones.

Y añade Reed: «Aunque el centro de la ciudad es una gran comunidad de judeoespañoles expulsados de España por Isabel y Fernando.»

Según el especialista británico en los Balcanes, Nevill Forbes, que gozaba de una posición ventajosa en 1915: «La ciudad de Salónica era y es casi totalmente judía, mientras que en los pueblos del distrito, los turcos, albaneses, búlgaros y serbios viven mezclados.» J. D. Bourchier pensó que la «solución ideal» para el futuro de la ciudad «sería una república judía con puerto franco, bajo protección de las grandes potencias». Los propios judíos durante siglos se refirieron a Salónica como «la madre de Israel».

Rena Molho, la mujer que se sentaba frente a mí, era una española-sefardí, una de los ochocientos cincuenta judíos que quedaban en esta ciudad frente al millón de griegos; las comunidades búlgaras, serbias y turcas eran menos numerosas. Ella había venido para hablarme de una ciudad que ya no existía: igual que los griegos de Alejandría hablaban con tristeza de su propia multiétnica ciudad del Mediterráneo, también con una bahía con forma de hoz, que durante siglos fue dominada por griegos y que ahora era árabe por completo. Los hechos fluían de la boca de Rena.

Los primeros judíos llegaron a Salónica en el año 140 a.C. En el año 53, san Pablo —*Rabbí* Saúl de Tarso— predicó en el *Etz Haim* («El árbol de la Vida»), la sinagoga, tres sábados consecutivos. Los judíos de Hungría y Alemania se instalaron en el año 1376. Tras la conquista de Salónica por los turcos otomanos, veinte mil judíos de España obtuvieron autorización para establecerse allí en 1492, transformando radicalmente la cultura y el carácter de la ciudad. En el año 1493 arribaron judíos de Sicilia. Desde 1495 hasta 1497, una vez que la Inquisición se impuso en España y Portugal, llegaron los judíos procedentes de Portugal.

—En 1913 —dijo Rena—, la población de Salónica ascendía a 157.000, compuesta por ochenta mil judíos; treinta y cinco mil turcos de los que de diez a quince mil eran *domnes* (judíos convertidos al islam durante el gobierno otomano); de treinta a treinta y cinco mil griegos, y de siete a doce mil búlgaros, serbios y albaneses.

Rena me citó títulos de libros —completándolos con

los nombres de los autores, editoriales y fechas de publicación— para apoyar sus estadísticas y para decir rotundamente:

—Mire a las demás personas gesticulando en las otras mesas. Ahí tiene usted la gracia; yo le doy la sustancia. ¡Le desafío a que me discuta cualquiera de los hechos que le he expuesto!

Uno de los libros que mencionó Rena era *Adiós a Salónica*, de Leon Sciaky, la historia de un niño que crecía a finales de la era otomana en una tranquila ciudad con jardines, minaretes, muros encalados, persianas verdes y tejados rojos. Algo más tarde encontré un ejemplar de este libro, que llevaba mucho tiempo agotado, en la biblioteca del British Council de Salónica. Sciaky se refiere a la Salónica de entonces como «la ciudad principal judaica» de Macedonia. En la clase de alumnos de quince años, sólo uno era griego. El autor denomina a esto «la integración normal» de la ciudad. Es una memoria cargada de hechos históricos: el siglo estaba cercano a su fin. Furtivamente, Occidente se abría paso, tratando de embaucar a Oriente con sus maravillas.

A finales del siglo XIX, en la Macedonia griega, la tiranía reaccionaria de los sultanes turcos estaba llegando a su fin. En una región de gran diversidad étnica, los judíos se habían hecho un hueco, pero el temor y la incertidumbre se veían venir —quizá porque habían sufrido muchas represiones durante muchos años y sabían cómo empezaban—. El nacionalismo intolerante de los búlgaros, que ocupaban los alrededores de Salónica, y de los griegos, situados en el sur, representaba para los judíos, situados en el centro de la ciudad, una tiranía mucho más terrible que la de los turcos imperiales.

—Tiene que entender el ambiente —dijo Rena—. En 1913, los griegos arrasaron cuatrocientas tiendas judías con el pretexto de que los judíos habían envenenado los pozos de agua.

En *Report to Greco* (*Informe para Greco*), Nikos Kazantzakis da su propia versión sobre el antisemitismo de Grecia durante este período:

> Quise aprender hebreo para leer el Antiguo Testamento en su versión original... mi padre llamó al rabino y acordaron que me daría tres clases por semana en su casa. En cuanto se enteraron nuestros amigos y parientes, se les pusieron los pelos de punta y corrieron a ver a mi padre. —¿Qué vas a hacer? —le increparon—. ¿Es que no sientes nada por tu hijo? ¿Es que no sabes que en Viernes Santo esos crucificadores sacrifican a los niños cristianos, los atraviesan con flechas y se beben su sangre?

En 1916, las tropas griegas ocuparon Salónica. En 1917, un enorme incendio destruyó toda la parte judía de la ciudad, así como treinta y cuatro sinagogas. El resultado fue que 73.448 personas quedaron sin hogar, de las que 53.537 eran judías. «Aún así», señaló Rena, «Salónica era una ciudad judía». La lengua franca y la lengua callejera de los niños era judeoespañol (ladino). El puerto se cerraba los sábados (el *sabbath* judío) hasta 1923, cuando la ley griega obligó su apertura. Aquel año, cien mil refugiados griegos de Asia Menor —que había sido tomada por el ejército turco bajo el mando de un nuevo líder nacionalista, Mustafá Kemal *Ataturk*— fueron instalados en Salónica. Los judíos autorizaron el uso de sus escuelas como refugios. «Durante mucho tiempo, los niños no pudieron ir al colegio», continuó Rena, subiendo el tono de voz con enfado.

Cuando los nazis ocuparon Salónica, en abril de 1941, los judíos eran la comunidad más numerosa después de la griega. A pesar de haber sido diezmada, Salónica seguía siendo la capital cultural del judaísmo sefardí.

—Los nazis tardaron dos años, trabajando todos los días, en llevarse los tesoros artísticos de la Salónica judía

—dijo Rena—. Y necesitaron quince trenes llenos durante un período de cinco meses para sacar a todos los judíos de Salónica. Una ciudad entera fue trasladada a un campo de concentración. Las 500.000 tumbas del cementerio, tal vez el cementerio judío más grande del mundo, fueron destruidas. —Me enseñó una foto de una piscina construida por los alemanes rodeada de tumbas judías.

De todas las ciudades europeas ocupadas por los nazis, Salónica fue la que más víctimas judías registró: de una población de 56.000 personas, 54.050 (el 96,5 %) fueron exterminadas en Auschwitz, Birkenau y Bergen-Belsen. El éxito del hostigamiento y deportación de los judíos de Salónica hizo odioso a Adolf Eichmann. A principios de los años noventa, el mundialmente buscado criminal superviviente nazi Alois Brunner (austriaco, como Eichmann) fue detenido en su escondite sirio específicamente por sus crímenes en Salónica. Cuando los nazis ocuparon Salónica, la madre de Rena huyó a Grecia central, entonces bajo ocupación italiana. Con documentación falsa, el padre de Rena escapó a Atenas; allí trabajaba vendiendo papel de fumar.

—El día que liberaron Atenas fue el día más feliz de la vida de mi padre, mejor incluso que el día en que nacieron sus hijos o sus nietos.

Ahora llegó Rena al punto clave de su informe:

—Los judíos eran propietarios de doce mil casas en Salónica antes de la invasión alemana. Después de la guerra, sólo hubo seiscientas reclamaciones. Las autoridades griegas resolvieron favorablemente sólo treinta expedientes. Hoy, en la Universidad de Salónica, no hay un departamento, ni un curso, nada sobre los judíos, o sobre los turcos ni ninguna otra comunidad. No hay nada en los institutos de Historia. Nada en los museos de la ciudad. Apenas algún libro en las librerías griegas. Nada. Como si nunca hubiésemos estado aquí.

»¿Conoce el recinto ferial donde cada año se celebra

una feria de comerciantes y el primer ministro suelta un discurso? Está construido sobre el cementerio judío. No hay una placa. Nada.

Rena se levantó para irse. Tenía otra cita.

No había exagerado. Después de cuarenta y cinco años, el municipio de Salónica aún no había atendido la solicitud de dar el nombre de *Calle de los mártires judíos* a cualquier calle de la ciudad. El aniquilamiento del pasado multiétnico de la ciudad había sido tan completo como inconsciente. Los discursos sobre Salónica en la posguerra, realizados por políticos griegos, de todas las facciones, raramente contenían (si es que lo contenían) alguna referencia o tributo al pasado no griego de la ciudad. Según el punto de vista griego, Salónica y el resto de Macedonia fueron y siempre serán puramente griegos.

La librería de Molho, cuyo propietario era el suegro de Rena, Saúl —abierta por sus antepasados en 1870 y la librería más antigua de la ciudad, ubicada en el 10 de la calle Tsimiski—, es el único recuerdo actual de la Salónica judía. En el extremo este del pueblo, dejando atrás kilómetros de edificios de cemento y viejos escaparates de tiendas, está la villa Mozdah, un símbolo arquitectónico, que recibe su nombre de una importante familia de judíos españoles que vivieron allí. La bandera azul y blanca griega ondeaba sobre la cúpula de su tejado y sus pilares y columnas neoclásicas. No había ninguna placa en su exterior y no había mención alguna en las guías de la localidad referente al pasado de edificios no griegos.

Le conté toda la historia de la Salónica judía a un amigo grecoamericano, Aristide D. Caratzas. Era especialista en historia bizantina, miembro del gobierno griego y editor académico de libros que tuvieran alguna relación con Grecia, moderna o antigua.

La editora de Caratzas estaba a punto de publicar un libro sobre la Salónica judía.

Esto es lo que me dijo:

—Desde la Antigüedad clásica hasta principios del siglo XV, Salónica fue una ciudad griega. Los griegos fueron expulsados por los turcos otomanos que acogieron de buen grado a los judíos expulsados de países occidentales. Es cierto. Durante quinientos años, los judíos fueron mayoría en Salónica; y en términos históricos preservaron la ciudad de los griegos, que no la reclamaron hasta el siglo XX (debido en parte a la expulsión turca, esta vez desde Asia menor hacia Salónica). Pero para la política mitológica griega, Salónica sólo puede ser griega. No puede haber referencia alguna a los judíos. La creación de una conciencia nacional en esta parte del mundo a veces significa que lo que todo el mundo sabe en privado es también lo que nunca se puede decir en público. —Entonces me citó una frase de Esteban de Bizancio, filósofo griego del siglo VI—: «Mitología es lo que nunca fue, pero siempre será.»

En otras palabras, no había nada anormal en esta historia. Grecia hizo igual que Serbia, Albania, Rumania y Bulgaria: rebelarse brutalmente contra el crecimiento de la tiranía otomana y su diversificación para formar estados étnicamente uniformes. Los serbios borraban la memoria histórica de los albaneses; Albania borraba la del norte de Grecia; los rumanos, la de los húngaros; los búlgaros, la turca; los griegos borraron el pasado judío y de otras etnias. Grecia se comporta según el patrón de los Balcanes, sobre todo en esta ciudad, la antigua capital de Macedonia de la era otomana.

Y así conseguí llegar al meollo de la cuestión: Grecia, el extremo sur de la península balcánica, considerada la cuna de nuestra cultura occidental y de nuestro sistema de valores, es lo que siempre será y nunca fue.

Viví en Grecia durante siete años, aunque antes ya había visitado el país y también lo he hecho después. Hablo y escribo griego, no demasiado bien, la verdad. Conocí a mi mujer en Grecia, me casé en Grecia y mi hijo nació en Grecia. Adoro Grecia. Pero la Grecia que amo es un país real, con sus fealdades y sus crueldades y todo lo demás: no el país idílico de las clases universitarias o de los folletos de las agencias de viajes.

Como mi experiencia de Grecia no es la de un turista sino la de alguien que ha vivido allí, mi actitud hacia Grecia es más apasionada que la que tengo con respecto a otros países balcánicos. Mi experiencia me dice que Grecia era un país de los Balcanes. Lo que hacía que Grecia perteneciera a los Balcanes en los años ochenta, cuando viví allí, era la política. Por eso trataré extensamente el tema de la atmósfera de la política moderna: un tema sobre el que se ha escrito poco, comparado con los libros de viajes sobre Grecia.

Antes de finalizar la guerra fría, cuando el Pacto de Varsovia obligaba a una separación artificial entre Grecia y sus vecinos del norte, sólo los occidentales como yo, que vivíamos en Grecia, nos dábamos cuenta de que Grecia pertenecía a los Balcanes. Los que la veían desde fuera se empeñaban en ver a Grecia sólo como un país mediterráneo y occidental: los hechos se ignoraban. Cuando empecé a trabajar en este libro, en 1989 —cuando Macedonia era sólo conocida por ser la cuna de Alejandro Magno, y no por el problema geopolítico que ahora tiene—, la gente me decía que no debía incluir a Grecia, ya que «en realidad no formaba parte de los Balcanes». Me resistí. Los hechos me han superado. Al comenzar los años noventa, Grecia era una fuente de noticias sobre disputas fronterizas con Macedonia y el sur de Albania. Y el comportamiento político de Grecia en la región, a pesar de la tradición democrática que se remonta a la Antigüedad, no era ni mejor ni más razonable que el de sus vecinos del norte, cuya tradición democrática era, generalmente, inexistente.

La primera vez que vine a Grecia llegué en tren desde Yugoslavia. La segunda vez lo hice desde Bulgaria, también en tren. La tercera, en autobús desde Albania. Cuando cruzaba la frontera de Grecia, tenía la impresión de continuidad: las mismas cadenas montañosas, costumbres folclóricas, ritmos musicales, etnias y religiones de los países que acababa de dejar. Como en cualquier otro lugar de los Balcanes, había roces entre las distintas etnias y culturas, ya que los patrones seguidos para el asentamiento de los diferentes pueblos se habían realizado de una forma arbitraria sin tener en cuenta fronteras naturales; por eso la fusión de etnias era profundamente rechazada.

—En Grecia no vive ningún turco —me dijo una vez el antiguo delegado del Ministerio de Asuntos Exteriores griego, Ioannis Kapsis—. Sólo hay unos cuantos griegos que parecen musulmanes y que hablan turco entre ellos. Ni siquiera en Macedonia hay muchos...

Kapsis seguía. Era imparable. Durante todos los años que viví en Grecia, desde 1982 hasta 1989, nunca oí a un griego —salvo unos cuantos políticos conocidos— sacar a relucir el tema de los frisos del Partenón (Elgin) y de la negativa del Museo Británico a devolverlos. Y si ese hecho —que obtuvo tanto eco en Occidente— era mencionado por un extranjero, nunca escuché a ningún griego hablar sobre el tema durante mucho tiempo ni apasionadamente. Pero he pasado muchas horas sentado en silencio en una mesa griega, escuchando ataques iracundos contra los turcos y Constantinopla, los serbios y Macedonia, y la perseguida minoría griega en Albania. Cuando llegué a Grecia, en 1990, procedente de Macedonia y Bulgaria, traté de explicar la postura de los macedonioeslavos a un grupo de amigos griegos. Rugieron de ira, casi al unísono:

—¡Sólo porque esos asquerosos gitanos en Skopje te hayan llenado la cabeza con mentiras, no significa que sea cierto!

Para estos griegos, todos los eslavos que se hacen llamar «macedonios» son «asquerosos gitanos».

Por eso, cuando llegué a Grecia procedente de Bulgaria, en 1990, no pensaba que hubiese dejado los Balcanes, sino que había entrado en el lugar que explicaba los Balcanes. El icono lo crearon los griegos. La Iglesia ortodoxa griega fue la madre de todas las iglesias ortodoxas orientales. El Imperio bizantino fue, esencialmente, un imperio griego. Los turcos otomanos gobernaron sirviéndose de griegos —desde el rico distrito de Constantinopla, Fanar («Casa de la luz»)— que a menudo eran diplomáticos y gobernadores locales de la parte europea del Imperio turco. Constantinopla era una palabra griega para una histórica ciudad griega. Hasta el nombre turco de esa ciudad, *Istambul*, era una alteración de la frase griega *Is tin poli* («A la ciudad»). El cuerpo de elite del ejército otomano, los jenízaros, incluía muchos griegos, que habían sido alejados de sus padres a temprana edad y educados en el campamento del sultán. El alfabeto cirílico utilizado en Bulgaria, Serbia, Macedonia y Rusia surgió del alfabeto griego cuando dos monjes, Cirilo y Metodio, se fueron de Salónica en el siglo IX a predicar entre los eslavos. La actual etnia griega es un compendio de griegos, turcos, albaneses, rumanos, diferentes eslavos y otros pueblos que emigraron al Sur, hacia las cálidas aguas de la península de los Balcanes. El hecho de que muy pocas minorías hayan sobrevivido en Grecia demuestra el poder de atracción y asimilación de la cultura griega. Los campesinos de Suli, en Grecia occidental, por ejemplo, y los isleños del Egeo, de Spetsai e Hydra proceden de Albania. «La Grecia de la herencia clásica y de los románticos helenófilos ha desaparecido y, en cualquier caso, su influencia es imperceptible en la actualidad», escribe Philip Sherrard, un traductor de poesía griega moderna. «Grecia... nunca tuvo una Edad Media, ni Renacimiento, ni Ilustración, según entendemos estos movimientos culturales. La hegemonía de la razón sobre el resto de la vida aún no se ha dado.»

Grecia es la última escala europea; a partir de aquí los Balcanes se integran en Oriente. Si se realiza el viaje en dirección opuesta, Grecia también es el puerto en el que se respiran las primeras bocanadas de aire occidental, donde empieza a derretirse la lógica abstracta y agobiante de los desiertos de Mesopotamia y Egipto. Esto, después de todo, fue el último logro de la Atenas de Pericles (y por extensión, de Occidente): insuflar humanidad —compasión por los demás— sobre la inhumanidad del Oriente, que entonces estaba simbolizada por la tiranía del antiguo Egipto, Persia y Babilonia. En el Museo Arqueológico de Atenas vi cómo se realizó este proceso. Las estatuas feroces e impersonales de la Edad del Bronce media y alta, con clara influencia del Egipto faraónico, se metamorfoseaban gradualmente, redondeando los rasgos, a lo largo de dos milenios, en la arrebatadora belleza e idealismo de la escultura clásica griega.

La Grecia clásica del primer milenio a.C. inventó el Occidente humanizando al Oriente. Lo hizo centrando sus energías artísticas y filosóficas en liberar al espíritu humano de su lucha individual para que buscara un significado al mundo. Mientras, en Persia, por ejemplo, la razón de ser del arte era glorificar a un gobernante omnipotente. Pero, a pesar de todo, Grecia siempre ha formado parte de Oriente, aunque se encuentre en su borde occidental. Cuando se mira a Grecia con su verdadera luz oriental es cuando se reconoce la magnitud de los logros de la antigua Grecia.

Es más. Entender el papel histórico de Grecia como campo de batalla ideológico entre Oriente y Occidente, permite darse cuenta de cómo ha de ser el proceso para que los valores y las democracias occidentales, en nuestra era, influyan en los sistemas políticos del Tercer Mundo.

Los enfrentamientos entre Oriente y Occidente han pasado siempre por el tamiz de Grecia, y han dejado su residuo en esta tierra.

—Bienvenido de nuevo al Oriente —me dijo Sotiris Papapoulitis, un dirigente del conservador Partido de la Nueva Democracia griego, mientras me invitaba a una cara comida a base de marisco en un restaurante de la ciudad portuaria de El Pireo próxima a Atenas. Yo acababa de llegar en autobús desde Salónica—. Pero en Oriente —añadió— nunca debes confundir un corazón abierto con una mente abierta.

Papapoulitis se estaba refiriendo a sí mismo. En el otoño de 1990 estaba en plena campaña para ser elegido alcalde de El Pireo, aunque no lo consiguió. Era llamativo, mundano, inocente, un hombre de cortas miras. Era la clase de hombre que lo mismo citaba a Descartes que creía en extrañas conspiraciones, y llevaba una camisa ajustada desabrochada hasta el ombligo. Papapoulitis era consciente de su personalidad y la exhibía. Como el escenario que nos rodeaba —yates, mar azul, rayos de sol, montañas de marisco, ineficacia y caos—, era la síntesis perfecta de los Balcanes, el Mediterráneo, el Occidente europeo y el Levante oriental.

—Odio el término «griego». Es una alteración de una palabra turca que significa perro o esclavo —gritó Papapoulitis para que lo oyeran todos los clientes—. Llámenme heleno. Llámenme incluso romita. Pero no me llamen griego.

Heleno es la forma con la que se llamaba a los antiguos griegos y viene a simbolizar al griego (o la parte griega de la psique) cuyas raíces están en Occidente. Romita significa literalmente romano, y se refiere a los griegos del este del Imperio romano (a Bizancio, cuyas raíces están en Oriente). Patrick Leigh Fermor, cronista de viajes con un profundo conocimiento de la lengua y cultura griegas, identificó más de sesenta características y símbolos que diferenciaban las mentalidades helena y romita. Mientras que la helena se basa en los principios y en la lógica, la romita se basa en los instintos; la helena ve a Grecia como una parte de Europa, y la romita fuera de Europa; el hombre heleno es un escéptico ilustrado, el romita cree en los poderes milagrosos de los iconos; los helenos siguen un código de honor occidental, los romitas muestran una falta total de escrúpulos a la hora de conseguir un fin; y así sucesivamente... Obviamente, como en el caso de Papapoulitis y de tantos griegos que conocí, tanto el aspecto romita como el heleno podían coexistir en la misma persona.

Fermor, como muchos helenófilos, era consciente del aspecto oriental de Grecia. Un caso a tener en cuenta: lord Byron, el poeta romántico del siglo XIX y voluntario en la guerra de independencia griega, odiaba a los licenciados en Grecia clásica, a los que llamaba «castrados vejestorios» llenos de «tonterías anticuadas». La lealtad helenófila de Byron se basaba en una visión realista del país, no en un mito. En cuanto a los activistas griegos de la guerrilla que encontró en los pantanos infestados de mosquitos de Grecia occidental, el poeta británico señaló: «Su vida es una lucha contra la verdad; se debaten con saña.» Kazantzakis, que no era extranjero, tampoco tenía dudas sobre la auténtica alma griega: «El griego actual... cuando empieza a cantar... rompe la corteza de la lógica griega; de pronto el Oriente, oscuro y misterioso, surge de su interior.»

Para los griegos, Oriente —el reino de la oscuridad, el misterio, la tristeza y la irracionalidad— incluye recuerdos concretos y sucesos que son el centro del legado bizantino y otomano.

Para los turistas occidentales y admiradores de Grecia, el símbolo de este pueblo es el Partenón, erigido por Pericles en el siglo V a.C. —la edad de oro de la democracia ateniense, el período de la historia griega del que todos nosotros, los occidentales, sabemos tanto—. En el colegio aprendimos cómo se desarrollaron las civilizaciones minoica y micénica durante varios siglos hasta convertirse en ciudades-estado griegas, cómo Atenas y Esparta mantuvieron guerras entre ellas y contra los persas, que, por aquel entonces, representaban a los «bárbaros del Este». Aprendimos cómo se desarrolló la cultura griega y cómo el grecomacedonio Alejandro Magno la extendió por los países que conquistaba. Y generalmente nos extasiamos ante la duración y grandeza de la historia de la Grecia antigua: el mundo de la *Iliada* y la *Odisea* de Homero, representante de la cultura de Micenas, en el segundo milenio a.C., dista casi mil años del mundo de Sócrates, Platón y Aristóteles. La historia griega, según la conocemos los occidentales, es larga y alentadora. Desgraciadamente, esta saga sólo es un elemento del pasado griego, y el pasado no acabó cuando comenzaron los «Años Oscuros». Lo que los admiradores de la antigua Grecia consideran Años Oscuros fue, realmente, el comienzo de otro período de grandeza de Grecia, el bizantino.

Por lo tanto, para los griegos hay otro edificio, lejos del Partenón —por supuesto, incluso fuera de las fronteras actuales de Grecia—, que provoca oleadas más profundas de emoción y nostalgia.

Los griegos, al igual que otras personas cristiano-ortodoxas, están obsesionados con sus iglesias, que no sólo son lugares de oración sino tesorerías de su material cultural, que sobrevivió a los siglos terribles de dominación otomana. C. P. Cavafis, el poeta moderno griego más significativo, describió este sentimiento en su poema *En la iglesia:*

... Cuando entro en una iglesia griega,
con la fragancia del incienso,
las voces y armonías de su liturgia,
la digna presencia de los sacerdotes
y el solemne ritmo de sus gestos
espléndidos con sus vestiduras sagradas,
mi espíritu sueña con la grandiosidad de nuestra raza,
la gloria de Bizancio[1].

Entre todas las iglesias griegas, hay una que destaca por encima de las demás: la iglesia de Santa Sofía (Divina sabiduría), construida a mediados del siglo VI por el emperador bizantino Justiniano. Se eleva majestuosamente —una cúpula plana y ancha que planea por encima de un conjunto de semicúpulas y botareles resplandecientes, como en un espectáculo de levitación— sobre las espumosas aguas del Bósforo en Constantinopla (Estambul). Incluso hoy, despojada de su oro y plata, con sus frescos difuminados, sin duda alguna no hay ningún edificio en todo el mundo cuyo interior produzca tal sensación de ilimitada riqueza y poder místico. Visité Santa Sofía varias veces durante los años ochenta. Cada vez que iba, sabía instintivamente que las pasiones políticas de la Grecia moderna se podrían explicar allí —mucho mejor que en el Partenón—. Atravesando la puerta Imperial, hacia la bóveda principal, siempre me sentí como en el interior de una gran ciudad con paredes de mármol, galerías, arcadas y mosaicos, con grandes espacios ambiguos acechando a su alrededor. Santa Sofía se convirtió en el prototipo de las catedrales ortodoxas, de la iglesia de San Marcos de Venecia y de muchas mezquitas repartidas por Turquía.

Pero Santa Sofía ya no es una iglesia. Es el museo turco de *Aya Sofya*. En lugar de campanas, incienso y cu-

1. Traducción de José María Álvarez. Véase bibliografía.

ras, hay enormes placas redondas, colgadas sobre las esquinas de las paredes, que contienen inscripciones árabes que dicen *Alá es grande*. Aunque los turistas griegos viajan hasta Turquía para visitar el museo de Aya Sofya, muchos vuelven a casa desconcertados por la experiencia y la gran mayoría de griegos ni siquiera se animan a ir.

—La idea de ir a nuestra iglesia en la que fue para nosotros la ciudad griega más grande, y ver esos signos musulmanes, no podría explicarte lo que me produciría. Es algo terrible —me dijo una vez un amigo ateniense.

Estambul siempre será Constantinopla a los ojos de un griego, aunque la «ciudad de Constantino» ya no exista. Los griegos no pueden acostumbrarse a decir la palabra Estambul. Cuando oyen esa palabra en boca de un extranjero, se estremecen, igual que los israelíes al oír la palabra Palestina, o muchos árabes cuando oyen el término Israel. Su Santidad Bartolomeo, el patriarca de la Iglesia ortodoxa griega, no tiene la sede en Atenas sino en Constantinopla, en un edificio de madera rodeado de calles sucias y estrechas. Eso es todo lo que queda de Bizancio, una civilización y un imperio, creada en el año 324 como sucesora de Roma, destruida después de más de mil cien años por un ejército invasor de turcos otomanos en 1453. Durante once siglos, el Imperio bizantino fue un imperio griego, y Grecia entonces era mucho más que la clásica cultura mediterránea que conoce Occidente: era un reino cultural norteño de profundidad y textura inimaginable, cuya influencia se extendió por la Moscovia medieval.

Pero los turcos lo arrasaron todo. Por eso Santa Sofía dice con piedras y mármol lo que los griegos gritan en silencio en sus corazones: «¡Hemos perdido tanto que no estamos dispuestos a perder ni un centímetro más, ni, por supuesto, Macedonia!»

El dolor por esa pérdida se incrementó con la moderna experiencia de guerra y exilio. Georgios Seferis, el poeta griego ganador del Premio Nobel, escribe en *La casa junto al mar*:

> *Las casas que tuve me las quitaron. Los tiempos*
> *no fueron propicios: guerra, destrucción, exilio.*

La causa del sufrimiento de Seferis fue la guerra entre Grecia y Turquía de 1922 —el último episodio de la serie de luchas militares en los Balcanes (que comenzaron en 1877 con la guerra ruso-turca en Bulgaria)—, que llenó los titulares de los periódicos desde el último cuarto del siglo XIX hasta el primer cuarto del siglo XX, y situó los límites de los Balcanes más o menos como estaban en 1990, en vísperas de la guerra civil en Yugoslavia.

Aunque los turcos otomanos habían expulsado a los griegos bizantinos de Constantinopla en el siglo XV, sobrevivieron muchas comunidades de griegos en Estambul y a lo largo de la orilla occidental de Asia Menor —principalmente en la ciudad de Esmirna— hasta finales de la Primera Guerra Mundial. El desmembramiento del Imperio otomano, de resultas de la Primera Guerra Mundial, dio a los griegos (que se habían unido al bando de los victoriosos aliados) una oportunidad para reconquistar su territorio perdido, donde vivían aún más de un millón de griegos. Pero los griegos querían más. Durante años, el primer ministro británico y romántico helenófilo, Lloyd George, les había animado a creer que, ante cualquier cosa que hiciera Grecia, los aliados occidentales apoyarían a una nación cristiana con la herencia de la Grecia antigua contra los turcos musulmanes. Esta inocente creencia, reforzada al extenderse la anarquía en Turquía, tras la caída del sultanato, hizo que los griegos se embarcaran en su *Megali Idea*, su «Gran Idea»: la devolución hasta el último centímetro de la Grecia histórica a su patria de origen. De nuevo surgió el viejo síndrome vengativo de los Balcanes: cada nación reclamando como territorio nacional natural todas las tierras que poseyó en los tiempos de su mayor expansión histórica.

En 1921, el ejército griego, contra toda lógica militar, avanzó por la costa occidental habitada por griegos, en Asia Menor, y penetró en el interior montañoso de Anatolia, a sólo 250 kilómetros de Ankara. Este movimiento hizo que las líneas de suministro del ejército fueran debilitándose y desorganizándose hasta desaparecer. Un reportero del *Toronto Daily Star*, Ernest Hemingway, escribió que los oficiales griegos «no tenían ni puñetera idea de nada», pues mandaban a las tropas griegas a luchar con el uniforme ceremonial del siglo XIX, compuesto por «faldas blancas de ballet y zapatos de punta con pompones».

En agosto de 1922, el joven general turco, cruel y carismático, Kemal *Ataturk*, que estaba a punto de formar una nueva república turca aunando los restos del Imperio otomano, lanzó su ataque. Hemingway cuenta que los turcos avanzaron «con firmeza y en pelotón». En tan sólo diez días, Ataturk hizo retroceder al ejército griego hasta las costas del mar Egeo, donde los soldados griegos desertaron mar adentro, dejando a la población de Esmirna expuesta al saqueo y a los soldados turcos. El número de muertos griegos ascendió a 30.000. En el enorme intercambio de población que siguió a continuación, 400.000 turcos de la Tracia griega se fueron a Turquía y 1.250.000 griegos de Asia Menor se exiliaron a Grecia —sin casas, sin ropa, hambrientos—, incrementando la población griega en un 20 %. Los refugiados desbordaron Salónica y triplicaron el tamaño de Atenas.

Al mismo tiempo, tres mil años de civilización griega en Asia Menor llegaron a su fin. Esmirna se convirtió en una ciudad turca y se le llamó Izmir. De nuevo Grecia era pequeña, insegura, nadaba en la pobreza, se sentía profundamente humillada y la reconcomía el odio. Los regímenes dictatoriales de los años veinte y treinta en Atenas no permitieron ninguna vía de escape a las emociones. En esa situación, llegaron los horrores de la ocupación e invasión nazi, que causó la muerte de un 8 % de la población, dejó a un millón de personas sin hogar y todo el campo destruido. La resistencia griega contra los nazis estaba muy extendida, pero el movimiento de guerrillas que engendró estuvo marcado tanto por la división como por el heroísmo. Estas divisiones se desbordaron durante la guerra civil griega (1946-1949), que produjo más desgracias y destrucciones en Grecia que la guerra contra los nazis.

Estados Unidos respaldó al gobierno monárquico griego de Atenas, mientras que la Unión Soviética y sus aliados respaldaron a los comunistas insurrectos del ámbito rural. Fue la primera y última conflagración de la guerra fría en la que salieron bien parados los aliados de Estados Unidos. Pero la guerra civil griega fue mucho más que un enfrentamiento entre capitalismo y comunismo.

El capitalismo, realmente, nunca ha existido en Grecia, que a mediados del siglo XX era una pobre sociedad oriental de refugiados en la que un pequeño número de codiciosos terratenientes y armadores explotaban al resto del país, en el que apenas existía la clase media. El gobierno griego apoyado por los norteamericanos se caracterizaba por su corrupción y sus intrigas. Sus defensores tenían sólo una vaga noción de democracia y libertad de prensa y entre ellos había no pocos antiguos simpatizantes nazis.

Eran occidentales sólo en el sentido de que querían ser occidentales. Mientras que los comunistas griegos tenían una orientación histórica completamente diferente —veían en Rusia y en el Kremlin no sólo los líderes de su ideología, sino la segunda tierra natal que, desde la caída del Imperio bizantino en 1453, había actuado como protectora de las naciones orientales ortodoxas contra los turcos—. Puede que no fuera una casualidad que la primera batalla de la guerra fría, el arquetipo de la lucha Este-Oeste, ocurriera en suelo griego.

En los centros de estudios occidentales, no obstante, se omiten los últimos dos mil años de la historia griega en favor de una versión idealizada de la Grecia antigua, una civilización que había muerto antes del nacimiento de Jesús. Occidente nunca aceptaría que Grecia es más hija del despotismo bizantino y turco que de la Atenas de Pericles. El resultado es que pocos occidentales se explicaron todo lo que empezó a pasar en Grecia en los años ochenta, una era en la que el primer ministro y presidente, Constantino Karamanlis, describió al país como «un enorme manicomio».

Pero antes de entrar en el período más reciente de la historia griega, debemos analizar otro mito romántico griego, construido con los patrones occidentales: un mito que partió de Grecia y se enraizó en Estados Unidos, antes de ser trágicamente decapitado en los años ochenta.

16

«¡Enséñame, Zorba! ¡Enséñame a bailar!»

En esta época de verdades solapadas, muchos países, sobre todo los del Mediterráneo, gozan de una aureola mítica turística. Esta ficción se construye combinando episodios de historia y el paisaje con el fin de crear una astuta visión romántica del país de ambiente exótico. Pero a diferencia de otros míticos destinos turísticos, el mito de Grecia nació de un movimiento literario del siglo XX que casualmente cristalizó en una de las películas más memorables de la historia.

El año 1935 es tan bueno como cualquier otro para señalar el comienzo de este proceso. Aquel verano, el aspirante a novelista y poeta de veintitrés años, Lawrence Durrell, su mujer, su madre, sus dos hermanos, una hermana y un perro llamado Roger, viajaron desde Inglaterra hasta la isla griega de Corfú para establecer allí su residencia. Los angloirlandeses Durrell habían vivido en la India, donde el difunto padre de Lawrence trabajó como ingeniero. Cuando el padre murió, la familia se trasladó a Inglaterra, donde nunca echaron raíces. Ésta es la razón por la que tomaron la decisión algo excéntrica y poco común de intentarlo en Corfú.

«Nuestra vida en este promontorio se ha convertido en una perfecta declaración euclídea», escribe Durrell en *La celda de Próspero*, un diario —memorias de su estancia de cuatro años en Corfú—. *La celda de Próspero* era un nuevo tipo de libros de viaje, una guía de viajes locales a través de las «maneras y paisajes» de una isla, que combina abiertamente sucesos reales e imaginarios en un asentamiento mágico —mágico porque Grecia era, de alguna manera, diferente de otros lugares del Mediterráneo—. Durrell podía describir esta diferencia, pero no podía definirla, porque nunca había estado en el Lejano Oriente desde que dejó la India a los diez años.

Durrell escribió con entusiasmo sobre Grecia a su amigo de París, Henry Miller, quien le visitó en 1939. Un escritor exuberante y con un gran ego, pero un poco reservado, como era Miller, pasó, al igual que Durrell, por un proceso de renacimiento espiritual en Grecia. *El Coloso de Marusi* podría calificarse como el menos perfecto del montón de grandes y perfectos libros de Miller. Un trabajo de poder e inspiración sobrenatural, se lee como una serie imparable de aforismos que se han convertido en clichés, sólo porque Miller escribió frases que fueron la semilla para dos generaciones de publicistas de la industria turística griega: «Grecia me ha hecho libre y me ha llenado... Grecia es fundamental para el hombre que se busca a sí mismo... Ella [Grecia] se mantiene, y se mantuvo desde su nacimiento, desnuda y completamente al descubierto... Respira, atrae, responde.»

Pero Miller también habló de «confusión, caos... el polvo, el calor, la pobreza, la desnudez», comprendiendo que todos eran elementos necesarios para este acto de magia atmosférica que él podía describir pero no definir del todo. Había un celo misionero en los libros sobre Grecia de Durrell y Miller que estaba ausente en otros libros de viajes, y que iba ligado al goce de los sentidos físicos hasta la extenuación. Éste es Durrell bañándose en las aguas de Corfú:

> Noto el juego del mar Jónico, subiendo y bajando apenas unos centímetros por debajo de mi cuello. Es como sentir los latidos del corazón del mundo... Ya no es una región o una atmósfera en la que el pen-

samiento consciente o inconsciente pueda jugar estos incesantes juegos consigo mismo, pues al penetrar a un nivel más profundo, el sol entumece la fuente de las ideas.

Durrell y Miller vendían Grecia del mismo modo como el movimiento *hippie*; más tarde, vendió California y la India: lugares en los que esconderse del mundo y entrar en contacto con uno mismo. Pero en los años treinta, con un fascismo extendiéndose por toda Europa —y durante la guerra que le siguió—, el mundo no necesitaba de la autoindulgencia. Sólo después de los horrores inhumanos de la Segunda Guerra Mundial, los mensajes hedonistas de estos autores se consideraron primordiales. El problema era que, debido a la guerra civil, Grecia era un país devastado y no estaba preparado para recibir al turismo.

A mediados de los años cincuenta, Durrell comenzó a escribir una serie de novelas, conocidas como *El cuarteto de Alejandría*. En esa misma época, un productor de cine neoyorquino, Jules Dassin, fue a vivir a Grecia con su reciente esposa, una actriz griega, Melina Mercuri. Dassin, durante una conversación que mantuve con él en su casa de Atenas en 1989, me contó lo que pasó luego.

—La madre de Melina venía del cine y nos habló sobre la película que acababa de ver. Nos enteramos en parte del argumento —aunque no lo recuerdo exactamente—, lo que me hizo comprender lo que yo era: un norteamericano que podía decir a todo el mundo en Grecia cómo debía vivir su vida. Mi primera idea fue hacer una película sobre un entrometido. Pero como en ese momento las peculiaridades griegas eran prácticamente desconocidas en Estados Unidos, la película se convirtió en otra cosa.

Nunca en domingo fue una película de presupuesto bajo, de noventa y cuatro minutos de duración, filmada en blanco y negro, griega y subtitulada en inglés.

—Nos gastamos lo mismo en la presentación publicitaria de Cannes en 1960 [donde ganó el primer premio] que lo que costó la propia película.

La película comienza en el puerto de El Pireo, donde un grupo de marineros groseros aceptan la apuesta de una prostituta, Illia (interpretada por Melina Mercuri), de bañarse con ella en el puerto. En ese momento aparece un barco de cruceros. Viendo a la prostituta en el agua, un griego que hay a bordo grita: «Dónde está el americano, el intelectual, debería ver esto.» Un turista con una gorra de béisbol es conducido a cubierta. Su nombre es Homer, y Dassin mismo interpreta ese papel. Al ver a la mujer desnuda nadando en el mar, rodeada de hombres, este filósofo aficionado se llena de inspiración y escribe en su diario: «¡Ésa es la pureza de lo que fue Grecia!» Mientras la cámara se desplaza por las hojas del diario, se eleva la música *bouzouki* y los créditos de la película atraviesan la pantalla.

En lugar de la perfección de Pericles, lo que Homer encontró fue un país desaliñado, con tascas portuarias en las que camareros ordinarios sirven un café espeso y un licor anisado, *ouzo*; donde hombres aplastan colillas de cigarrillos sin filtro en el suelo y bailan y rompen platos al ritmo de la música *bouzouki* (compuesta especialmente para la película por, el desde entonces famoso compositor, Manos Hadjidakis). Homer, especialista en teatro clásico griego, comprendió que no sabía nada sobre el extraño país en el que se encontraba. Se lo cuenta a Illia, la prostituta, de quien, contra toda prudencia, se ha enamorado: «No lo entiendo. Grecia fue una vez el país más grande del mundo entero.» Y ella, atrayéndole sensualmente y estirando los brazos desde una cama contesta: «Aún lo es.»

Lo que encontró Homer no fue, evidentemente, una Grecia clásica, sino algo mejor, o al menos más divertido y, por supuesto, inesperado. Encontró Oriente y los Balcanes con sus cimas escarpadas algo suavizadas por el Mediterráneo.

El éxito de *Nunca en domingo* se produjo en 1960, el mismo año en que Durrell publicó el último tomo de *El cuarteto de Alejandría*, cuya compleja trama, prosa sensual y aspectos sexuales desinhibidos lo convirtieron en un *best-seller*[1]. Aunque *El cuarteto* gira sobre el puerto egipcio del Mediterráneo que era Alejandría, trata también sobre Grecia. El narrador vive pacíficamente en una desconocida isla griega en las Cícladas. La Alejandría que Durrell recuerda es una ciudad griega, cuyas características más memorables son griegas o de influencia griega. Un tema repetido en los cuatro libros es la necesidad humana de tener un homólogo pagano (que Durrell asocia con Grecia) de los rigores éticos de la moralidad judeocristiana.

La popularidad del *Cuarteto* coincidió con el éxito de *Nunca en domingo*.

—Probablemente no haya estadísticas, pero alguien me comentó que, en un año, el turismo en Grecia se disparó un 800 % —me dijo Dassin.

A principios de 1960, *El Coloso de Marusi*, de Miller, y *La celda de Próspero*, de Durrell, fueron redescubiertos y se reeditaron una y otra vez. La parte importante llegó en 1964, con el lanzamiento de *Zorba el griego*, la película de Michael Cacoyannis basada en la novela de Kazantzakis.

Zorba el griego retrata a Grecia del mismo modo austero y realista, en blanco y negro, que *Nunca en domingo*. La película también empieza en El Pireo, pero en este caso es invierno y hay una tormenta. El protagonista, Zorba, interpretado por Anthony Quinn, canta melodías *klefticas* de Macedonia, justificando violaciones y saqueos «porque eran turcos o búlgaros». El acompañante de Zor-

1. Los libros son *Justine*, *Balthazar*, *Mountolive* y *Clea*.

ba es un inglés de origen griego, tímido, interpretado por Alan Bates, sorprendido por lo que oye y ve después de que Zorba y él llegan a la isla de Creta.

Allí, los habitantes del pueblo asaltan una casa antes de que su ocupante, una anciana francesa, hubiese terminado de morir. Una viuda es lapidada y degollada en las puertas de una iglesia ortodoxa por pecar, acusada de provocar a un joven. El trasfondo es, siempre, la mirada rencorosa de los campesinos y pobres descargando su odio visceral hacia las mujeres en bares miserables. En lugar de las brillantes y explosivas melodías *bouzouki* compuestas por Hadjidakis para *Nunca en domingo*, *Zorba el griego* presentó al mundo un nuevo compositor griego, Mikis Teodorakis, que trabajó la música griega con una fuerza más oscura y más misteriosa. Mientras Mercuri se deslizaba por la pista de baile con pasos de *sirtaki* salvajemente exhibicionistas, Quinn bailaba un lento *zeimbekiko* al compás del tambor de una melodía de Teodorakis. Cuando Quinn giraba el cuerpo sobre un pie, tan despacio, con los ojos fijos en el cielo, era como la tierra girando sobre su propio eje.

Tras ver a los campesinos arrasar la casa de la mujer francesa, cómo era degollada la mujer viuda, por primera vez en la vida del introvertido compañero occidental de Zorba, una oleada de pasión derrumba su muro protector interior. «¡Enséñame, Zorba!», le ruega de pronto, llevado por un arrebato de inteligente locura. «¡Enséñame a bailar!»

Lo que decían los libros y la película era, en esencia, lo mismo: había un algo en Grecia que ni España, Italia y otras pobres tierras soleadas mediterráneas tenían: algo único e inspirador, precisamente por ser tan duro e imperdonable; algo hermoso por ser tan feo; algo feliz por ser tan triste; algo único y a la vez familiar.

Grecia era el lugar en el que se perdían las inhibiciones. El mar y la piedra abrasada por el sol actuaban como un gurú. No se necesitaba nada más. Las islas —formas grises petrificadas elevándose majestuosamente desde el mar azul, pulcramente adornadas por las cegadoras paredes blancas de sus pueblos cubistas— se convirtieron en lugar de lujuria, pasión y alucinación. El *boom* turístico griego de principios de los años sesenta fue un precursor del culto a las drogas y de la revolución sexual. Leonard Cohen era un poeta y compositor canadiense poco conocido cuando llegó a Grecia por primera vez y se instaló en la isla de Hydra, en la que compuso muchas de las canciones de su segundo álbum, *Songs from a Room* (*Canciones desde mi habitación*), en el que se incluye *Bird on a Wire* (*Pájaro enjaulado*), lo que le convirtió en un ídolo para los *hippies* introvertidos.

Los primeros cinco o seis años de los sesenta constituyen la edad de oro de Mikonos, al ser descubierta la isla por la revista *Vogue* y al adquirir un grupo de actores de moda —Jean Seberg, Yul Brynner y Yehudi Menuhin (amigo de Durrell)— casas allí. Elizabeth Herring, columnista de la revista *El ateniense*, de Atenas, me resumió la historia de Mikonos:

—Cuando fui por primera vez a la isla, en 1961, a la edad de diez años, recuerdo que había una gran pobreza, con niños desnutridos y desnudos, no se podía comprar leche pasteurizada. A finales de los años setenta, las calles estaban llenas de joyerías y en la playa tuve que saltar sobre una pareja que hacía el amor.

Ese algo que tenía Grecia y que los demás países no tenían —eso que era individual y al mismo tiempo familiar— era una mezcla atmosférica perfectamente proporcionada de Oriente y Occidente. Los tonos ululantes de la música *bouzouki*, materia prima para que Hadjidakis compusiera el tema de *Nunca en domingo*, son, de hecho, hermanos de los ritmos búlgaros y serbios y son primos cercanos de las músicas árabe y turca que, escuchadas en su forma pura, producen dolor de cabeza a muchos oyentes occidentales. Pero tamizados por el filtro mediterráneo, estos monótonos y orgásmicos sonidos orientales llegan perfectamente a los oídos occidentales, sobre todo cuando se escuchan en el escenario de una isla de las Cícladas como es Mikonos. La gracia abstracta de la escultura y la arquitectura de las islas Cícladas en el tercer milenio a.C. fue la fuerza principal que respaldó los valores artísticos que, dos mil años después, crearon el Partenón. Arquitectónicamente, lo que llamamos occidental apareció primero en las Cícladas. Por eso los turistas occidentales se sintieron tan a gusto en las islas griegas, escuchando esa extraña música cuyas raíces no podían identificar. El hecho de que esta música fuese a menudo triste —porque para los griegos significa recordar la pérdida de Bizancio, Santa Sofía y Esmirna— no la hacía menos hermosa.

El mito turístico griego dependía de esta frágil y sutil receta: Grecia compendio de los Balcanes, pero a la vez algo ajeno; Grecia a tan sólo noventa minutos de avión de los odios, crispaciones y peligros de Oriente Próximo y sin embargo a millones de kilómetros de distancia.

La dictadura de los coroneles griegos, que llegaron al poder en 1967, soltó parte del helio contenido en los globos de los turistas de Grecia, pero sólo parte. El golpe de estado del 21 de abril en Atenas no fue del todo inesperado. El dirigente conservador Karamanlis señaló después: «Puede decirse que la democracia en Grecia fue asesinada por un régimen libre. Los coroneles simplemente dieron el tiro de gracia.» Un golpe de estado más que sumar a los incontables golpes y crisis constitucionales que había padecido desde que se independizó de los turcos otomanos en 1829.

Los tres años de democracia parlamentaria que precedieron al golpe fueron un carnaval de *vendettas* y de irresponsabilidad. El primer ministro centro-izquierdista, Georgios Papandreu, que llegó al poder en 1964, con una mayoría arrolladora, intentó castigar al sistema conservador dirigido por Karamanlis. Papandreu sustituyó la política fiscal muy dura de Karamanlis e incrementó los servicios sociales y los subsidios. Estas medidas eran responsables, sobre todo teniendo en cuenta la escasa cobertura de la seguridad social. Pero Papandreu eligió un momento inadecuado para estas actuaciones: poco después, la última parte de la ayuda económica de Estados Unidos de diez billones de dólares, de la doctrina Truman, se terminó. Además, Papandreu incrementó las restricciones a las inversiones extranjeras. A medida que la inflación subía, Papandreu criticó a la OTAN, puso a sus fuerzas armadas en alerta contra Turquía y removió las aguas de la ya removida disputa de Chipre, pidiendo la *enosis* (unión) de la isla a Grecia, que estaba administrada por los británicos.

Chipre tenía una población de mayoría griega, pero una considerable minoría turca. Cuando los turcos lanzaron una ofensiva militar contra los grecochipriotas durante el verano de 1964, las fuerzas de Papandreu no hicieron nada, provocando una reacción cínica y burlona del líder grecochipriota, arzobispo Makarios, sobre la ayuda de Papandreu. Las consecuencias fueron que Makarios firmó un tratado con la Unión Soviética para que se le suministraran armas, rechazó la idea de *enosis* y habló en su lugar de total independencia para la isla.

Papandreu ya tenía bastante encima como para ocuparse de las actividades de su hijo de cuarenta y cinco años, Andreas, un diputado del consejo de ministros. Había nacido en 1919, en la isla de Quíos, cerca de la costa turca, donde su padre era el prefecto. Como las relaciones con su famoso padre eran distantes, en 1939 Andreas se fue de Grecia a Estados Unidos para continuar sus estudios.

En 1944 había obtenido el doctorado en económicas de Harvard y se había nacionalizado estadounidense. Se casó dos veces, la segunda con una mujer de Minnesota, Margaret Chant, con la que tuvo cuatro hijos. El joven Papandreu permaneció en Estados Unidos hasta 1959, librándose de la Segunda Guerra Mundial y de la guerra civil griega, sirvió en la marina de Estados Unidos y después enseñó en distintas universidades, incluyendo la Universidad de California en Berkeley, donde se convirtió, temporalmente, en presidente del Departamento de Económicas.

Andreas, igual que otros jóvenes inmigrantes, se adaptó por completo a Estados Unidos. Tras divorciarse de su primera esposa, una psiquiatra grecoamericana, tuvo muy pocos (si es que los tuvo) amigos griegos, y mostró durante años muy poco interés por la comunidad grecoamericana. Si no hubiese sido por la confluencia de tres hechos, posiblemente nunca habría vuelto a Grecia.

Cuando su carrera académica en California alcanzó la cima, le llegó una interesante oferta del líder conservador, Karamanlis, que consistía en que Andreas dirigiera un centro de investigación económica en Atenas, al estilo americano... Andreas se daba cuenta de que el futuro político de su padre era halagüeño y que Papandreu era un firme candidato al puesto de primer ministro, como sucesor de Karamanlis. En una cultura política basada en el nepotismo como la de Grecia, este hecho presentaba muchas posibilidades para el hijo primogénito. Andreas probó fortuna: se reconcilió con su padre y, asegurándose una subvención de las fundaciones Fulbright y Guggenheim, se fue con su mujer americana y sus hijos a vivir a Grecia.

Rehacer su vida como norteamericano a los veinte años no tuvo que suponerle ninguna dificultad: era algo que muchos inmigrantes habían hecho. Pero rehacer su vida como griego a los cuarenta debió de costarle a Andreas un elevado precio psicológico.

En 1964, Andreas renunció definitivamente a su nacionalidad estadounidense para poder ser elegido miembro del Parlamento griego. Como viceministro de Economía en el recientemente elegido gobierno de su padre, Andreas empezó a ocuparse de temas de muy diversa índole. En una entrevista celebrada en octubre de 1964 para el diario francés *Le Monde*, Andreas dijo que Grecia era un «satélite» de la OTAN, y se refirió al apoyo prestado por la Unión Soviética a los grecochipriotas como una «contribución al mantenimiento de la paz mundial» —en un momento en que Moscú estaba a punto de cambiar de bando en el asunto de Chipre; de ser pro Grecia a ser pro Turquía—. Estas declaraciones desestabilizaron el gobierno de su padre y Andreas tuvo que renunciar a su cargo.

Después de veinte años prósperos y aparentemente felices en Estados Unidos, el antiamericanismo de Andreas resultaba difícil de entender. Para la derecha griega en la oposición sólo había una explicación: Papandreu era, obviamente, un agente de la CIA que había sido enviado de vuelta a su tierra para provocar la inestabilidad política. Otra de las teorías que se barajó fue que, como hijo mimado de un famoso político griego, Andreas estaba dolido por haber tenido que abrirse camino, poco a poco, subiendo peldaño a peldaño en la sociedad americana igualitaria. Por tanto, aunque había atacado la política exterior americana, en realidad en su interior lo que no podía soportar era la falta de clases en Estados Unidos. Los liberales americanos, junto con la izquierda griega, consideraron que las palabras de Andreas eran una reacción natural ante la tremenda ingerencia americana en los asuntos griegos al acabar la guerra civil griega. Este argumento explicaría las críticas de Andreas hacia la política de los Estados Unidos de cara a Grecia, pero no la vehemencia con la que se expresó. Todavía hubo una teoría más: para Andreas, Estados Unidos siempre fue un país imaginario, de campus universitarios, en el que durante los años cuarenta y cincuenta algunos intelectuales americanos sintieron una fascinación romántica por Stalin y el comunismo. En otras palabras, según esta teoría, Andreas no se había convertido de nuevo en griego, sino que se estaba comportando como cualquier intelectual izquierdista norteamericano: criticaba al gobierno de su país (Estados Unidos) por no aceptar para sí los principios practicados en el extranjero. Esta idea parecía creíble en los años setenta, máxime cuando, de pronto, Andreas empezó a actuar de un modo muy parecido al de cualquier intelectual norteamericano de izquierdas.

En julio de 1965, el rey Constantino destituyó a Georgios Papandreu como primer ministro —una destitución que fue considerada por los partidarios de Papandreu como una violación de la Constitución griega—. Desde este momento, todo fue de mal en peor. En Atenas, los políticos, los periodistas, la familia real y los generales del ejército empezaron a intrigar y a acusarse los unos a los otros, hasta que los coroneles, un grupo de impacientes patanes de los pueblos lejanos, liderados por Georgios Papadópoulos, los derribaron a todos.

En Occidente, lo único que se supo fue que un grupo de militares zafios de mediana graduación acabaron, sin razones ni explicaciones, con la democracia en la tierra que la vio nacer; la tierra, además, de *Nunca en domingo* y de *Zorba el griego*[2].

Los coroneles eran romitas de la peor calaña. No tenían educación y eran mal hablados. Aparte de abogar por una vuelta a las tradiciones más puritanas de la Igle-

2. La mala imagen que hubo en Occidente de los coroneles griegos se debió, en parte, a la película *Z* de Costa-Gavras.

sia ortodoxa, no tenían otro programa. No sabían nada sobre financiación o economía, excepto cómo dar y recibir sobornos. Practicaron la crueldad física al modo típico de los Balcanes. El demonio de la tortura volvió a las comisarías de policía. Se levantaron campos de prisioneros en las islas yermas.

Los coroneles arrestaron y encarcelaron a Andreas, hasta que intervino Estados Unidos consiguiendo su liberación. Andreas, entonces, se exilió en Occidente como otras gentes del ámbito cultural y político de Atenas, incluyendo al antiguo primer ministro conservador Karamanlis, la actriz Mercuri y el compositor Theodorakis. Casi todas estas celebridades, por su educación y linaje (Mercuri, por ejemplo, era hija de un antiguo alcalde de Atenas), personificaban el aspecto heleno de la personalidad griega, y en su campaña contra la dictadura tuvieron éxito al retratar a los coroneles como usurpadores no-griegos.

Así que, en Occidente, mientras los coroneles eran odiados, los griegos eran amados, incluso más que antes, por estar oprimidos. Grecia, además de ser un mito, se convirtió en una causa y esto elevó su atractivo.

A pesar de las proclamas de Mercuri y de sus amigos para boicotear Grecia, los turistas seguían llegando. Sólo los más concienciados políticamente percibieron con preocupación ese ambiente de desasosiego propio de las poblaciones que viven en un estado represivo. Pero, al fin y al cabo, no había inestabilidad, ni terrorismo, ni siquiera se sentía el temor que se respiraba en dictaduras más duras de Oriente Próximo. El mito turístico griego se tambaleó un poco, pero se mantuvo allí.

Incluso después de 1974, cuando los coroneles se rindieron y un soplo de antiamericanismo les siguió, incluyendo la explosión de una bomba en la oficina de American Express en Atenas, la imagen que tenía Occidente de Grecia quedó inalterada. Éstos fueron accidentes aislados, y el nuevo gobierno conservador de Karamanlis corrió un tupido velo sobre lo que se estaba cociendo. Sólo en los años ochenta el mundo empezaría a averiguar lo cerca que se hallaba Grecia de los Balcanes y de Oriente Próximo.

17

La historia secreta

«Los crímenes de Justiniano fueron tantos que toda una eternidad no sería suficiente para enumerarlos. Bastará con escoger algunos para demostrar con claridad cristalina a las generaciones venideras qué clase de hombre fue», escribe Procopio en *The Secret History* (*La historia secreta*), un relato sin ningún tipo de censura sobre el gobierno de Justiniano y su esposa ex prostituta, Teodora, en la Constantinopla del siglo VI.

«O nos gobiernan como dioses o se niegan a gobernarnos», escribe Miguel Psellus en *Chronographia*, un relato de primera mano sobre catorce emperadores bizantinos de los siglos X y XI, considerado como la biografía más importante de la Edad Media.

Estas historias, aunque sean complicadas y efímeras sagas de codicia, lujuria, crueldad personal y ambición en el Bizancio medieval, son el único espejo histórico en el que podemos mirar para comprender la política griega de los años ochenta. Al igual que en aquella época de decadencia, la complejidad se fundió con la superficialidad, haciendo absurdamente inviable la continuidad.

Durante los siete años que viví en Grecia, pocas cosas me molestaban tanto como ver a los corresponsales extranjeros explicar el desorden político con frases del estilo de: «Después de todo, los griegos inventaron el teatro» o «No sólo la palabra democracia, sino también anarquía es griega». Venían luego las astutas referencias de siempre a la «tragedia griega» y la «comedia griega». En una ocasión en la que no estaba nada inspirado, también yo caí en la tentación de usar palabras como «teatro» y «máscaras» de la Grecia antigua para explicar la política moderna griega. Los editores y lectores de Estados Unidos e Inglaterra habían estudiado la tragedia griega en el colegio y podían comprender las referencias. Pero ¿qué sabían de escritores bizantinos o de la Grecia medieval como Psellus y Procopio? Los reportajes de los medios de comunicación, más que explicar la Grecia moderna, se limitaban a iluminar la ignorancia de Occidente sobre los períodos más largos e importantes de la historia griega.

—Por encima de todo, nuestra política demuestra lo orientales y bizantinos que somos —me dijo Panayote Dimitras, un famoso entrevistador ateniense. Estamos hablando de 1990, cuando llegué a Grecia procedente de Bulgaria; era el momento en que Grecia comenzaba a tambalearse tras el caos de los años ochenta—. En política, diría que somos completamente orientales. Miramos a Occidente como la gente de Oriente Próximo. Al igual que los árabes, también nosotros [como cristiano-ortodoxos] fuimos víctimas de las cruzadas...; los griegos estamos casados con Oriente. Occidente es tan sólo nuestro amante, y como cualquier amante, Occidente nos excita y fascina, pero nuestra relación con él es esporádica y superficial.

Además de los rasgos orientales como suspicacia e intriga, algo más de la vida política griega quedó maravillosamente plasmado en los cuentos medievales de Psellus y Procopio: la política en Grecia es erótica. Tal vez a eso se debe que muchas palabras griegas referentes a la política sean femeninas: *kyvernisi* (gobierno), *eklogi* (elección), *ideologia* (ideología), *poreia* (marcha de protesta), *eksoussia* (autoridad), *tromokratia* (terrorismo).

Es muy significativo que la prensa sensacionalista griega, a diferencia de la norteamericana, no se ocupe de las vidas privadas de los famosos, ni de las de los políticos. Los griegos no son puritanos, y nada —o mejor dicho, casi nada— les sorprende. Este tipo de prensa se ocupa de la política, pura y simplemente. La política en Grecia no está ligada a ideas profundas ni a libros o periódicos serios. Es demasiado escabrosa para eso: véase si no la carrera política de Andreas Papandreu.

Mi estancia en Atenas desde 1982 hasta 1989 coincidió casi en su totalidad con el cargo de primer ministro de Andreas Papandreu. Como Grecia es un país pequeño y relativamente pobre rodeado de enemigos históricos, su política es mucho más intensa que la de los países occidentales. Y como la política griega durante el gobierno de Papandreu fue manifiestamente antinorteamericana, mi experiencia personal tuvo mucho que ver con Andreas. El legado de su gobierno justifica la Grecia de los años noventa, de la misma manera que el comunismo justifica a los demás países balcánicos. Hacer una crónica de la era Papandreu es, en mi opinión, un ejercicio fundamental a la hora de entender la Grecia actual.

Después de la mediación de Estados Unidos con el líder de la Junta Georgios Papadópoulos para liberar a Andreas de la cárcel («Dile a Papa-no-se-qué que deje libre a Papa-no-sé-cuántos», se dice que aconsejó el presidente Lyndon Johnson al embajador griego), Andreas se exilió en Suecia y Canadá, donde organizó lo que más tarde sería el Movimiento Socialista Panhelénico, cuyo famoso acrónimo fue PASOK. De aquellos seis años de exilio, desde 1968 hasta 1974, dos cosas le acompañarían hasta los años noventa: en varias de las fotos, Andreas lleva puesta una chaqueta negra de cuero; y aunque casado y con cuatro hijos, tuvo una hija ilegítima con una mujer sueca.

En 1978, Aristide Caratzas, el editor grecoamericano, fue al cuartel general del PASOK en Atenas para hablar con Andreas. Caratzas nunca olvidaría la experiencia: «En la entrada había un montón de jóvenes de aspecto duro que vestían chaquetas de cuero negro bajo las que se apreciaban unos bultos. Cuando les dije que quería ver al señor Papandreu, me respondieron con tono agresivo: "¿Así que tiene una cita con el *archegos* (líder)?", dejando claro que había que llamarle "el líder", como si fuese un insulto mencionar su nombre. Aquello me hizo imaginar cómo sería el cuartel general de Mussolini antes del golpe de Estado fascista de 1922.»

El PASOK nunca fue una *komma*, un partido como las demás asociaciones políticas que surgieron tras la Junta en Grecia. Como especificaba su nombre, era una *kinesis*, un «movimiento»: el Movimiento Socialista Panhelénico. En otras palabras, se trataba de una organización revolucionaria y dinámica. Papandreu sentenció en 1977: «¿Somos o no somos marxistas?... Debemos decir que sí. Y por eso estamos en completa oposición al pensamiento optimista liberal.»

El PASOK no era un partido democrático. No tenía acta constitucional ni estatutos. Durante años, no tuvo siquiera intención de convocar elecciones a líder del partido. No era necesario. El PASOK era Papandreu —un nombre que en Grecia, después de la Junta, significaba Andreas y no su padre, Georgios, que había muerto en 1968 a la edad de ochenta años—. La adoración a los líderes, rayando el culto a la personalidad, había sido algo común en Grecia durante el siglo XX. Georgios Papandreu encabezó una vez un partido político llamado Partido de Georgios Papandreu. Los griegos de centro y de izquierda se pasaron al PASOK porque vieron en él al heredero del legado político de Georgios Papandreu. Pero Andreas Papandreu no era Georgios Papandreu, ni el PASOK era el Partido de Georgios Papandreu.

Georgios Papandreu era más un hombre de centro

que de izquierdas. Sus actuaciones de mediados de los años sesenta estuvieron motivadas más por la insensatez que por la ideología o el orgullo herido. Él mismo era su partido, por la naturaleza paternalista y de cafetín de la política griega de aquel momento. Los partidos se fraguaban alrededor de las personalidades más fuertes, sin prestar demasiada atención al detalle o a la organización. Los años de formación de Georgios Papandreu transcurrieron en Grecia. Sus motivaciones, como las de su rival conservador, Constantino Karamanlis, eran normales, sin recovecos. Pero Andreas, que pasó treinta meses en la Armada norteamericana, y sin embargo no vistió nunca uniforme griego, era muy complicado. En su despacho, en lugar visible, tenía las fotografías de Fidel Castro y del mariscal Tito. Papandreu veía en la Yugoslavia comunista no alineada el modelo ideal para Grecia.

El PASOK pronto estableció vínculos con el partido sirio Baath, «basados en nuestras posiciones ideológicas y políticas comunes», explicó Papandreu en 1975. En febrero de 1977, ocho meses antes del secuestro de un avión de Air France que transportaba israelíes de Tel Aviv a Entebbe (Uganda), Papandreu alabó al líder ugandés Idi Amin: «Es un luchador contra los centros metropolitanos occidentales, y él mismo es su objetivo. Esto le coloca, en el escenario global, en el área de las fuerzas antiimperialistas.»[1] Más tarde, en 1977, Papandreu viajó a Libia y dijo que el régimen de Muammar el-Gaddafi «no es una dictadura militar. Todo lo contrario. El país está gobernado siguiendo el modelo de la *demos* de los antiguos atenienses». Hubo serios y fundados artículos, tanto en la prensa griega como en la extranjera, alegando que Gaddafi había contribuido al éxito de la campaña del PASOK de 1981, de la que Papandreu salió elegido pri-

1. *Ta Nea* (*Las Noticias*), 28 de febrero de 1977. Entrevista con Papandreu.

mer ministro. En 1984, el segundo de Gaddafi, el mayor Abdel Salam Jallud, dijo en una alocución pública en Atenas: «Hermano Papandreu, te hemos examinado cuidadosamente, te hemos puesto a prueba y confiamos en ti. Estamos decididos a hacer cuanto podamos para fortalecer tu posición porque nos interesa que estés en el poder.»

El funcionamiento interno del PASOK demostró un estilo totalitario sin precedentes en Grecia fuera de la guerrilla comunista. A los pocos años de vivir en Grecia, me di cuenta de que había tres clases de simpatizantes del PASOK.

El primer grupo, la izquierda urbana y con un estilo de vida moderno, gente guapa, por así decirlo, hubiese sido completamente irrelevante sin la figura de Melina Mercuri. Nombrada ministra de Cultura y Ciencia cuando Papandreu fue elegido primer ministro en octubre de 1981, Mercuri fue la única ratificada en su cargo tras las quince remodelaciones ocurridas en ocho años de gobierno. Leal a Papandreu por encima de todo, no formaba parte de su camarilla, y no se vio salpicada por los escándalos y juicios que más tarde destruyeron al gobierno. Su condición de símbolo cultural, a raíz de *Nunca en domingo*, daba un marchamo de legitimidad a Papandreu, sobre todo en el extranjero. En Grecia era popular entre los comunistas y los simpatizantes del PASOK, pero la rechazaba aproximadamente el 40 % del electorado, que votaba a la derecha. Me cansé de oír el mismo insulto contra ella una y otra vez:

—Melina no actuaba en *Nunca en domingo*; ésa es su manera natural de comportarse. ¿Qué es lo que veis los extranjeros en ella?

El segundo grupo lo formaban los intelectuales, educados en el extranjero, que regresaron a Grecia tras la caída de la Junta. Algunos eran tecnócratas altamente cualificados, que al tener que elegir entre una derecha anticuada y una izquierda revolucionaria, escogían esta última, ya que la Junta había desacreditado a la derecha. Costas Simitis, ministro de Hacienda que más tarde sería destituido y humillado en público por Papandreu, y Andonis Tritsis, ministro de Medio Ambiente, del PASOK, también destituido, pertenecían a este grupo. El pecado de Tritsis fue aplicar las leyes de protección ambiental tanto a las empresas cuyos propietarios eran de izquierdas como a los de derechas.

Sin embargo, muchos de aquellos jóvenes intelectuales no eran tecnócratas. De origen humilde, habían ido a Estados Unidos o a otro país occidental, donde adquirieron una cierta y ligera educación humanista —lo suficiente para darles un aire cosmopolita y prepotente a su regreso a casa—. V.S. Naipaul tenía una frase para referirse a estos jóvenes con una formación a medias. Refiriéndose a la panda de idealistas marxistas educados en Estados Unidos (antes de que se enfrentaran entre sí y se mataran unos a otros), Naipaul les llamaba «hombrecitos» de cabezas llenas de grandes ideas que no sabían cómo aplicarlas. En el PASOK había muchos de estos «hombrecitos» dominados por el odio y por el resentimiento. Formaban las filas de los Guardias Verdes: guardianes ideológicos enviados a las embajadas griegas en el extranjero para vigilar a los diplomáticos. En 1988, cuando un profesor de la Universidad de Howard, Nikolaos Stavrou, publicó una crítica de Papandreu, *The New York Times* reprodujo las palabras de uno de los Guardias Verdes de la embajada griega en Washington: «El señor Stavrou no sabe escribir libros, sólo sabe enseñar a los negros de una universidad mediocre.»[2]

El tercer grupo, el más importante del PASOK, ca-

2. «Book on Greek Leader Stirs Diplomatic Dispute» («Una obra sobre el líder griego origina una disputa diplomática»), por Edwin McDowell, *The New York Times*, 1 de julio de 1988.

recía de experiencia en el extranjero y no hablaba más idioma que el griego. Era gente de los pueblos o de la clase obrera urbana, que deslizaban sus *kombolois* entre los dedos y usaban un lenguaje plagado de palabrotas como *malaka* (ano), y que en otras circunstancias podrían haber colaborado con la Junta en lugar de oponerse a ella. Este tercer grupo adoraba al taimado Papandreu, quien, a diferencia de los intelectuales del PASOK, se encontraba como en casa en los cafés llenos de humo. La oratoria de Papandreu tenía un tono viril y demagógico que llegaba fácilmente a las clases más pobres de la ciudad y a la gente del campo. Era un estilo político que recordaba a Juan Perón de Argentina, o a Menájem Beguin de Israel: es decir, un orador populista educado en Occidente y apoyado por la parte más pobre y oriental de la población, a la que estimuló ofreciéndole el dominio sobre la mitad europea de la misma.

De esta forma los romitas y no los helenos rodearon a Papandreu, formaron su círculo de más estrechos colaboradores y dirigieron el PASOK por él. Le rendían una lealtad tribal sin importarles las consecuencias. Se trataba de hombres como Agamenón Koutsogiorgas —el segundo hombre más poderoso de Grecia en los años ochenta—, que en 1990 se vio entre rejas, en la misma cárcel de El Pireo donde estaba el líder de la Junta, Papadópoulos.

Papandreu siempre tenía a uno de estos hombres en la plantilla del Ministerio de Asuntos Exteriores. Este hombre en particular se encontraba a medio camino entre un duro leñador y un supuesto intelectual. A diferencia de los demás, hablaba inglés y pronunció en una ocasión un largo discurso en favor de las «Normas de Información del Tercer Mundo», en el que justificaba la censura impuesta por varios gobiernos africanos alegando que el imperialismo también era una forma de censura. En su despacho, en el año 1987, le pregunté si Grecia no se estaba acercando políticamente demasiado a África y al Tercer Mundo. Apoyándose en su escritorio me dijo:

—Grecia está más lejos de África que de América. ¿Acaso ha visto usted a un griego estrechar la mano a un negro en la calle como hacen los americanos? No se preocupe, sabemos cómo tratar a África y al Tercer Mundo... Les decimos a esos paquistaníes que si ellos reconocen el Chipre turco, arrojaremos al mar a sus malditos marineros, que trabajan a bordo de nuestros barcos[3].

La relación de hermanos de sangre entre Papandreu y estos hombres, entre los cuales Agamenón Koutsogiorgas era uno de los más pulidos, siempre me ha fascinado. Tiene el mismo origen que el innegable atractivo que las mujeres griegas encuentran en él —a pesar de su abultado vientre y de su calvicie, enmarcada por una leve franja de pelo gris—, y por extensión, de su carisma.

Éste era el hombre que había estado en los campus norteamericanos desde 1940 hasta 1959. Nadie parecía más cómodo en el enrarecido ambiente de las fiestas de Berkeley, año tras año, que Andy Papandreu, con su pipa, su americana deportiva y un jersey de cuello vuelto. En otra encarnación, sin embargo, llevaba una chaqueta de cuero y se esforzaba por cimentar una profunda relación amistosa con un elemento de la clase obrera balcánica, medio criminal, cuya fortuna política pasó a dominar por completo. ¿Cuántos profesores universitarios, incluidos los que gustaban de llevar botas de montaña y mezclarse con el pueblo llano, podían hacer aquello? En Grecia, Papandreu mantenía a distancia a los hombres del PASOK que, como él, se habían educado en el extranjero.

Papandreu exigía adulación, y en cierto modo la conseguía, gracias a su rara habilidad para actuar, dominar y manipular mundos sociales absolutamente distintos.

3. Tradicionalmente, Pakistán ha sido uno de los países musulmanes más a favor de Turquía.

Uno de mis tres encuentros con Papandreu tuvo lugar en el lujoso hotel Astir Palace, en Vouliagmeni, un barrio en la costa ateniense. Papandreu, en traje de baño y con una toalla al cuello, entró en la zona de la piscina acompañado por uno de sus hijos, también llamado Andreas, y dos guardaespaldas que llevaban pantalones negros ceñidos y acampanados y camisas blancas abiertas hasta el ombligo. Uno de ellos llevaba al hombro un rifle de asalto que dejó en una tumbona. Mi hijo de dos años se interpuso en el camino de Papandreu. Éste, amablemente, lo esquivó y, creo recordar, le acarició la cabeza. Me acerqué y me presenté.

—¿Para qué periódico escribe? —me preguntó.

—Para *The Atlantic* —respondí.

—Ah, ya —dijo él—. Es una gran revista de Boston. Solía leerla en Harvard.

Su acento y su mirada directa todavía eran, veintisiete años después de abandonar Estados Unidos, algo americano. Luego, lanzó una mirada a uno de los guardaespaldas arqueando sus pobladas cejas grises en un gesto levantino, y el guardia se marchó rápidamente a cumplir la orden. Debido a lo que estaba sucediendo en Grecia en aquel momento, y que referiré a continuación, la experiencia de saludar a Papandreu era parecida a estrechar la mano a una celebridad del hampa en el parque.

Después de ser elegido primer ministro en 1981, elogiaron a Papandreu por reconocer el movimiento de la resistencia comunista contra los nazis; por permitir que regresaran a casa los veteranos comunistas de la guerra civil griega —en el exilio en el Bloque Oriental desde hacía décadas—; por reformar las leyes de divorcio haciéndolas más favorables para las mujeres y por legalizar los matrimonios civiles (yo me casé en Grecia por lo civil: Gracias, Andreas). Estas medidas eran esperadas y necesarias, pero en el terreno político, en la democracia griega, comenzaron a ocurrir cosas inquietantes.

En 1982, Papandreu dejó de asistir a las sesiones del Parlamento. Destituyó a varios ministros del gabinete disidentes y añadió ochenta consejeros más al número de sus colaboradores. Con estas medidas limitaba su dependencia tanto del gobierno como de las bases del PASOK. Ahora podía gobernar con su propio círculo de gente, con puño de hierro.

En los años anteriores a su nombramiento, Papandreu había hecho una purga en el PASOK, deshaciéndose de cientos de militantes por desviacionismo. Si alguien discrepaba con él, era expulsado. Cuando Papandreu fue elegido por primera vez, muchos miembros pensaron que el PASOK iba a ser un partido dirigido democráticamente. Pero no fue así. Cuando Aristides Bouloukos, un diputado parlamentario del PASOK, discrepó con Papandreu sobre el proyecto de reforma electoral, fue expulsado. Cuando Statis Panagoulis, subsecretario de Interior, criticó a Papandreu por no cumplir algunas de sus promesas electorales, también fue formalmente expulsado del partido. Luego, Papandreu le acusó de «traición» y «conspiración». La radio y la televisión estatales difundieron las palabras del presidente, haciendo caso omiso de las reclamaciones de Panagoulis.

Papandreu empleaba el término «apostasía» para referirse a las críticas que le hacían los miembros del PASOK. En su forma griega original, *apostassia* tiene un claro matiz teológico proveniente de la época de Bizancio, cuando los emperadores, elegidos por derecho divino, eran seres «infalibles», haciendo así sus críticas «heréticas» o «apóstatas».

Las expulsiones continuaron en los años siguientes. El proceso era siempre el mismo. Cuando un consejo disciplinario expulsaba a un miembro, los medios de comunicación en manos del PASOK lanzaban una campaña en su contra. El método fue también empleado para solucionar *vendettas* personales y para facilitar el saqueo de las empresas privadas a manos del Estado. A finales de 1982, por ejemplo, urdieron una trama contra el responsable de una agencia de noticias local perteneciente al Estado, acusándole de travestido. Se le obligó a renunciar al puesto y a abandonar Grecia temporalmente[4]. En 1983, los medios de comunicación oficiales acusaron a Georgios Tsatsos, director de la Compañía General de Cementos Heracles y uno de los mayores exportadores griegos, de «fraude» y de «blanqueo de divisas». Pretexto que utilizó el Estado para embargarla. En los tres años siguientes, la compañía perdió cincuenta y dos millones de dólares, contra los veinticinco millones de beneficio que había conseguido en los tres años anteriores al embargo. Al poco tiempo, los tribunales levantaron todos los cargos contra Tsatsos: no existían pruebas que los justificasen.

Hacia 1982, la televisión y la radio estatales eran auténticos calcos de los medios de comunicación controlados por los gobiernos comunistas en los países del norte. Los medios griegos nunca habían sido libres, pero con el conservador Karamanlis, el control se limitaba a dejar fuera de antena a la oposición de izquierdas; los informativos no tenían un marcado tono ideológico agresivo. Papandreu defendió el *allaghi* (cambio) e incluso prometió liberalizar los medios de comunicación. Sin embargo, su influencia convirtió el noticiario de la tarde en un desfile de discursos y apariciones suyas. Nada era neutral. Cada grupo que se mencionaba —las guerrillas palestinas, la Contra nicaragüense— o eran «luchadores por la libertad» o «fascistas», siguiendo siempre los criterios del PASOK a la hora de interpretar la realidad mundial. Cuando unos terroristas asesinaron en Atenas a un oficial de marina norteame-

4. Más tarde fue restituido en su puesto.

ricano, los periódicos del PASOK dijeron que se trataba de una «conspiración de la CIA», alegando que la Agencia Central de Inteligencia había asesinado a un ciudadano norteamericano «en un esfuerzo calculado y premeditado por crear sentimientos antigriegos en Estados Unidos»[5]. Papandreu dijo a la audiencia en varios mítines televisivos que Estados Unidos era la «metrópoli del imperialismo». Según este veterano de la marina americana, las bases militares en Grecia eran «las bases de la muerte». En aquellos tiempos, Papandreu era el dirigente de un país de la OTAN que con más frecuencia visitaba los países del Bloque del Este. Durante una visita a Polonia, todavía bajo la ley marcial, se burló de Solidaridad tachándolo de «negativo, peligrosamente negativo». Él todavía vivía con su esposa norteamericana y sus cuatro hijos, todos de nacionalidad americana.

Al escribir sobre Romano III, emperador de Bizancio desde el año 1028 hasta el 1034, Psellus dijo: «Este emperador en particular aspiraba a ser recordado por su piedad..., lo cual le hacía ser extravagante en las discusiones sobre la divinidad.» Para Papandreu, piedad implicaba «paz». En su nombre, la ministra de Cultura organizó las «cadenas humanas por la paz» alrededor de la Acrópolis, a pesar de la venta de armas que los griegos estaban realizando en ese momento a ambas partes en el conflicto irano-iraquí, así como a Ruanda y Burundi, dos Estados africanos en guerra. Las cumbres sobre la paz parecían sucederse en Atenas, al menos ésa era mi impresión. Papandreu se entrevistó varias veces con el presidente rumano, Nicolae Ceausescu, para pergeñar un plan conjunto de paz para Europa.

5. El capitán Georgios Tsantes, Jr., fue asesinado el 15 de noviembre de 1983.

Al igual que los líderes del Bloque del Este, Papandreu rechazó casi todas las solicitudes de los medios de comunicación occidentales para entrevistarle. Ni siquiera acudía a la visita anual a la Asociación de Prensa Extranjera en Atenas, donde, incluso, con una puesta en escena orquestada, podría haber determinado previamente qué preguntas responder. Los periodistas podíamos volar a Turquía cuando quisiéramos y entrevistar al primer ministro, Turgut Ozal. Pero Papandreu no nos recibía, a pesar incluso de que residíamos en Grecia. Entre las contadas entrevistas que concedió en ocho años, hay una con la antigua corresponsal del programa de la CBS *60 Minutos*, Diane Sawyer, que le preguntó si estaba agradecido a Estados Unidos por mantener a Grecia fuera del Bloque Oriental en los años cuarenta. Papandreu contestó: «No le agradezco nada a nadie.»

Al igual que la chaqueta de cuero y la mujer sueca, aquella frase era un presagio de lo que estaba por venir.

Cuando Papandreu llegó al gobierno, desmanteló una unidad policial que investigaba al grupo terrorista *17 de noviembre*. Dicho grupo era, a principios de los años noventa, la organización terrorista más enigmática e impenetrable de Europa y Oriente Próximo.

El 17 de noviembre de 1973, la Junta mandó los tanques contra los estudiantes que protestaban en la Universidad Politécnica de Atenas, un crimen del que, según la mitología griega de izquierdas, eran autores los norteamericanos. En la nochebuena de 1975, Richard Welch, más tarde identificado como máximo responsable de la CIA en Grecia, fue asesinado. *17 de noviembre* asumió la autoría, aclarando de forma explícita que pretendían castigar a los norteamericanos por su actitud imperialista con Grecia. El asesinato de Welch estableció una pauta que se repetiría en el futuro. Dos hombres en moto se acercaban al coche de la víctima en plena hora punta. El hombre que iba de paquete disparaba y la moto se perdía entre los coches que circulaban con lentitud. En una ciudad con constantes atascos y cientos de motoristas temerarios, era un método que se adaptaba perfectamente a las condiciones del tráfico. Y los preparativos del plan —identificar el cargo de Welch en la embajada de Estados Unidos, su vehículo y su ruta habitual— eran sencillos. El siguiente acto terrorista de *17 de noviembre* fue el asesinato, en noviembre de 1983, del oficial de marina norteamericano, que hicieron coincidir con el décimo aniversario del levantamiento de la Universidad Politécnica de Atenas.

Cuatro meses más tarde, en marzo de 1984, un hombre del que se dijo que parecía «árabe» asesinó a un oficial de la embajada británica, Kenneth Whitty, y a su ayudante griego en una concurrida calle de Atenas, a plena luz del día. En mayo, un «escuadrón suicida» que se declaraba libio, dedicado «a cazar traidores y perros callejeros dondequiera que estén, y a liquidarlos físicamente», marchó por el centro de Atenas con una escolta policial griega. Se produjeron a continuación una serie de asesinatos de disidentes libios anti-Gaddafi, que la policía griega se apresuraba a archivar como «arreglo de cuentas». Papandreu permitió que el número de «diplomáticos» acreditados en el Buró del Pueblo Libio ascendiese a cincuenta. Por esa época, los sirios habían iniciado una serie de asesinatos de miembros de la OLP en suelo griego, y el grupo terrorista de Abú Nidal había establecido la compañía de exportación e importación Al Noor en la calle Solonos de la capital griega, como un frente desde el que organizar operaciones y transportar armas por todo el Mediterráneo[6].

6. Robert Keeley, embajador norteamericano en Grecia, envió una protesta confidencial al ministro griego de Asuntos Exteriores por el establecimiento de Abú Nidal en Atenas.

Ninguno de estos incidentes produjo arrestos. Cuando en 1983 los agentes de la inteligencia británica y norteamericana identificaron a un árabe, en un barrio obrero de Atenas, como el responsable de la introducción ilícita de explosivos líquidos en Israel a través de las líneas aéreas Olympic, el agente americano a cargo de la investigación fue expulsado del país, mientras que el hombre acusado de terrorismo ni siquiera fue arrestado[7]. Papandreu dijo que no se podían considerar terroristas los «actos de liberación nacional». Tanto la Administración Reagan como la Asociación Internacional de Transporte Aéreo (IATA) emplearon todo un año de negociaciones intentando que el primer ministro reforzara la seguridad del aeropuerto de Atenas. Papandreu respondió obligando a las líneas aéreas a prescindir de su propio control de protección electrónica en el aeropuerto.

El mito del turista griego estalló de repente: en junio de 1985, dos terroristas shiíes secuestraron un avión de pasajeros de la TWA que cubría la ruta Atenas-Beirut. Los terroristas habían pasado la noche anterior en la misma sala de tránsito que los viajeros, armados seguramente con pistolas y granadas. Al día siguiente del secuestro volé a Atenas desde Sudán, donde había estado cubriendo el grave problema del hambre en África. Seguía sin haber vigilancia en el aeropuerto. No había ni un solo oficial de aduanas presente cuando los pasajeros recogimos nuestros equipajes y salimos a la calle. Pocos días después, la Administración Reagan publicó un «aviso a los viajeros» que advertía a los americanos que evitaran viajar a Grecia. Aunque los medios de comunicación del PASOK protestaron por la «provocación», a las pocas

7. Fuad Hussein Shara, con pasaporte jordano, fue obligado a abandonar Grecia e irse a cualquier país «de su elección».

horas del aviso había policía de seguridad en el aeropuerto, por primera vez desde que Papandreu se había hecho cargo del gobierno.

Sin embargo, ya era demasiado tarde. Se produjeron cientos de miles de cancelaciones. Grecia perdió cientos de millones de dólares. Entre 1985 y 1986, el número de visitantes norteamericanos cayó en picado hasta un 80 %. La era que había comenzado con *Nunca en domingo* un cuarto de siglo antes parecía haber llegado a su fin.

La situación aún empeoró más. Cuatro meses después del incidente de la TWA, árabes armados secuestraron un avión de las líneas aéreas egipcias que salió de Atenas, desviándolo hacia Malta; sesenta personas murieron cuando los comandos egipcios asaltaron el avión. En 1986, hubo al menos veinte explosiones de bombas en Atenas; *17 de noviembre* confirmó la autoría de cuatro de ellas. El grupo ya no asesinaba sólo a norteamericanos, sino también a políticos y personajes del mundo financiero griegos. Entre sus objetivos se encontraban vehículos del personal militar americano y oficinas de pujantes empresas privadas griegas. A *17 de noviembre* se unían ahora otros grupos terroristas griegos que respondían a nombres como *Gansos salvajes de la ciudad*, *Grupo anarquista de iconoclastas-nihilistas* y *Lucha revolucionaria contra el poder*, responsable este último de la explosión en una base militar griega en 1987.

El 28 de junio de 1988, un coche bomba estalló frente a la casa del agregado de Defensa de Estados Unidos, William Nordeen, produciéndole la muerte. Trece días más tarde, los terroristas árabes mataron a nueve turistas e hiriendo a otros ochenta en un ataque al transbordador griego *Ciudad de Poros*. El portavoz de Papandreu, Sotiris Kostopoulos, afirmó que el ataque al *Ciudad de Poros* era parte de un complot norteamericano para presionar a Grecia y lograr que firmase un acuerdo «blando», con el fin de prolongar el arrendamiento de sus bases militares.

Ese mismo año, el gobierno griego dejó en libertad al terrorista Ozama Al Zomar. La policía italiana sospechaba de Zomar como autor de un atentado con ametralladoras y granadas a una sinagoga romana en 1982, en el que murió un niño de dos años y otras treinta y siete personas resultaron heridas.

El ministro de Justicia griego, Vassilis Rotis, defendió la puesta en libertad de Zomar, alegando que el ataque a la sinagoga «era un acto de su lucha por recuperar la independencia para su pueblo. Por lo tanto, en su dinámica es un acto por la libertad».

Los observadores occidentales ya habían detectado una clara sinergia entre elementos de la extrema izquierda del PASOK y los grupos terroristas. Como el encanto de Papandreu estaba por encima de todo, los griegos apenas consideraban los motivos meramente políticos o religiosos a la hora de justificar su comportamiento. Comentaban de él sólo sus rasgos subjetivos y psicológicos.

—Andreas es como Edipo —me dijo Papapoulitis, el político conservador, durante un almuerzo en El Pireo—. Cuando era niño estaba muy unido a su madre. Su rechazo a su padre siguió vivo en su madurez. Este rechazo significa a menudo un rechazo a la autoridad. En mi opinión, lo que le gusta a Andreas de las luchas radicales de liberación es la anarquía que conllevan.

El 13 de septiembre de 1987 se cumplía el primer aniversario del terremoto que asoló la ciudad de Calamata, en el sur, y que causó la muerte a veinte personas, dejando heridas a otras trescientas. Papandreu, aduciendo un exceso de trabajo, excusó su asistencia a los funerales en memoria de los fallecidos. El primer ministro resultó estar, a sus sesenta y ocho años, embarcado en un crucero de tres días con Dimitra Liani, una azafata de

Olympic. Liani era una atractiva morena, a la que Papandreu doblaba en edad, casada con un dirigente griego del Partido Comunista Revolucionario Maoísta.

En Europa, y especialmente en Grecia, el hecho de que un líder político tenga una amante es algo a lo que, en general, se le presta poca atención. Pero Papandreu había cometido dos pecados imperdonables. Le habían visto bañándose y bailando con Liani un día de luto para la nación griega; y al aparecer regularmente en público con ella, deshonraba a su familia. Papandreu le proporcionó a su amante un programa de entrevistas en televisión. Amonestó públicamente a Margaret, su esposa de treinta y siete años y madre de sus cuatro hijos, diciendo que «nunca me frió siquiera un huevo». Eligió el día de su aniversario de boda para anunciar su compromiso con Liani, que a su vez se encontraba en proceso de separación. Cuando Papandreu y su prometida regresaron de Inglaterra, donde él fue a reponerse de un triple bypass, el PASOK puso en escena un «espontáneo estallido de afecto del pueblo llano». La televisión estatal mostraba los ramos de flores lanzados por la multitud de alquiler, y sobre los que iba circulando el coche del primer ministro.

A partir de ese momento, algunos periódicos del partido comenzaron a referirse a Liani como la «querida oficial». Y así surgió un culto en torno a su persona, a medida que la ex azafata y ex mujer de un maoísta se convertía en la compañera intelectual del primer ministro. Hubo quien sugirió que Liani, como había sucedido con Eva Perón, podía llegar a ser el próximo líder del partido.

Pero algo similar había pasado no sólo en Argentina, sino también en la Constantinopla del siglo XI. El emperador Constantino IX había obligado a su esposa, Zoe, y al senado a reconocer oficialmente el poder de su querida, Sclerena. Psellus escribe: «A pesar de la ignominia, los senadores alabaron el acuerdo como si fuera un documento enviado del cielo.» Psellus, sin saberlo, estaba escribiendo sobre el PASOK. Por ejemplo, el brazo derecho de Papandreu, Dimitris Maroudas, declaró que cualquier crítica acerca de la relación extramarital era «irreverente» e «irrespetuosa». Maroudas dijo a la nación que los actos de Papandreu demostraban su *levantia* (virilidad), algo de lo que el pueblo griego debería sentirse orgulloso. Los insolentes griegos pasaron a llamar a Maroudas «Ministro de Alcoba».

Después del asunto Liani vino el «escándalo Koskotas», a finales del verano de 1988. Georgios Koskotas era un banquero multimillonario que aseguraba haber ayudado a Papandreu a traspasar más de doscientos millones de dólares de sociedades estatales a un fondo ilegal del PASOK. Se dijo que el dinero se empleó en comprar periódicos griegos que criticaban a Papandreu, en adquirir los derechos de publicación de un libro ofensivo contra Papandreu escrito por su primera mujer, la psiquiatra grecoamericana Christina Rasia, en costear los gastos del divorcio de Papandreu de su segunda esposa, Margaret, y en realizar pagos en efectivo a varios oficiales del gobierno. El escándalo se achacó a intenciones aviesas de terceras personas. Se alegó que el Servicio de Inteligencia griego estaba interceptando los teléfonos de enemigos políticos de Papandreu, y que algunos altos cargos habían recibido cientos de millones de dólares en comisiones ilegales, ingresadas en cuentas suizas, por la compra de cuarenta aviones Mirage franceses y F-16 americanos. Condenaron a varios de estos altos cargos que en su defensa acusaron a Papandreu de complicidad. En un juicio marcado por las manifestaciones pro Papandreu (organizadas por el PASOK), así como por su negativa a declarar, fue declarado inocente. Papandreu dijo que los cargos que se le imputaban eran un complot de «las fuerzas oscuras de reacción» y de los «círculos extranjeros» para «desestabilizar» Grecia.

Por todo Atenas circuló una historia —apócrifa— que yo no me creo en absoluto, pero que, sin embargo, está cargada de simbolismo. Al parecer, un general griego fue a ver a Papandreu; llevaba en la mano una bolsa con diez mil dólares en dracmas. El general dijo que el dinero era su forma de mostrar devoción al *archegos* (líder). Papandreu le tuvo de pie, y le ordenó que dejara la bolsa a los pies de su mesa. Luego le dijo que se fuera. Todo al estilo del prepotente oriental: «¿Cómo se atreve este hombre a insultarme ofreciéndome parte de lo que me corresponde por derecho?»

—El único régimen fascista que ha triunfado en Grecia probablemente fue el de Andreas Papandreu —dijo el erudito y editor grecoamericano Aristide Caratzas en 1990—. Ni el régimen militar de Ioannis Metaxas, de 1936 a 1941, ni la Junta de 1967 a 1974, gozaron nunca de tan amplio apoyo popular a su mensaje, que por otro lado era inconsistente e incluso ridículo. Pero los gestos y hábitos de Papandreu gustaban a un pueblo que recelaba y a la vez envidiaba a los países occidentales, y que gracias a su dirigente consideraban su forma de vida más legítima. Al estilo de Mussolini, Papandreu triunfó como encarnación de un resentimiento nacionalista-populista. Era el griego ideal para todo el mundo. Amenazó a Estados Unidos y reiteró sus amenazas aliándose con sus enemigos: Gaddafi y los terroristas. Bailaba en público los bailes tradicionales. Distribuyó la riqueza entre sus partidarios como recompensa por su lealtad. Incluso el asunto de Liani, en una sociedad machista como la griega, tuvo cierta resonancia. Cultivó una imagen de amor a la patria inspirada en Mussolini. Su divorcio y la humillación de Margaret Chant no sólo reforzaron su ruptura con Estados Unidos (y la de Grecia), sino también con otro diablo que amenazaba al varón griego, el feminismo.

Las encuestas de Dimitras reforzaron esa teoría. El hecho de que cerca de un 40 % del electorado continuase apoyando a Papandreu, incluso después de las acusaciones contra él por malversación y escuchas telefónicas, demostraba el populismo «al estilo del Tercer Mundo y Latinoamérica de la política griega, tribal, xenófoba...»

Se esperaba una reacción antiamericana en Grecia en los años ochenta. Aunque Estados Unidos había mantenido a Grecia fuera de la órbita comunista, y los contribuyentes de los años cincuenta habían entregado miles de millones de dólares para sacar a Grecia de la pobreza propia de los países del Este, muchos griegos vieron en esta ayuda un intento de dominación americana. A finales de los años sesenta y principios de los setenta, los griegos vieron cómo la Administración Nixon respaldaba a la represiva Junta. Y en 1974, el secretario de Estado, Henry Kissinger, dio muestras de apoyar la brutal invasión turca de Chipre. Pero Papandreu manipuló con cinismo este descontento contra Estados Unidos, aunque no fuese suficiente para justificar la infame demagogia de los complots y las conspiraciones, o el apoyo al terrorismo internacional.

Al poco de ser elegido Papandreu en 1981, Nicholas Gage, un antiguo periodista de investigación de *The New York Times* y autor de *Hellas: A Portrait of Greece* y *Eleni* (*Un retrato de Grecia* y *Los helenos*), un best-seller sobre la guerra civil griega, cuenta una anécdota de los años jóvenes de Papandreu.

El joven Andreas y sus ricos amigos estaban cenando en una marisquería en el barrio ateniense de Glyfada. Cuando trajeron la bandeja con el marisco, Papandreu, sin más, cogió la pieza más grande. Sus amigos protestaron, así que la devolvió a la bandeja después de haber escupido encima. Gage se hacía la siguiente pregunta: si Papandreu alguna vez tuviera que renunciar al poder, ¿lo aceptaría de buena gana o escupiría primero sobre el país?

Papandreu dio la respuesta unas semanas antes de las elecciones generales de 1989. A pesar del respaldo que aún tenía el PASOK, las encuestas indicaban que el Partido de la Nueva Democracia, el conservador de Constantino Mitsotakis, iba en cabeza. Entonces, Papandreu forzó al Parlamento a que aprobara una nueva ley electoral. A diferencia de la antigua, que favorecía la estabilidad política concediendo escaños extra al partido más votado, la nueva seguía el modelo israelí de representación proporcional pura, haciendo casi imposible para cualquier partido gobernar en solitario. Como en Israel, ahora se necesitaría al menos un partido pequeño bisagra: el todavía estalinista Partido Comunista Griego.

Grecia sufrió entonces el suplicio de tres elecciones generales en un solo año. En las dos primeras, los conservadores las ganaron con el mismo número de puntos que había obtenido el PASOK cuatro años antes, pero debido a la nueva ley, no podían formar gobierno. El líder conservador, Mitsotakis, se vio obligado a hacer pactos de coalición con los comunistas en un momento en que el comunismo se desmoronaba en toda la Europa del Este. Papandreu se regodeaba mientras observaba cómo sus ministros, siguiendo sus instrucciones, entorpecían al máximo la transmisión de poderes. Desaparecieron documentos y coches oficiales, así como tratados de Estado con otros países. En las terceras elecciones generales, en abril de 1990, los conservadores ganaron por una de las mayorías más aplastantes que se recuerdan en unas elecciones europeas, pero sólo pudieron formar un gobierno de mayoría por un escaño. El PASOK, ayudado por el Partido Comunista, provocó una serie de huelgas generales con el fin de derrocar al gobierno.

El terrorismo seguía. La economía caía en picado. Para aumentar las prestaciones sociales y crear puestos de funcionarios para los seguidores del PASOK, Papandreu había pedido préstamos en la década de los ochenta al igual que habían hecho los líderes de los países del Este en la década de los setenta. La deuda exterior era de 21.500 millones de dólares en 1989, 6.500 millones más que la de la Hungría comunista, cuya población era ligeramente inferior a la de Grecia.

Cuando volví por mi antigua casa en 1990, Atenas era un caos urbanístico total. Los periódicos locales la comparaban con El Cairo. El servicio telefónico era el peor de Europa occidental. A mediados de los años ochenta, Papandreu rechazó las ofertas de distintas compañías occidentales para modernizar la red telefónica del país. Hay serias afirmaciones que aseguran que concedió el contrato a un amigo suyo, que mejoró parte del sistema empleando equipos importados de Alemania Oriental.

Mientras tanto, se acercaba el momento en que el Comité Olímpico Internacional (COI) debía decidir cuál sería la sede en la que se conmemoraría el centenario de los Juegos Olímpicos en 1996. Las primeras Olimpiadas de la edad moderna se celebraron en Atenas en 1896, en recuerdo de las de la Grecia antigua, y Grecia era la favorita desde el principio. En los años ochenta, cuando yo vivía en Atenas, todo el mundo daba por hecho que la ciudad albergaría las Olimpiadas de Oro. Pero el terrorismo, la inestabilidad política y las carencias en la infraestructura urbana contrariaron a los delegados del COI. La decisión quedaba en el aire.

El frágil gobierno conservador de Mitsotakis suplicó en más de una ocasión al PASOK y al Partido Comunista que pospusiesen una nueva oleada de huelgas hasta después de la votación del COI en Tokio, el 18 de septiembre de 1990. Papandreu respondió con un discurso el 17 de septiembre cuyas palabras retumbaron en Tokio.

En una plaza abarrotada de trabajadores en huelga, el ex primer ministro gritó lo siguiente: «¡Abajo la Junta de Mitsotakis!»

Cuando se anunció la decisión de celebrar los Juegos en Atlanta, Papandreu lo llamó «el robo americano», y Melina Mercuri, candidata por el PASOK a la alcaldía de Atenas en las elecciones de 1990, llegó a decir:

—El COI quería saber qué índice de contaminación tendrá Atenas en 1996. ¿Cómo es posible saber lo que pasará dentro de seis años? ¿Cómo se atreven a preguntarnos semejante cosa? ¡Quien pregunta cosas como ésa está completamente loco!

Sus palabras me recordaron lo que Homer, interpretado por Jules Dassin, decía a Illia (Melina Mercuri), en *Nunca en domingo*: «Ojalá pudiera poner en su cabeza "razón en lugar de fantasía".»

—Nosotros los griegos somos un pueblo malo, y la decisión olímpica demuestra que Dios quiere destruirnos —me dijo un vecino de mi antigua casa.

Incluso los enemigos de Papandreu, que habían comprendido lo que estaba pasando en Grecia en la década de los ochenta, estaban abatidos con la decisión del COI. Después de las crueldades de la guerra civil y la dictadura militar que había seguido a la Segunda Guerra Mundial, las Olimpiadas de Oro iban por fin a instaurar la identidad moderna de Grecia, a través precisamente de sus vínculos con el pasado.

Estas Olimpiadas iban a ser punto de referencia histórico y mítico en la historia griega. Como en la Antigüedad, se iban a celebrar concursos de música y poesía —impulsados por los compositores Teodorakis y Hadjidakis— paralelos a los eventos deportivos. Con el regreso a Grecia de las Olimpiadas, los griegos esperaban devolver a los Juegos la intimidad, la magia y el romanticismo que habían perdido en las últimas décadas, víctimas de lacras como los grandes negocios, la comercialización y el dopaje de los atletas. Aunque Atenas es un puro caos, todos sabíamos que los griegos tienen *filotimo*, un término intraducible que hace referencia al honor personal, y que haría posible que todo estuviera listo para las Olimpiadas, aunque fuese en el último momento. Mercuri resumió amargamente el sentir general. Al referirse a Atlanta como la capital americana sin alcohol, dijo que el COI había preferido la Coca-Cola al Partenón.

El propio COI era consciente de esto. Un poderoso sentimiento histórico convertía a Atenas en candidata número uno para todos los delegados, hasta que un estudio reveló que, en cuanto a seguridad e infraestructura, Atenas era la menos capacitada de las candidatas, por detrás incluso de Belgrado, la capital yugoslava sobre la que planeaba la amenaza de una guerra civil. Atlanta no se ganó los Juegos; está claro que Atenas los perdió.

Al poco rato de saberse el anuncio del COI, me dirigí dando un paseo por el Jardín Nacional, en el centro de la ciudad, hasta el antiguo Estadio Olímpico, una pequeña y emotiva construcción de mármol blanco en la que se celebraron los Juegos de 1896. Echando un vistazo a su interior, me fue fácil imaginar una pequeña congregación de atletas animados desde las gradas por mujeres con sombreros de paja y por los adinerados filohelenos de Europa responsables de la recuperación de los Juegos. Atenas era entonces una pintoresca villa con un letárgico ambiente otomano. Observé la pronunciada curva en el extremo opuesto del estadio; los corredores tenían que ingeniárselas para recorrerla sin torcerse un tobillo. Me vino a la mente la siguiente frase: la gloria es fugaz.

Me volví. Los coches escupían densas nubes de humo contaminante. Sobre el paisaje de hormigón destacaban montañas de bolsas de basura que no se habían recogido en varios días debido a una huelga. En los bloques de apartamentos la gente empezaba a encender velas para alumbrarse, ya que los trabajadores de la compañía eléctrica, en huelga también, habían cortado el suministro. Sus quejas eran legítimas, pero sus huelgas eran parte de un entramado mayor de caos y conflictos sociales, síntoma inequívoco del rechazo al gobierno de Papandreu. El siglo XX había sido malo para Grecia, retenida por innumerables dictaduras, por la invasión nazi, por la guerra civil, por otra dictadura y, finalmente, por los ocho años de gobierno de un hombre que había destruido la economía, había traído la anarquía de Oriente Próximo al umbral del país y había jugado con los propios principios de la democracia.

En el otoño de 1990, Grecia era tan parte de los Balcanes como lo había sido en los tiempos del dominio otomano a principios del siglo XIX. Era un país más de la Europa del Este: su población despertaba, completamente desorientada, a un mundo sin sentimentalismos donde la eficiencia y el trabajo duro, más que la gloria pasada y el *filotimo*, eran todo lo que importaba.

Papandreu fue el más original de los fantasmas balcánicos, un hombre de nuestro tiempo que se movía en las profundidades del más oscuro pasado: más desconcertante que el cardenal Stepinac, Gotse Delchev o el rey Carol. Siempre recordaré a Papandreu en el escenario ante masas de enfervorizados seguidores, con sus brazos extendidos en cruz, como un Cristo, y sus ojos mirando airadamente al cielo: la eterna víctima de la persecución turca y americana. Como Enver Hodja, el carismático tirano de Albania, Papandreu era el hijo pródigo de una familia acomodada educado en el extranjero (Hodja fue a Francia), que regresó para quemar lentamente su capa occidental. Papandreu nunca ejerció la crueldad física —a diferencia de Hodja, un asesino de masas—. Tampoco fue un dictador, aunque se burló de los principios constitucionales. El Mediterráneo suaviza las costas griegas más agrestes; allí, de cerca, pude explorar los orígenes de procesos que más tarde maduraron en algún lugar de los Balcanes, y también de Oriente Próximo.

En 1992, como para recalcar el verdadero espíritu balcánico de Grecia, se produjo la crisis macedonia. En realidad, se había estado incubando durante años. El problema era que Macedonia había llegado tarde en la historia moderna griega y por lo tanto presentaba su particular dinamismo. Como dijo Evangelos Kofos, erudito griego, Grecia había estado conforme con su frontera nororiental, reconociendo que la población yugoslava era eslava y no griegos étnicos oprimidos, como en Albania. Por lo tanto, sugirió Kofos, Grecia (a diferencia de Bulgaria) imaginó durante mucho tiempo que su dilema macedonio estaba resuelto. Pero cuando se hizo evidente que el nacionalismo macedonio instigado por Tito —y fomentado para separar psicológicamente la Macedonia eslava de Bulgaria— tenía vida propia, Grecia se sintió amenazada. A los griegos no les importaba que hubiera eslavos o serbios del sur en su frontera, pero los macedonios yugoslavos les inquietaban porque Macedonia era precisamente el nombre de la provincia del norte de Grecia unificada desde Alejandro Magno. Cuando a finales de 1991 la Macedonia yugoslava declaró su independencia como Macedonia, Grecia puso el grito en el cielo. Cientos de miles de personas se manifestaron en las calles de Salónica y el ejército griego se desplazó en maniobras a la frontera. Como el gobierno de Mitsotakis tenía una mayoría parlamentaria tan escasa, y sufría además los constantes ataques del PASOK, Mitsotakis no pudo hacer más al respecto.

A pesar de todo, a Grecia aún le quedaba esperanza. El PASOK estaba experimentando una reforma desde hacía tiempo, y en el partido conservador de Nueva Democracia, Mitsotakis iba a ser el último de los «oligarcas» al estilo de Karamanlis. La *paleo-politiki* (política antigua) se acercaba a su fin. Por fin llegaba a Grecia la *perestroika*. Pollster Dimitras percibió cómo una nueva «mentalidad apolítica y *yuppie* arraigaba entre la juventud».

No había otra salida. Atenas, El Pireo y Salónica se habían convertido en ciudades monstruosas y necesitaban de una urgente modernización. Las desiertas calles de El Pireo, con sus pesados tranvías, sólo existían en el celuloide en blanco y negro de *Nunca en domingo*. La casita entre un platanero y un cementerio turco en la que había vivido Lawrence Durrell en la isla de Rodas quedaba ahora encajada en una calle, entre una maraña de rótulos de neón anunciando discotecas y antros de comida rápida más espantosos que el arco de McDonald's. Los kilómetros de costa virgen de las islas disminuían año tras año. Si la década de los ochenta hubiese aportado una administración decente y decidida en lugar del pillaje oriental, se habría podido preservar algo más los mitos. «El siglo se acercaba a su fin», escribió Leon Sciaky acerca de Salónica hace cien años. «Occidente penetraba a hurtadillas, intentando atraer a Oriente con sus maravillas.»

Sentí que, esta vez, podía conseguirlo.

Epílogo

El camino hacia Adrianópolis

«Durante toda la tarde avanzamos lentamente en dirección al sur por una tierra maldita. El aire abrasador se hacía cada vez más pesado, como si almacenase la respiración de infinitas generaciones de antepasados», escribió John Reed, mientras cruzaba la planicie de Tracia.

Desde Atenas regresé a Salónica a finales de 1990. Desde allí, me dirigí al este. El autobús avanzaba entre aletargados campos de tabaco flanqueados por álamos y adelfas muertas sacudidas por el viento. A la izquierda se podía ver la erosionada silueta cubierta de líquenes de los montes Rhodope; al otro lado se encontraba Bulgaria. A la derecha, el mar Egeo, de un color azul lechoso. La estrecha llanura que se extendía entre ellos había presenciado el redoble de tambores de fabulosos ejércitos, avanzando y replegándose. Los soldados griegos del autobús llevaban al cuello grandes cruces bizantinas de oro. En la radio sonaba con gran estrépito un ritmo de Asia Menor. Drama, Philippi, Kavalla, Xanthi, Komotini, Alexandrópolis: eran los nombres de ciudades de cemento y neón que soportaban, como contra su voluntad, el peso de la grandeza histórica; lugares donde, en la última década del siglo XX, los niños aún aprendían las cosas a fuerza de repetirlas en coro.

En Komotini, varias mujeres turcas con velo negro pasaron veloces ante mi ventanilla. Vi mezquitas en ruinas aprisionadas entre bloques de apartamentos frente a un cementerio ortodoxo griego de inmaculado césped, protegido por varias filas de cipreses. *Exo Tourkos* [¡Fuera Turcos!], decía la pintada griega en un muro de ladrillos de ceniza.

Al llegar a Alexandrópolis, el autobús se dirigió hacia el norte, bordeando la frontera con Turquía a lo largo del río Evros. Más pueblos cuyos hermosos nombres antiguos los sustraían al presente: Sufli, Orestias. Tras varios kilómetros a través de extensos campos de girasoles, al otro lado de la frontera griega se apreciaba algo parecido a un nido de minaretes y de cúpulas abombadas: la primera de una cadena de grandes ciudades islámicas que se extendía hasta la India. Era Adrianópolis. Había llegado a la puerta trasera de Europa, de todos olvidada.

En el puesto fronterizo, bajo una bandera de color rojo violáceo de la Media Luna, colgaba una fotografía algo descolorida del Gazi (líder), Mustafá Kemal *Ataturk*, fundador de la República turca. Parecía un drácula ario; ataviado con esmoquin negro, observándome con sus cejas ceñudas y aquel mechón rubio propio de un origen macedonio mixto.

«El Imperio otomano se ha desvanecido en la historia. Una nueva Turquía ha nacido», declaró Ataturk en 1922. «Los países pueden cambiar, pero la civilización es única e invariable... La decadencia del Imperio otomano comenzó el día en que, orgulloso de sus triunfos sobre Occidente, cortó sus lazos con las naciones europeas. Fue un error que no volveremos a cometer.» Ataturk aseguró al pueblo que la civilización turca «marchaba ahora con paso seguro desde el Este hacia el Oeste». Esta marcha se había detenido durante largos períodos, y aún quedaba mucho que recorrer. Crucé un ancho río que discurría tranquilo. En medio del puente había una garita otomana de mármol con inscripciones arábigas, bajo las cuales permanecía inmóvil un guardia vestido de caqui y con casco blanco. Su expresión era de orgullo y obediencia: parecía capaz de las mayores crueldades.

Allí comenzaba el laberinto de calles de Adrianópolis, enterradas bajo el calor y el polvo en verano, y por el barro y las lluvias torrenciales en invierno. Allí, en el interior, no me afectaban ya los vientos del Egeo. Las señales decían:

BULGARISTÁN, 18 KILÓMETROS
YUNANISTÁN (GRECIA), 5 KILÓMETROS
ESTAMBUL, 235 KILÓMETROS

Fundada por el emperador romano Adriano en el año 125 en la encrucijada de caminos entre Europa y Asia, Adrianópolis fue siempre un escenario central: fue asediada varias veces por los cruzados y más tarde, la primera capital del Imperio otomano. Desde aquí, Mehmet el Conquistador marchó sobre la capital bizantina Constantinopla, desde entonces en poder de los turcos. Durante las tres primeras décadas del siglo XX, hubo pocos lugares tan apasionantes para un periodista como Adrianópolis. En la Primera Guerra Balcánica de 1912, las tropas búlgaras y serbias se la arrebataron a los turcos otomanos, que más tarde la recuperarían en la Segunda Guerra Balcánica de 1913, aunque sólo para perderla a manos del ejército griego en 1920. En 1922, antes de su última reconquista por las fuerzas de Ataturk, Ernest Hemingway pasó allí una de las peores noches de su vida, enfermo de malaria en un camastro infestado de piojos. Toda la agonía del conflicto turco-griego quedó recogida en su descripción de los refugiados griegos «caminando a ciegas bajo la lluvia».

Y ahora, los refugiados de Hemingway estaban de nuevo allí, sólo que esta vez eran turcos. A principios del verano de 1989, el régimen comunista de Bulgaria, en su último y mayor acto criminal, expulsó a la fuerza a más de cien mil turcos étnicos, obligándolos a entrar en Turquía.

—Nos golpearon con las escopetas y soltaron a los perros —relató una refugiada con señales de mordiscos en brazos y piernas[1].

Me dirigí al campo de refugiados de la estación. El gobierno turco había instalado barracones y se había hecho cargo de la escolarización de los niños y de repartir ropa entre todos los refugiados. Tres niños con camisas blancas y corbatas negras, y una niña con vestido negro y cuello de encaje blanco se arremolinaron ante mi cámara. Tenían los ojos muy negros. Como si fueran estatuas, estos pequeños posaron para mí tan pacientes, tan inexpresivos, como si fuesen capaces de pasarse allí toda la vida.

Adrianópolis ya no estaba en una encrucijada estratégica. La ciudad figura en los mapas internacionales con el nombre turco de Edirne, una palabra que no posee ningún encanto para los oídos angloparlantes. Por ello, simplemente ha dejado de ser uno de los lugares más notables de la historia: una fotografía color sepia olvidada en un desván, el último lugar del mundo.

Pero esa localidad sin porvenir tenía sus ventajas. Como el desarrollo arquitectónico moderno había pasado de largo, Adrianópolis permaneció relativamente pura: una ciudad de cuento con callejones adoquinados, bazares cubiertos, tejados de barro cocido y algunas de las mezquitas más hermosas de toda Turquía. Dominando su perfil se alzaba la impresionante Selimiye Cami, la mezquita del sultán Selim, diseñada en 1568 por el arquitecto del sultán, Sinan, autor también de varios de los santuarios que rodean Santa Sofía, en Estambul. Los minaretes se levantan como orgullosos generales dominando silenciosos patios desiertos. La visión de los templos llenos de fieles al atardecer y la salmodia hipnótica de las

1. Véase «Turkey: A Nameless Death at Edirne», por Edward McFadden, en *Wall Street Journal Europe*, 3 de agosto de 1989.

suras del Corán, cuyo eco se perdía en los bazares, hicieron palpable por primera vez en mi viaje el dinamismo del islam. Aquí, el genio irascible de los serbios, los rumanos, los búlgaros y los griegos era sólo un recuerdo. La gente era tranquila y educada, y adoptaba el aire complacido y solemne del conquistador. Los turcos no experimentaban resentimiento porque ellos habían sido los opresores.

«¿No es mi país natal un Imperio otomano ahora?», preguntó el escritor ruso ganador del premio Nobel Joseph Brodsky, preguntándose si el destino de la Turquía otomana sería un presagio de algo similar en Rusia. Para Brodsky, Turquía se había convertido en una tierra «saqueada» por el pasado, que existía sólo en un «presente de tercera categoría» desde que el cetro del despotismo se había desplazado hacia el norte, hasta el Kremlin, tras la Primera Guerra Mundial. Aunque Brodsky no continuó con la comparación, la similitud entre la decadencia del Imperio otomano y la decadencia del Imperio soviético era verdaderamente sorprendente. Abdul Hamid, sultán turco desde 1876 hasta 1909, fue, desde el principio, un cauteloso reformista como Nikita Jruschov. Pero, al igual que Leonid Bréznev, retiró al sultanato tras el antiguo muro del terror durante aún una generación más (que además resultó ser crucial). Y la propia elite de Abdul Hamid, como la de Bréznev, tramó en secreto la transición social que habría tenido que producirse. Enver Pachá y los Jóvenes Turcos, al igual que Mijaíl Gorbachov y sus seguidores, trazaron una reforma completa, esperando, de esta manera, preservar el imperio concediendo más libertades y una espectacular liberalización. Pero el plan se desmoronó porque surgieron fuerzas centrífugas que llevaron a las nacionalidades sometidas a exigir la independencia total, a la vez que la gente de la calle, por miedo, prefería regresar al pasado antes que avanzar hacia el futuro. La Revolución de los Jóvenes Turcos terminó haciendo inoportunos a los propios Jóvenes Turcos. Un hombre nuevo tenía que surgir: Ataturk.

Ataturk tenía la idea —descrita por su biógrafo, lord Kinross— «de una nación turca nueva (y moderna), a la que se le habría extirpado el cáncer de sus miembros más aislados, para recuperarla como un cuerpo sano cuyas raíces crecerían en la buena tierra de sus antepasados».

Quien fuese a sacar a Rusia del caos tenía que ser un Ataturk: un producto del sistema reaccionario, que, sin embargo, se diera cuenta de que el alma de la nación había gastado tantas energías en mantener al imperio unido que habría que invertir mucho tiempo, quizás un siglo, en la tediosa tarea de ponerse a la altura del resto del mundo.

Hasta 1918, con la caída del Imperio otomano, el turco era un idioma principal para diplomáticos y periodistas. Luego, en un período de tiempo increíblemente corto, se convirtió en una lengua desconocida más. A medida que el mundo va entrando en una era en la que la política queda supeditada a la economía y las relaciones comerciales, ¿se apagarán los rusos como lo hicieron los turcos?

¿Se habrá agotado por fin el veneno del despotismo y la decadencia orientales, que se filtraba desde Bizancio hasta el palacio del sultán o el Kremlin?

Pensé que sí. Aquí, en el fin del mundo, en un lugar cuyo derrumbamiento cambió de forma terrible el curso del siglo XX, todavía no había mucho optimismo entre la gente que iba encontrando en el camino; eso vendría más adelante. Al observar la violenta desintegración de Yugoslavia y la confusión que seguramente se produciría en otros estados balcánicos, me acordé de una frase de la obra de Shakespeare *Vida y muerte del rey Juan*: «Un cielo tan revuelto sólo se aclara con una tormenta.» El enfrentamiento entre distintas historias étnicas, avivado por la muerte del comunismo, había dejado el cielo balcánico tan revuelto que ahora, por desgracia, era necesaria una tormenta para despejarlo.

Sin duda, lo despejará.

Me sentí presa de un terrible cansancio: no deseaba perseguir ningún sueño, excepto los estrictamente personales y materialistas. Aunque a las gentes siempre les ha motivado la idea de una vida mejor para sí mismos y para sus hijos, nunca como ahora parecían tan resueltos —y tan capaces políticamente— a no conformarse con menos. La Ilustración comenzaba por fin a abrirse camino en estas naciones oprimidas. Vendrán tiempos mejores.

Bibliografía seleccionada

Aksan, Akil. *Quotations from Mustafa Kemal Ataturk*. Ankara, Turquía, Ministerio de Asuntos Exteriores, 1982.

Alexander, Stella. *The Triple Myth: A Life of Archbishop Alojzije Stepinac*. Boulder, Colorado y Nueva York, Monografías de Europa del Este y Columbia University Press, 1987.

Ambler, Eric. *El proceso de Deltchev* / trad. de Manuel País Antequera. Barcelona, Verón, 1974.

— *La máscara de Dimitros* / trad. del inglés por Ana Goldar. Barcelona, Edhasa, 1989.

Andrews, Kevin. *The Flight of Ikaros: Travels in Greece During a Civil War*. Boston, Houghton Mifflin, 1959.

Antoljak, Stjepan. *Samuel and His State*. Skopje, Yugoslavia, Macedonian Review Editions, 1985.

Arostegui, Juan. *La Europa de los nacionalismos*. Madrid, Anaya, 1991.

Asimov, Isaac. *Constantinopla*. Madrid, Alianza, 1983.

Attwater, Donald. *The Penguin Dictionary of Saints*. Harmondsworth, Inglaterra, Penguin Books, 1965.

Averoff-Tossizza, Evangelos. *By Fire and Axe: The Communist Party and the Civil War in Greece, 1944-1949*. Nueva Rochelle, Nueva York, Caratzas Brothers, 1978.

Azcoaga, Enrique. *Las pinturas murales de Vela Zanetti*. Diputación provincial de Burgos, 1981.

Bassett, Richard. *The Austrians: Strange Tales from the Vienna Woods*. Londres, Faber & Faber, 1988.
— *A Guide to Central Europe*. Nueva York, Viking Penguin, 1987.
— «Siebenburgen Besieged.» *Spectator*, 8 de septiembre de 1984.
Belgrade Cultural Centre. (Edición especial con ocasión del 40.º aniversario de la liberación de la ciudad.) Belgrado, Yugoslavia, 1984.
Bellow, Saul. *El diciembre del decano* / trad. de Jesús Pardo. Barcelona, Planeta, 1982.
Bengston, Moses. *Historia de Grecia*. Madrid, Gredos, 1987.
Bischof, Henrik. *Wirtschafts-Und Systemkrise in Rumanien*. Bonn, Friedrich Ebert Stifftung, 1987.
Brodsky, Joseph. «Flight from Byzantium.» *The New Yorker*, 28 de octubre de 1985.
Browning, Robert. *El flautista de Hamelín*. Barcelona, Cobas, 1987.
Broz, Tito. *La vía yugoslava, PCY-LCY, 1919-1980*. Belgrado, CAS, 1980.
Burchett, Wilfred. *At the Barricades*. Nueva York, Times Books, 1981.
Byron, Robert. *The Byzantine Achievement*. Londres, Routledge & Sons, 1929.
— *The Station: Athos, Treasures and Men*. Nueva York, Alfred A. Knopf, 1949 (1.ª ed. en 1926).
Canetti, Elías. *Masa y poder* / trad. del alemán por Horst Vogel. Madrid, Alianza, 1987.
Carandell, Luis. *Turquía, encrucijada entre dos mundos*. Barcelona, Don Bosco, 1966.
Cavafis, Constantino. *Poesías completas* / trad. de José María Álvarez. Madrid, Hiperión, 1983.
Cavarnos, Constantine. *Orthodox Iconography*. Belmont, Massachusetts, Institute for Byzantine and Modern Greek Studies, 1977.

Claramunt, S. *El mundo bizantino*. Barcelona, Montesinos, 1985.
Clogg, Richard. *A Short History of Modern Greece*. Cambridge, Inglaterra, Cambridge University Press, 1979.
Conrad, Joseph. *Bajo la mirada de Occidente* / trad. del inglés por Barbara MacShane. Madrid, Alianza, 1993.
Corneanu, Nicolae. *The Romanian Church in Northwestern Romania Under the Horthy Scourge*. Bucarest, Instituto de la Biblia y Misiones de la Iglesia ortodoxa rumana, 1986.
Craig, Gordon A. *Germany: 1866-1945*. Oxford, Inglaterra, Oxford University Press, 1981.
Crouzet, M. «La época contemporánea», en *Historia general de las civilizaciones* [Véase Turquía]. Barcelona, Destino, 1982.
Cullen, Robert. «Report from Romania: Down with the Tyrant». *The New Yorker*, 2 de abril de 1990.
Detomasi, J. *Bizancio y el islam*. Madrid, Cincel, 1979.
Deutscher, I. *Stalin, biografía política*. México, Era, 1969.
Di Simplicio, Oscar. *Las revueltas campesinas en Europa*. Barcelona, Crítica, 1989.
Dichl, C. *Grandeza y servidumbre de Bizancio*. Madrid, Espasa-Calpe, 1954.
Djilas, Milovan. *Conversaciones con Stalin*. Barcelona, Caralt, 1962.
— *La ejecución*. Barcelona, Caralt, 1962.
Doder, Drusko. «Albania Opens the Door.» *National Geographic*, Washington, julio de 1992.
Don Gitano. Diputación provincial de Granada, 1985.
Stavroulakis, Nicholas. *The Jews of Greece: An Essay*. Atenas, Talos Press, 1990.
Dragut, Vasile. *La Peinture Murale de La Moldavie*. Bucarest, Editions Meridiane, 1983.
Dryansky, G. Y. «Goodbye Romania.» *Conde Nast Traveler*, abril de 1989.

Dumitriu, Petru. *The Prodigals*. Londres, Collins, 1962.
Dunford, Martin; Holland, Jack; y McGhie, John. *The Rough Guide to Yugoslavia*. Londres, Harrap Columbus, 1989.
Durrell, Gerald. *Mi familia y otros animales* / trad. del inglés por M.ª Luisa Balseiro. Madrid, Alianza, 1993, 20.ª ed.
Durrell, Lawrence. *El cuarteto de Alejandría* (Obra completa) / trad. del inglés por Aurora Bernárdez. Barcelona, Edhasa, 1992.
— *La celda de Próspero* / trad. de Román A. Jiménez. Barcelona, Edhasa, 1988.
— *Reflections on a Marine Venus*. Londres, Faber & Faber, 1953.
— *Spirit of Place*. (Editado por Alan G. Thomas.) Nueva York, E. P. Dutton, 1971.
Eminescu, Mihai. *Poems*. Bucarest, Editura Cartea Romaneasca, 1989.
Fallaci, Oriana. *Un hombre*. Barcelona, Noguer, 1984.
Fejto, François. *Réquiem por un imperio difunto: Historia de la destrucción de Austria-Hungría*. Madrid, Mondadori, 1990.
Feldner, Josef. *Grenzland Karnten*. Klagenfurt, Austria, Verlag Johannes Heyn, 1982.
— *Roumeli: Travels in Northern Greece*. Londres, John Murray, 1966.
Ferdinandy, Miguel. *Historia de Hungría*. Madrid, Alianza, 1968.
Fermor, Patrick Leigh. *Between the Woods and the Water*. Londres, John Murray, 1986.
Filipovic, Zlata. *Diario de Zlata*. Madrid, El País-Aguilar, 1993.
Forbes, Nevill; Toynbee, Arnold J.; Mitrany, D. y Hogarth, D. G. *The Balkans: A History of Bulgaria, Serbia, Greece, Rumania, Turkey*. Oxford, Inglaterra, Oxford University Press, 1915.

Fussel, Paul. *Abroad: British Literary Traveling Between the Wars*. Nueva York, Oxford University Press, 1980.

Gage, Nicholas. *Eleni*. Nueva York, Random House, 1983.

— *Hellas: A Portrait of Greece*. Atenas, P. Efstathiadis & Sons, 1987.

Georghiu, Constant Vigil. *La hora veinticinco*. Barcelona, Caralt, 1977.

Glendinning, Victoria. *Rebecca West: A Life*. Londres, Weidenfeld & Nicolson, 1987.

Goltz, Thomas. «Anyone Who Resists Will Be Killed Like a Dog.» *Reader's Digest*, 1987.

Goytisolo, Juan. *Cuaderno de Sarajevo*. Madrid, El País-Aguilar, 1994.

Graves, Robert. *Los mitos griegos*, Madrid, Alianza, 1986.

— *El conde Belisario* trad. de Arturo Casal. Barcelona, Edhasa, 1988.

Grogan, Lady. *The Life of J. D. Bourchier*. Londres, Hurst & Blackett, 1932.

Halliday, F. *Génesis de la guerra fría*. México, Fondo de Cultura Económica, 1989.

Hanak, Peter. *Breve historia de Hungría*. Budapest, Corvina, 1988.

Hemingway, Ernest. *Adiós a las armas*. Barcelona, Caralt, 1981.

— *Las nieves del Kilimanjaro*. Barcelona, Caralt, 1982.

— *París era una fiesta*. Barcelona, Seix-Barral, 1981.

Hilberg, Raul. *The Destruction of the European Jews*. Nueva York, Quadrangle Books, 1961.

Hitler, Adolf. *Mi lucha* / trad. de Juan Fernández Ribera. Prod. Compactos, 1993.

Holden, David. *Greece Without Columns: The Making of the Modern Greeks*. Londres, Faber & Faber, 1972.

Holy Bible. Filadelfia, National Bible Press, 1970.

Hoppe, E. O. *In Gipsy Camp and Royal Palace: Wanderings*

in Rumania (con prefacio de la reina de Rumania). Londres, Methuen, 1924.
Ilievski, Done. *The Macedonian Orthodox Church*. Skopje, Yugoslavia, Macedonian Review Editions, 1973.
Internal Macedonian Revolutionary Organization. *The Memoar*. Sofía, Bulgaria, 1904.
Istrati, Panait. *Kyra Kyralina*. Barcelona, Noguer, 1976.
— *Mihaíl* y *El tío Anel*, en Obras completas. Barcelona, Planeta, 1977.
Ivandija, Antun. *The Cathedral of Zagreb*. Zagreb, Yugoslavia, Glas Koncila, 1983.
Joll, Janos. *Historia de Europa desde 1870*. Madrid, Alianza, 1983.
Julliard, Jacques. *El fascismo que viene*. Madrid, Acento, 1994.
Kampus, Ivan y Karaman, Igor. *Zagreb Through a Thousand Years*. Zagreb, Yugoslavia, Skolska Knjiga, 1978.
Kann, Robert A. A. *History of the Habsburg Empire 1526-1918*. Berkeley, University of California Press, 1974.
Kazantzakis, Nikos. *Report to Greco*. Nueva York, Simon & Schuster, 1965.
— *Zorba el Griego* / trad. de Roberto Guibourg. Madrid, Alianza, 1988.
— *Cristo de nuevo crucificado* / trad. de José Luis Izquierdo. Madrid, Alianza, 1985.
— *En el palacio de Cnosos* / trad. Teresa Semper. Barcelona, Planeta, 1989.
Keeley, Edmund y Sherrard, Philip. *C. P. Cavafy: Collected Poems*. Princeton, Nueva Jersey, Princeton University Press, 1967.
— *George Seferis: Collected Poems (1924-1955)*. Princeton, Nueva Jersey, Princeton University Press, 1967.
Keresztes, Peter. «Reconsidering Transylvania's Fate». *Wall Street Journal* (edición europea), 4 de mayo de 1987.

Kinross, Lord. *Ataturk: The Rebirth of a Nation*. Londres, Weidenfeld & Nicolson, 1964.

— *The Ottoman Centuries*. Nueva York, William Morrow, 1977.

Kissinger, Henry A. *A World Restored: Metternich, Castlereagh and the Problems of Peace 1812-1822*. Boston, Houghton Mifflin (sin fecha).

Koestler, Arthur. *El imperio kázaro y su herencia*. Madrid, Ayná, 1980.

Koeva, Margarita. *Rila Monastery*. Sofía, Bulgaria, Sofía Press, 1989.

Kofos, Evangelos. «National Heritage and National Identity in Nineteenth and Twentieth-Century Macedonia.» *Modern Greece: Nationalism and Nationality*. Atenas, Elliamep, 1990.

Kolaitis, Memas. *The Greek Poems of C. P. Cavafy. Volume I: The Canon*. New Rochelle, Nueva York, Aristide D. Caratzas, 1989.

Koneski, Blazhe. *Blazhe Koneski: Poetry*. (Editado por Georgi Stardelov.) Skopje, Yugoslavia, Macedonian P.E.N. Centre, 1983.

Korobar, Pero e Ivanoski, Orde. *The Historical Truth: The Progressive Social Circles in Bulgaria and Pirin Macedonia on the Macedonian National Question 1896-1956*. Skopje, Yugoslavia, Kultura, 1983.

Kostich, Dragos D. *The Land and Peoples of the Balkans*. Filadelfia, J. B. Lippincott, 1962, 1973.

Lawrence, T. E. *Los siete pilares de la sabiduría* / trad. de Alberto Cardín, Gijón, Júcar, 1991.

Lázaro Menéndez, Alberto. *Los Balcanes en llamas*. Pinto, Madrid, Andina, 1982.

Logoreci, Anton. *The Albanians: Europe's Forgotten Survivors*. Londres, Victor Gollancz, 1977.

Lucas, Javier de. *Europa. ¿Convivir en la diferencia? Racismo, nacionalismo, derecho de las minorías*. Madrid, Tecnos, 1992.

Lukacs, John. *Budapest 1900: A Historical Portrait of a City and Its Culture*. Nueva York, Weidenfeld & Nicolson, 1988.
— «In Darkest Transylvania.» *New Republic*, 3 de febrero de 1982.
MacDermott, Mercia. *The Apostle of Freedom: A Portrait of Vasil Levsky Against a Background of Nineteenth Century Bulgaria*. Sofía, Bulgaria, Sofía Press, 1979.
— *Freedom or Death: The Life of Gotse Delchev*. London and West Nyack, Nueva York, Journeyman Press, 1978.
Macedonia: Documents and Material. Sofía, Bulgaria, Bulgarian Academy of Sciences, 1978.
Mahapatra, S. y Boskovski, J. T. *Longing for the South: Contemporary Macedonian Poetry*. Nueva Delhi, Prachi Prakashan, 1981.
Mainstone, Rowland J. *Hagia Sophia: Architecture, Structure and Liturgy of Justinian's Great Church*. Londres, Thames & Hudson, 1988.
Mann, Golo. *The History of Germany Since 1789*. Londres, Chatto & Windus, 1968.
Manning, Olivia. *The Balkan Trilogy: The Great Fortune; The Spoilt City; Friends and Heroes*. Londres, William Heinemann, 1960, 1962, 1965.
Markov, Georgi. *The Truth That Killed*. Nueva York, Ticknor & Fields, 1984.
Matkovski, Alexandar. *A History of the Jews in Macedonia*. Skopje, Yugoslavia, Macedonian Review Editions, 1982.
McCarthy, Mary. *Las piedras de Florencia* / trad. de María Llados. Madrid, Mondadori, 1988.
Médicos sin fronteras. *Poblaciones en peligro*. Madrid, Acento, 1993.
— *Escenarios de crisis*. Madrid, Acento, 1993.
Miller, Henry. *El Coloso de Marusi* / trad. de Ramón Gil Novalis. Barcelona, Seix-Barral, 1992.

Miloševic, Desanka. *Gracanica Monastery*. Belgrado, Institute for the Protection of Cultural Monuments of the Socialist Republic of Serbia, 1989.
Milosz, Czeslaw. *Otra Europa*. Barcelona, Tusquets, 1981.
Mortimer, Edward. *Faith and Power: The Politics of Islam*. Londres, Faber & Faber, 1982.
Musset, Lucien. *Las invasiones*. Tomo I: *Las oleadas germánicas*. Tomo II: *El segundo asalto contra la Europa cristiana*. Barcelona, Labor, 1982.
Neméth. *Hungría*. Budapest, Editorial Corvina, 1984.
Newby, Eric. *On the Shores of the Mediterranean*. Londres, Harvill Press and Pan Books, 1984, 1985.
Njegos, P. P. *The Mountain Wreath*. (Traducido y publicado por Vasa D. Mihailovich.) Irvine, California, Charles Schlacks, Jr., 1986.
Osers, Edward. *Mateja Matevski: Footprints of the Wind*. Boston y Londres: Forest Books, 1988.
Ostrogorsky, George. *Historia del Estado bizantino*. Madrid, Akal, 1984.
Pacepa, Ion Mihai. *Red Horizons: Chronicles of a Communist Spy Chief*. Washington, D.C., Regnery Gateway, 1987.
Pages Blach, Pelai. *Claves del nacionalismo y del imperialismo, 1848-1914*. Barcelona, Planeta, 1991.
Pakula, Hannah. *The Last Romantic: A Biography of Queen Marie of Roumania*. Nueva York, Simon & Schuster, 1984.
Papandreu, Andreas. *Capitalismo paternalista*. Madrid, Alianza, 1973.
Petkovic, Sreten. *The Patriarchate of Pec*. Belgrado, Serbian Patriarchate, 1987.
Pfaff, William. «Beginning of the End for the Conducator.» *International Herald Tribune*, 21 de diciembre de 1989.
— «The Fascists in Romania May Be the Men in Po-

wer.» *International Herald Tribune*, 21 de junio de 1990.
Poljanski, Hristo Andonov. *Goce Delcev: His Life and Times*. Skopje, Yugoslavia, Misla, 1973.
Procopio. *Las anécdotas o La historia secreta*. Harmondsworth, Inglaterra, Penguin Books, 1966.
Psellus, Miguel. *Fourteen Byzantine Rulers*. (Traducido de *Chronographia* por E. R. A. Sewter.) New Haven, Connecticut, Yale University Press, 1953.
Radice, Betty. *Who's who in the Ancient World*. Harmondsworth, Inglaterra, Penguin Books, 1973.
Ravitch, Norman. «The Armenian Catastrophe: Of History, Murder & Sin.» *Encounter*, 1983.
Reed, John. *Diez días que estremecieron al mundo* / trad. de Ángel Pozo. Madrid, Akal, 1985.
— *The War in Eastern Europe*. Nueva York, Charles Scribner's Sons, 1916.
Richardson, Dan y Denton, Jill. *The Rough Guide to Eastern Europe: Hungary, Romania and Bulgaria*. Londres, Harrap-Columbus, 1988.
Ristelhuber, R. *Historia de los pueblos balcánicos*. Madrid, Castalia, 1962.
Roth, Joseph. *Hotel Savoy* / trad. de Rosa Piñel. Madrid, Cátedra, 1987.
— *La cripta de los capuchinos*. Barcelona, Sirmio, 1992.
— *Judíos errantes* / trad. de Pablo Sorozábal. Madrid, Muchnick, 1987.
— *La marcha de Radetzky* / trad. de Arturo Quintana. Barcelona, Edhasa, 1987.
Ruiz de Elvira, Mariló y Pelanda, Carlos. *Europa se reencuentra*. Madrid, El País-Aguilar, 1992.
Sakellariou, M. B. *Macedonia: 4000 Years of Greek History and Civilization*. Atenas, Ekdotike Athenon, 1982.
Schorske, Carl E. *Fin de siglo*. Barcelona, Gili-Gaya, 1981.
Sciaky, Leon. *Farewell to Salonica: Portrait of an Era*. Londres, W. H. Allen, 1946.

Seferis, Georgios. *La casa junto al mar* / trad. de Pedro Bádenas de la Peña. Madrid, Alianza, 1989.

Seton-Watson, Hugh. *La guerra y la democracia*. Madrid, Reus, 1917.

— *The «Sick Heart» of Modern Europe: The Problem of the Danubian Lands*. Seattle y Londres, University of Washington Press, 1975.

Sevastianos, Metropolitan of Dhriinoupolis. *Behind Albania's Iron Curtain*. Atenas, Pan-Hellenic Association of Northern Epirots, 1990.

— *Northern Epirus Crucified*. Atenas, Pan-Hellenic Association of Northern Epirots, 1989.

Sherrard, Philip. *The Wound of Greece: Studies in Neo-Hellenism*. Londres, Rex Collings, 1978.

Shirer, William L. *Midcentury Journey: The Western World Through Its Years of Conflict*. Nueva York, Farrar, Straus and Young, 1952.

Sitwell, Sacheverell. *Roumanian Journey*. Londres, Batsford, 1938.

Skilling, H. Gordon. *The Governments of Communist East Europe*. Nueva York, Thomas Y. Crowell, 1966.

Sllier, André y Marie. *Atlas de los pueblos de Europa central*. Madrid, Acento, 1994.

— *From the Land of Silent People*. Nueva York, Doubleday Doran, 1942.

Starkie, Walter. *Raggle-Taggle: Adventures with a Fiddle in Hungary and Roumania*. Londres, John Murray, 1933.

Sterling, Claire. «The Plot to Kill the Pope.» *Reader's Digest*, septiembre de 1982.

St. John, Robert. *Foreign Correspondent*. Londres, Hutchinson, 1960.

Stoicescu, Nicolae. *Vlad Tepes: Prince of Wallachia*. Bucarest, Editura Academiei, 1978.

Stoker, Bram. *Drácula* / trad. de Flora Casas. Madrid, Generales Anaya, 1987.

Sulzberger, C. L. *A Long Row of Candles*. Toronto, Macmillan, 1969.

Sz'ani, B. *La revolución húngara*. Barcelona, Grijalbo, 1977.

Taibo, Carlos. *Los conflictos yugoslavos*. Madrid, Fundamentos, 1993.

Taylor, A. J. P. *La monarquía de los Habsburgo, 1899-1918*. Barcelona, Argos-Vergara, 1983.

Thomas, Hugh. *Paz Armada*, Barcelona, Grijalbo, 1988.

Thursby, J. M. «Cyril and Methodius: Bridging East and West.» *The Athenian*, agosto de 1985.

Tifft, Susan. «A Bitter Battle for Names.» *Time*, 4 de marzo de 1985.

Tismaneanu, Vladimir. «Homage to Golania.» *New Republic*, 30 de julio y 6 de agosto de 1990.

Todorovski, Gane. *Gane Todorovski: Poems*. (Traducido por Graham W. Reid y Ljubica Tdorova-Janeslieva.) Bradford, Inglaterra, University of Bradford, 1976.

Toynbee, Arnold J. *The Western Question in Greece and Turkey*. Londres, Constable, 1922.

Tsigakou, Fani-Maria. *Redescubrimiento de Grecia*. Barcelona, Serbal, 1985.

Vacalopoulos, Apostolos E. *A History of Thessalonika*. Salónica, Grecia, Institute for Balkan Studies, 1963.

Vesely, Jiri Maria. *Cirilo y Metodio: la otra Europa*. Madrid, Encuentro, 1986.

Waldeck, R. G. *Athene Palace Bucharest: Hitler's «New Order» Comes to Rumania*. Londres, Constable, 1943. (Publicado originalmente en 1942 en Garden City, Nueva York, por Blue Ribbon Books, bajo el título de *Athene Palace*).

Ward, Phillip. *Albania*. Nueva York, Oleander Press, 1983.

Ware, Timothy. *The Orthodox Church*. Harmondsworth, Inglaterra, Penguin Books, 1963.

Watson, Russell. «The Plot to Kill Pope John Paul II.» *Newsweek*, 3 de enero de 1983.
West, Rebecca. *Black Lamb and Grey Falcon*. Nueva York, Viking Press, 1941.
— *Rosas blancas a las cuatro* / trad. de Rafael Vázquez Zamora. Barcelona, Destino, 1968.
West, Richard. «The Agincourt of Yugoslavia.» *Spectator*, 19/26 de diciembre de 1987.
Weyr, Teddie. *Unpublished papers on Austria's Slovene minority*. Viena, 1988.
White, William. *By-Line: Ernest Hemingway*. Nueva York, Charles Scribner's Sons, 1967.

Índice

TERCERA PARTE
BULGARIA:
HISTORIAS DE UN BIZANCIO COMUNISTA

CUARTA PARTE
GRECIA:
AMANTE OCCIDENTAL, NOVIA ORIENTAL

OTROS TÍTULOS
DE ESTA COLECCIÓN

PIRATAS Y EMPERADORES

NOAM CHOMSKY

El impacto de las atrocidades terroristas del 11 de septiembre de 2001 fue tan abrumador que la identificación que acaba de darse es redundante: basta con decir «11-S». Está generalmente admitido que el mundo ha entrado en una nueva era en la que todo será distinto: «La era del terror.» Sin lugar a dudas, el 11-S ocupará un lugar preeminente en los anales del terrorismo, aunque deberíamos pensar detenidamente por qué es así.

HISTORIA DE LA MAFIA

Giuseppe Carlo Marino

El mundo está plagado de mafias, pero la histórica, la madre de todas las mafias, es la siciliana.

De la época de los padrinos a la del *boss*, la mafia pasó de definit la vida política de Sicilia y el comportamiento de sus clases dominantes a expandir sus fronteras durante la guerra fría. Adquirió así una escandalosa influencia internacional, cuyas consecuencias impresionarán tanto al lector común como al especializado.

Desde la Onorata Società hasta la Cosa Nostra, siguiendo la ruta Sicillia-América-mundo, Giuseppe Carlo marino, profesor de Historia Contemporánea de la Universidad de Palermo, presenta a reconstrucción crítica de uno de los fenómenos más inquietantes de nuestro tiempo y de la heroica lucha por combatirlo.

CHINA PARA HIPOCONDRÍACOS

JOSÉ OVEJERO

Fascinado e intimidado por los lugares remotos, José Ovejero emprendió a principios de los años noventa un itinerario personal por China, empezando por la Universidad de Nanjing, donde estudió los rudimentos del idioma, para adentrarse a continuación por el suroeste del país en busca de rincones poco turísticos. A lo largo de esa ruta, que concluiría en Kunming, le aguardaban muchos descubrimientos, aunque no pocas aprensiones y sobresaltos: las angustias que cualquiera puede sentir mientras viaja, pero que los exploradores intrépidos suelen silenciar. Esa franqueza inusual, así como la capacidad para reconstruir un mundo exótico y para transmitirlo con amenidad, según estableció el fallo del jurado, le valió el Premio Grandes Viajeros de 1998.

EL MITO DE LA IZQUIERDA

GUSTABO BUENO

En los comienzos del siglo XXI, ¿es posible la vigencia de la oposición entre derechas e izquierdas? ¿Hay una sola izquierda o varias? En opinión del filósofo Gustavo Bueno, las definiciones de lo que significa la izquierda y la derecha parecen haberse desdibujado, por lo que considera llegado el momento de abordar ambos conceptos y de analizar su origen.